可程式控制器程式設計與實務 -FX2N/FX3U

陳正義　編著

U0059599

全華圖書股份有限公司

可程式控制器之設計與實務
—FX2N/FX3U—

序言

　　三菱系列可程式控制器在台灣的產業自動化一直扮演非常重要角色，舉凡小型的順序控制系統甚至複雜的控制系統應用皆可以發現它的蹤跡，因此在學校的電機、機械及自動化等相關科系大都以三菱可程式控制器為可程式控制器與實習課目的教學器材，所以本書也不例外，整個教學材料的編撰皆以三菱小型可程式控制器FX2/FX2N 或是士林電機的 AX2N 為對象，且由基本程式設計及相當接線技術循序漸進的指引讀者進入可程式控制器應用控制程式的開發。

　　本書的主要特色是採用循序漸進的方式，由基本的順序控制導引讀者進入可程式控制器應用領域，在每一個章節皆有提供相多的應用範例，且每一個應用範例皆有經過實際的驗證工作，期望可以幫助讀者從實務範例中學習程式設計技巧。此外，本書也有提供透過副程式及順序流圖程語言，將多個功能導向的範例整合為一個應用程式的方法，這個實用技術可以幫助讀者了解設計大型可程式控制器的結構化程式技術。另外，本書也有討論可程式控制器與人機介面(ADP3)整合應用技術，這可以有效減少按鈕及指示燈的應用，但相對可以將可程式控制器的控制點利用圖形化介面明顯標示出各控制器的狀態，甚至可以將控制系統的操作、檢視點、線上說明、警報報表……等大量控制資訊表達在人機介面上，可以減少可程式控制器受限實際接點的約束。

　　作者在編輯本書時已力求完整，但疏漏之處仍恐難免，尚祈先進及讀者不吝指教。最後作者要在此感謝允成科技有限公司 鍾新源總經理提供了本書應用架構的可程式控制器實習教具及相關支援，使得本書的內容可以很順利的進行驗證工作，是促使本書能夠順利完成之助手。另外，我的學生 楊忠原及呂國政 協助本書範例程式的驗證與圖表製作，也是幫助本書早日出版之幕後推手及大功臣，在此獻上十二萬分的謝意。

陳正義　謹識

━━本書特色━━

● FX2/FX2N/AX2N 可程式控制器的程式設計。

● 可程式控制器的介面輸出入觀念及接線技術。

● 詳細介紹可程式控制的原理與程式建構方式。

● 可程式控制器書寫器及程式編輯軟體介面。

● 以循序漸近的方式陳述可程式控制程式設計技巧。

● 詳細介紹三菱可程式控制器的指令、階梯圖、步進階梯及順序控制語言。

● 可程式控制器的網路化升級技術及 VB 控制程式監控介紹。

● 可程式控制器與人機介面的整合應用。

● 本書有提供超過 100 個應用範例。

● 詳細的範例說明。

● 附有完整的程式碼專案。

　　三菱可程式控制器在產業界自動化應用扮演一個相當重要的角色,本書採用循序漸進的方式,由基本的順序控制導引讀者進入可程式控制器應用領域,在每一個章節皆有提供相關的應用範例,期望可以幫助讀者從實務範例中學習程式技巧。此外,本書也有提個透過副程式及順序流圖程語言將多個功能導向的範例整合為一個應用程式的方式,這個實用技術可以為讀者建立設計一個大型可程式控制程式的技術。

註冊商標聲明

本書引用的商標或產品名稱，商標專用權分別屬於該註冊公司所有：

1. Win98/NT/2000/XP 是美國 Microsoft 公司的註冊商標。
2. MS VB6.0 是美國 Microsoft 公司的註冊商標。
3. FX2/FX2N 是日本三菱公司的註冊商標。
4. ICPDAS/ICP-CON 為泓格科技公司的註冊商標。
5. ADP3 是泉毅電子股份有限公司(Hitech Electronics Corp.)的人機編輯軟體。
6. 其他未聲明之商標均屬原公司所有。

編輯部序

　　「系統編輯」是我們的編輯方針，我們所提供給您的，絕不只是一本書，而是關於這門學問的所有知識，它們由淺入深，循序漸進。

　　本書採用循序漸進的方式由基本的順序控制導引讀者進入可程式控制器應用領域，在每一個章節皆有提供相多的應用範例，且每一個應用範例皆有經過實際的驗證工作，期望可以幫助讀者從實務範例中學習程式設計技巧。此外，本書也有提供透過副程式及順序流程圖語言將多個功能導向的範例整合爲一個應用程式的方法，這個實用技術可以幫助讀者了解設計大型可程式控制器的結構化程式技術。其內容包括有：順序控制簡介、PLC 基本介紹、PLC 基本介紹基本指令應用、書寫器介紹、軟體介紹、計時器與計數器、步進階梯、副程式、應用指令、可程式實習、PLC與人機介面、可程式控制器應用(二)及可程式控制器的網路化升級技術等。本書適合科大、高工電機、機械科系「可程式控制器實習」課程。

　　同時，爲了使您能有系統且循序漸進研習相關方面的叢書，我們以流程圖方式，列出各有關圖書的閱讀順序，以減少您研習此門學問的摸索時間，並能對這門學問有完整的知識。若您在這方面有任何問題，歡迎來函連繫，我們將竭誠爲您服務。

目錄

1 章　順序控制簡介 1-1

1-1 自動控制概念 1-1

1-2 順序控制 1-3

1-3 傳統配線(繼電器電路) 1-7

1-4 三大基本元件(Relay、Timer、Counter) 1-11

1-5 其他順序控制重要元件概述 1-19

1-6 IEC 61131-3 標準可程式語言 1-29

問題與討論 1-34

2 章　PLC 基本介紹 2-1

2-1 PLC 功能 2-1

2-2 PLC 內部結構 2-3

2-3 PLC 的掃描結構 2-3

2-4 FX2/FX2N PLC 之結構 2-4

2-5 FX2/FX2N 元件描述 2-5

2-6 輸入輸出迴路接線 2-8

2-7 接線技術 2-14

2-8 FX3U 可程式控制器輸出入接線 2-34

問題與討論 2-53

3 章　PLC 基本介紹基本指令應用 3-1

3-1　邏輯 LOAD 及 OUT 線圈 3-1

3-2　串聯接點 3-2

3-3　串並聯迴路方塊間之連接 3-3

3-4　多重輸出迴路 3-5

3-5　自我保持與解除 3-6

3-6　微分輸出 3-7

問題與討論 3-8

4 章　書寫器介紹 4-1

4-1　書寫器功能 4-1

4-2　按鍵介紹 4-2

4-3　操作模式 4-3

4-4　一般功能 4-6

問題與討論 4-12

5 章　軟體介紹 5-1

5-1　GX Developer 軟體之操作 5-2

5-2　GX Works2 PLC 編輯軟體之操作 5-3

問題與討論 5-13

6 章　計時器與計數器 6-1

6-1　計數器 6-1

6-2　計時器 6-5

6-3 範例操作...6-9

問題與討論...6-13

7 章 步進階梯...**7-1**

7-1 步進階梯指令介紹 7-1

7-2 順序流程圖(SFC)程式設計方式...7-8

7-3 順序流程圖(SFC)或步進階梯圖應用範例...7-37

問題與討論...7-86

8 章 副程式...**8-1**

8-1 副程式說明...8-1

8-2 副程式運用...8-2

問題與討論...8-14

9 章 應用指令...**9-1**

9-1 應用指令的格式與通則...9-8

9-2 搬移及比較...9-9

9-3 算數運算...9-14

9-4 旋轉與位移指令...9-17

9-5 HKY(16 按鍵)(FNC 71)...9-21

9-6 DSW 指令(指撥開關)(FNC 72)...9-22

9-7 DECO：解碼(FNC 41)...9-23

9-8 SUM：位元 ON 的數量(FNC 43)...9-24

9-9 BON：位元 ON 的檢查(FNC 44) 9-25

9-10　七段顯示器掃描顯示(SEGL)(FNC 74) 9-25

　　　問題與討論 9-27

10 章　可程式實習 10-1

10-1　電動機啓動停止控制電路 10-1

10-2　多處控制電動機啓動/停止電路 10-4

10-3　電動機啓動兼寸動控制電路 10-7

10-4　電動機手動順序控制電路 10-10

10-5　三相感應電動機正逆轉控制電路 10-13

10-6　電動機追次控制電路 10-16

10-7　電動機順序啓動停止控制電路 10-19

10-8　三相感應電動機 Y-Δ 啓動控制電路 10-23

10-9　抽水馬達 10-27

　　　問題與討論 10-32

11 章　PLC 與人機介面 11-1

11-1　人機介面的優勢 11-1

11-2　EU Editor2 軟體安裝與編輯應用簡介 11-2

11-3　實作一：交通號誌燈之控制 11-9

11-4　實作二：行人穿越道燈號之控制 11-34

11-5　實作三：多段計時器 11-43

12 章　可程式控制器應用 12-1

12-1　PLC 搭配 VEXTA 驅動器的步進馬達控制 12-1

12-2　利用時間脈波(M8011)控制步進馬達 12-11

12-3　七段顯示器與直流馬達控制.....................................12-14

12-4　指撥開關與馬達控制..12-18

12-5　七段顯示器、指撥開關與步進馬達控制.........................12-22

13 章　可程式控制器的網路化升級技術.........................13-1

13-1　TCP/IP 簡介...13-1

13-2　虛擬多埠串列通訊技術應用.....................................13-4

13-3　可程式控制器之網路應用實務..................................13-14

13-4　VB 監控程式設計與 FX2/FX2N/AX2N 之應用................13-19

13-5　三菱 GX Developer 8.0 編輯軟體及泓格 VxComm

　　　軟體應用介紹..13-25

附錄　FX2N 多功能可程式控制器 YC-N-PLC..............附-1

參考文獻..參-1

相關叢書介紹

書號：04C12050
書名：丙級工業配線學科解析暨術科
　　　指導(2022 最新版)(附學科測驗
　　　卷及多媒體光碟)
編著：黃煌嘉
菊 8K/456 頁/480 元

書號：04C24030
書名：丙級工業配線技能檢定術科解
　　　析(2022 最新版)(附學科題本及
　　　教學投影片)
編著：陳冠良
菊 8K/344 頁/390 元

書號：0387201
書名：可程式控制器原理與應用－
　　　FX2(修訂版)
編著：陳聰敏.吳文誌.汪楷茗
16K/320 頁/380 元

書號：06085037
書名：可程式控制器 PLC(含機電整合
　　　實務)(第四版)(附範例光碟)
編著：石文傑.林家名.江宗霖
16K/312 頁/400 元

書號：059240C7
書名：PLC 原理與應用實務(第十二版)
　　　(附範例光碟)
編著：宓哲民.王文義
　　　陳文耀.陳文軒
16K/664 頁/660 元

書號：06445007
書名：感測器應用實務(使用
　　　LabVIEW)(附範例光碟)
編著：陳瓊興.歐陽逸
16K/376 頁/560 元

◎上列書價若有變動，請以
　最新定價為準。

流程圖

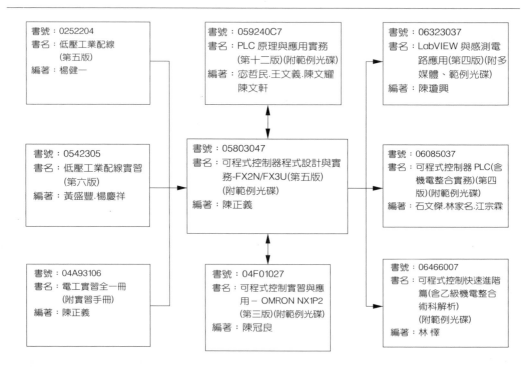

Chapter 1

順序控制簡介

1-1 自動控制概念

　　在自動控制系統主要是依控制目標之要求將系統之控制變量控制在既定的目標之下，因此控制系統經常必須包括受控體、控制器及感測器去達成系統之控制目的。所以根據控制的特性可以區分為**開迴路控制系統**、**閉迴路控制系統**及**前饋控制系統**等。所謂開迴路控制系統是指一個控制輸出量無法影響輸入量的系統，如圖1-1所示，只要控制器一經設定，系統之控制量輸出與控制量之輸入的關係是一定的，也就是當系統在受到外在干擾或是元件之老化，整個受控制系統已經與原先設計之系統特性不同時，開迴路控制系統之控制結果也就會不同，此種開迴路控制系統無法藉由自動調整輸入來矯正控制誤差。然而此控制系統由於架構簡單且經常不需控制量之量測，因此控制系統的整體成本較低。

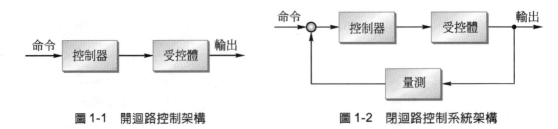

圖 1-1　開迴路控制架構　　　　　　圖 1-2　閉迴路控制系統架構

　　閉迴路控制系統的控制架構如圖 1-2 所示，為了要達成更精確的控制，此控制系統將加入控制量之量測，並且回授至控制器進行控制誤差的補償。也就是控制器經由控制量之量測可以了解控制系統之動態行為，且經由控制器的設計可以改善系統之動態響應及控制特性，甚至可以改善及壓制系統受外界干擾之影響，例如工業界經常應用之 PID(比例＋積分＋微分)控制器。由於有控制量之迴受控制，如此之閉迴路控制系統具有以下之控制特性：(1)提高系統的控制精度；(2)降低系統非線性之影響，且可以減少失真；(3)減少輸出與輸入的比值受系統特性變動的影響；(4)具有產生振盪與不穩定的**趨勢**；(5)可以增加系統之頻率響應的頻帶寬。

　　前饋控制系統主要在解決已知干擾訊號之影響，也就是在已知干擾的系統中加入前饋控制器去抵消及降低干擾訊號對系統之影響。由此可知前饋控制器也是屬於一種開迴路控制系統，如果預知之干擾源不同，前饋控制器的抑制干擾的特性也會不同，因此為了獲得較好的控制結果，前饋控制器通常會結合回饋控制器進行干擾源之抑制及控制性能之改善，如圖 1-3 所示。

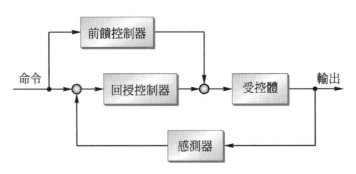

圖 1-3　前饋控制器與回授控制器

　　然而就控制對象的不同，控制系統也可以大略區分為(1)**程序控制**、(2)**伺服機構**及(3)**自動調整**，且每一種控制系統都有其控制目標及應用的對象，以下我們將簡要說明各種控制法則的應用：

1. 程序控制(process control)

　　程序控制主要的控制對象為溫度、流量、壓力、液位等等,這種控制法則是要將系統的各種程序條件控制在一定的設定上,以符合製程的程序要求,此種控制系統可以在石油、化學工廠或鋼鐵工業…等的製程控制程序中發現其蹤影。程序控制是一種回授控制系統,一般依其控制量的不同可分為溫度控制、流量控制、壓力控制、液位控制等四種。依其控制方式可分為(a)比率控制、(b)串級控制。

2. 伺服控制(servo control)

　　伺服控制主要是以伺服機構的受控體位置、角度、方位、速度…等變量作為系統的控制量,其主要目標是控制受控體的控制量變化能正確地追隨目標值的變化。根據如此之控制特性可以區分為定位控制、追蹤控制、運動控制、輪廓控制…等。伺服控制也是一種回授控制系統,主要是量測回授訊號及經由控制要求及控制法則計算。再合成出一最佳的控制量,將系統快速的控制在既定的控制軌跡上。此外,如依控制系統使用的動力源不同又可以區分為油壓式、氣壓式、電機式伺服控制系統。此系統大部分應用在機械系統的控制上,例如:CNC 加工機控制系統、武器自動瞄準系統、自動船舶控制系統等。

3. 自動調整(self adjustment)

　　對電壓、電流、速度、頻率、等電氣性或機械性變數作為控制量的回授控制。其主要目標是將受控系統的控制變量控制在一定的穩定範圍內,也就是受控系統在外在干擾的影響之下,控制器皆能將系統之受控變量控制在一預先設定的可容許範圍內,也就是調節器控制系統。例如,電源供應器之穩定電壓源之輸出、電動機的調速控制、發電機的電壓調整、自動頻率控制等方法。

1-2　順序控制

　　順序控制(sequence control)是屬於閉迴路控制系統之一。順序控制如圖 1-4 所示,它是依預先設定好的順序或條件,逐次進行各階段的作業或處理與給予控制命令,以達成控制某一控制對象的控制。由此可知,順序控制是屬於一種閉迴路控制系統,可是它的控制輸出及感測訊號經常只有動作或不動作與完成或不完成,而控制器則是輸出入控制量的邏輯推理結果,且由推理結果去控制相對應的控制輸出的起動或停止。假如順序控制系統的主要控制元件是由繼電器構成之邏輯控制電路,通常稱為『繼電器順序控制』或者是『有接點順序控制』;若是利用二極體、電晶體等半導體開關構成順序控制中的邏輯電路者則稱為『無接點順序控制』。

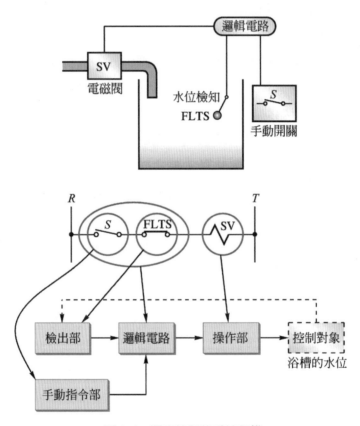

圖1-4　順序控制的系統架構

　　以下我們以加熱及冷卻兩段溫度控制來說明順序控制系統,如圖1-5所示,當感測器感應到瓶中溫度低於設定值時,會把信號送至控制箱加熱溫度開關,而此開關在把加熱用電磁閥啓動注入熱水或點火加熱,加溫至溫度開關設定值後便停止加熱,而冷卻用溫度開關與感測器功用亦同,只要系統溫度高於設定溫度,冷卻用電磁閥即會被起動將冷水注入瓶中,使其溫度降至控制範圍內,以利保持瓶中溫度狀態在設定的要求範圍內,如此的控制範例可以應用在飲水機、熱水器、鍋爐等等順序控制系統中。

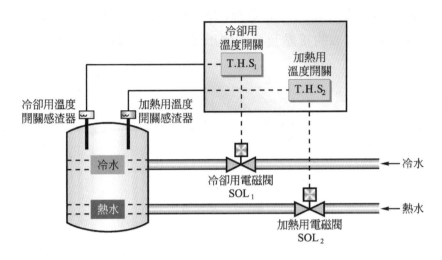

圖 1-5　加熱、冷卻兩段溫度控制

　　在上圖的順序控制架構的電氣控制電路如圖 1-6 所示，這既是所謂的階梯圖控制電路。在工業界的應用中，通常利用符號來構成順序控制的電路，值得注意的是圖 1-6 通常是表示控制系統的控制迴路，而系統的實際輸出主迴路則需視實際的控制要求而設計。也就是控制迴路只是控制主迴路的控制要求，而主迴路的控制電力系統則需視實際系統而設計及接線。如此的控制系統可以將控制電路及輸出主迴路系統分開設計。

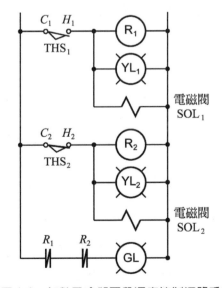

圖 1-6　加熱及冷卻兩段溫度控制迴路系統

在順序控制的階梯圖設計及圖示畫法主要是架構在上下或左右畫出二平行的電源線上，在此控制母線可以由交流電源(R, T)或者是直流電源之正負(P, N)電源構成，並且在其間加入分解的接點及控制輸出等符號，如圖1-7所示。

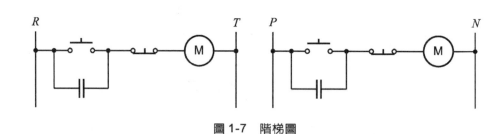

圖1-7　階梯圖

在階梯圖的設計如果採用上下畫出電源線者稱縱寫順序圖，而如果採用左右畫出電源線者為橫寫順序圖，如圖1-8所示。至於該採用何種繪圖設計法，完全視個人習慣或是實用上與其它線路配合時來決定。接者將控制迴路的各個電器元件以標準的電氣符號，依控制系統的動作順序將它畫出在階梯圖上，且畫在控制迴路上的電氣符號是表示無動作(正常)時的狀態，並且可以以文字記號表示不同的控制及感測對象。值得注意的是在階梯圖控制電路中，在左控制母線至右控制母線之間的控制電路稱為一個控制迴路，而順序控制的階梯圖可以由很多的控制迴路組成，且每一控制迴路可以加以註解，以利幫助設計人員確保順序控制的邏輯電路正確性，此外這也可以協助他人了解順序控制，以利後續的控制系統的改善及維護。

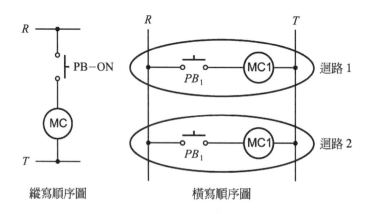

縱寫順序圖　　　　　　　橫寫順序圖

圖1-8　順序圖畫法

1-3 傳統配線(繼電器電路)

　　順序控制一般皆以繼電器電路的實現來完成，即是有接點順序控制，然而在繼電器電路的裝配，常常讓裝配人員頭痛之處就是在繁雜的電線中找出一、兩個小錯誤，但是這些小錯誤卻又是造成電路的誤動作主因，因此工程人員須極度專注逐步裝配電路。傳統繼電器設計製造控制配盤時大抵分作幾個步驟：

1. 電路圖之設計與器具規劃。

2. 將使用器材依照位置配置，亦即將繼電器、NFB(無熔絲開關)、MS(電磁開關)等等器具安裝於配電盤中，並依照電路設計圖開始接線。

3. 當裝配線路完成且經確認無誤後，即可以進入試車步驟。這通常以三用電表(歐姆檔)作靜態測試，確認各個接點的導通狀態。但值得注意的是，在線路之配線上一定要將線材的兩個端點加入線號，才能使設計人員輕易的進行電路配線正確性的檢查。

4. 靜態測試無誤後，便可正式進入送電查核電路動作，此步驟將處於危險狀態。假如沒有按照正確步驟去執行，而急忙將未檢查的配盤送入電源，其後果可想而知。

　　現在以圖1-5及1-6的加熱及冷卻二段溫度控制為例，作一個完整的工業配線步驟介紹：

1. 首先將器具及配盤位置規劃完成如圖1-9。也就是說，我們要將可能用到的電器用品規劃在配盤中，一般而言必須採用 CAD 軟體(例如 AutoCad)進行比例式位置規劃，一般電器用品包括按鈕、顯示器、燈號、繼電器、線槽…等。

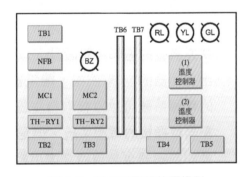

圖 1-9　器具及配盤位置規劃

2. 列出使用器具項目及名稱規格。此部份列出這個控制系統用到的電器用品，可以讓設計人員評估此系統之整體用料成本，另一方面可以協助用料的領取及清點。

表 1-1　器具項目及名稱規格

符號	名稱	規格	數量	備註
	配線板	600mm× 500mm× 2.3t 或 800mm× 600mm× 20t	1塊	
GLB	漏電斷路器	3P，50AF，30AT	1只	或 NFB
MC	電磁接觸器	AC 220V，5HP，5a2b	2只	
TH-RY	積熱電驛	3Φ，AC 250，15A	2只	
GL	指示燈	AC 220/15V，綠色	1只	附架
RL	指示燈	AC 220/15V，紅色	1只	附架
TL	指示燈	AC 220/15V，黃色	1只	附架
	溫度控制器	AC220ΩV-50，0～1600℃	2只	
	感溫棒	INTRES 200Ω/8.724mV，PR EXT RES 5Ω	2只	
SOL	電磁閥	AC 220，60Hz，MFH-2-M5	2只	
TB	端子台	3P，20A	5只	
TB	端子台	16P，20A	2只	TB6，TB7

3. 繪製主線路與控制線路。這個部分主要是根據控制系統之要求，進行如圖 1-10 右邊的控制電路及左邊的主電力線路設計。主電力線路的設計一般都是根據負載的不同選用適當的制動器，而控制電路的設計一般主要反應出控制系統預定的順序動作需求，也就是進行輸入(檢測及按鈕訊號)及輸出動作狀態訊號的邏輯電路設計，以使系統可以正確的檢知訊號下，做出正確的輸出制動器的控制(例如，繼電器的激磁與否)。然而值得注意的是，控制電路的電源系統可以直接取自主線路系統(如圖 1-10 所示)，也可以採用經由電壓器轉換後的電源系統。但是只要控制電源一改變，主線路上受控制電路驅動的制動器也必須隨之選用相對應的激磁電圈。

4. 時序狀態圖分析。在設計好控制電路及主電力線路之後，我們必須了解順序控制系統的動作程序，如圖 1-11 圖所示的動作時序圖，一般而言都是抓取重要及容易出錯的訊號進行動作分析，以確定控制系統能夠依據設計者的要求進行預定動作的實現。

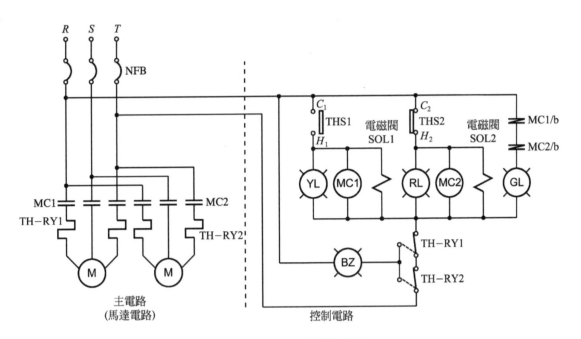

圖 1-10　主線路與控制線路

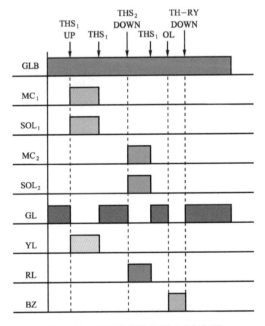

圖 1-11　控制系統的動作時序圖

5. 動作程序及原理。此部份主要在陳述系統的動作原理，可以幫助系統操作及使用者可以建立正確的使用資訊，另一方面也可以幫助設計者再一次的檢查控制電路設計的正確性。以圖1-5及1-6的冷卻及加熱溫度控制系統為例，此動作程序及原理如下：

(1) 當溫度高於(THS1)設定溫度時，(THS1)之a接點閉合，電磁接觸器(MC1)與電磁閥(SOL1)激磁，冷卻馬達運轉，將冷水送入冷卻，指示燈(YL)亮其餘指示燈皆滅。

(2) 又當溫度低於(THS1) 設定溫度時，(THS1)之a接點打開，電磁接觸器(MC1)與電磁閥(SOL1)失磁，指示燈(GL)亮其餘指示燈皆滅。

(3) 溫度低於(THS2) 設定溫度時，(THS2)之b接點閉合，電磁接觸器(MC2)與電磁閥(SOL2)激磁，加熱馬達運轉，將熱水送入加熱，指示燈(RL) 亮其餘指示燈皆滅，當加熱至感溫棒感(THS2)測溫度高於設定溫度時，電磁接觸器(MC2)與電磁閥(SOL2)失磁，指示燈(GL)亮其餘指示燈皆滅，如此循環保持溫度恆溫狀態。

(4) 過載時，積熱電驛(TH-RY1或TH-RY2)跳脫，馬達停轉，蜂鳴器(BZ)聲響。

(5) 故障排除，積熱電驛復歸，蜂鳴器(BZ)聲響停止，系統維持未起動狀態，指示燈(GL)亮其餘指示燈皆滅。

上述工業配線完整設計流程的繁瑣步驟可想而知，只要控制系統大到一定的程度，在控制系統的實現過程中，發生錯誤而不自知都是常有的事。另外，在系統完成之後的除錯檢查也是一件很困難的工作，這往往與實現者的經驗有很強的關係。一個經驗豐富的人員可以在很短時間即可檢查出系統的錯誤所在。可是當系統完成之後，如果想要再加入一個控制功能項，往往可能要碰運氣了，因為在實體電路完成之後，是相當難以變更的。

現今的可程式控制器(Programmable Logic Controller)即為解決如此的問題而發展出，設計者只要將控制系統的輸入訊號接至控制器的相對應位置，而控制器的輸出訊號接到主電力線路上的相對應制動器的控制線圈上，也就是只要完成控制電路的實體輸出入接點的配線即可，而控制電路的控制迴路設計則完全採用軟體的方式進行，只要控制接線點不改變，系統的順序控制動作的更改皆可以由軟體的設計加以設計完成。以上例做PLC電路設計，只須將按鈕開關接到PLC輸入接點，而 PLC 的輸出接點則接至繼電器的激磁線圈處，以繼電器接點去控制電磁接觸器(MC)線圈，最後我們只要將控制電路(如圖 1-10 所示)以軟體編輯寫入PLC中，即可節省控制電路配線工作，使得控制系統架構簡潔又省時省力。

1-4　三大基本元件(Relay、Timer、Counter)

在此節我們將扼要說明傳統繼電器電路的三大控制基本元件：繼電器、計時器及計數器的應用原理，而下一節將介紹常用的檢知及按鈕元件。

1. 繼電器(Relay)

繼電器是順序控制電路中的主要控制及制動元件，一般較常使用的繼電器激勵線圈為 DC12V、DC24V、AC110V，AC220V，而繼電器的接點容量通常約為 1～5A，若需要大輸出接點容量應考慮使用電磁接觸器(MC)，表 1-2 是ORMON的MK3LP型繼電器的產品規格，其對應的實體外觀如圖 1-12 所示。

表 1-2　繼電器 MK3LP 型

項目 額定電壓(V)	額定電流(m A)		線圈阻抗 (Ω)	消耗電力 (VA，W)
	50Hz	60Hz		
AC 6V	500	445	3.8	約 2.8 60Hz)
AC 12V	258	230	16.2	
AC 24V	130	116	62	
AC 100/110V	27.1/29.8	23.1/25.4	1300	2.3～2.8 (60Hz)
AC 200/220V	13.6/14.9	11.5/12.7	5900	
DC 6V	302		19.9	約 1.9
DC 12V	156		77	
DC 24V	79		303	

(a)　　　　　　　　　　(b)

圖 1-12　(a)小型小功率繼電器，(b)小型大功率繼電器

　　繼電器的內部構造及工業配線的符號法如圖 1-13 所示，主要分為線圈及接點部。線圈部是接受控制電路的激磁去控制接點部導通與否。繼電器的動作原理(如圖 1-14 所示)是依據安培右手定則，只要有電流流經線圈產生磁力線(磁場)，由磁力線吸引搖臂鐵片往下，改變接點狀態，也就是原本是 *a*(Normal Open)接點會變換為閉合，而*b*接點(Normal close)則同時因接觸變成開路。如果繼電器的激磁線圈可以控制一個COM及一個*a*及*b*接點，我們通常稱這個繼電器為 1P，如果可以控制兩個獨立的 COM 與*a*及*b*接點的動作則稱為 2P 繼電器，通常繼電器的接點數可以為1*a*1*b*、2*a*2*b*、3*a*3*b*、4*a*4*b*。此外，繼電器有很多的形式，例如：鉸鍊型繼電器、柱塞型繼電器、簧片型繼電器…等，其動作原理皆相似。

　　繼電器在使用的時候，必須注意激磁線圈的形式及其*a/b*接點的容量問題。以下我們將以一個範例說明繼電器的接點容量選用技巧。

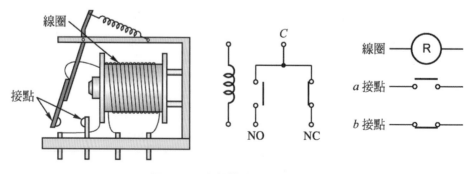

圖 1-13　內部構造及表示符號

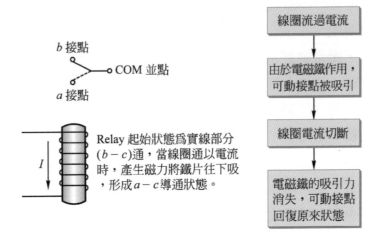

圖 1-14　Relay 動作及流程示意圖

範例 1　設R1繼電器額定電壓50V及額定電流100mA，R2繼電器額定電壓50V及額定電流25mA，今外加電壓100V及電流40mA，求出R1及R2分壓是否會損壞繼電器線圈。

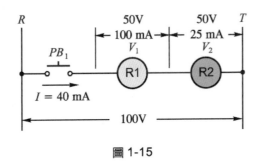

圖 1-15

R_1繼電器的容許額定電壓50V及額定電流100mA，因此其線圈的內阻為r_1 = 500Ω；而R_2繼電器的容許額定電壓50V及額定電流25mA，因此其線圈的內阻為r_2 = 2000Ω。控制迴路的電源為100/(2000 + 500)＝40mA。所以每一線圈的分壓如下：

$$V_1 = \frac{100}{2000 + 500} \times 500 = 20 \text{ V}$$

$$V_2 = \frac{100}{2000 + 500} \times 200 = 80 \text{ V}$$

由於R_2繼電器的線圈負載電壓及電流已經超過其最大額定值,因此其線圈有可可能會燒毀。

此外,繼電器經常使用在下列負載,其負載阻抗分別有如下之特點:

(1) 電阻負載:如熱水器、熱風機、電熱線等不會有太大的湧浪電流,因此應用上沒有特別問題。

(2) 感應負載:如馬達、電磁圈等由線圈製成,故會產生相當大的啟動電流或感應電壓。

(3) 電燈負載:如白熾電燈會比正常值大10~25倍之突入電流通過。還有水銀燈等會有正常值之數倍突入電流,持續在3~5分鐘內通過。

(4) 電容負載:在非常短之時間內會有正常值之數十倍湧入電流通過。

繼電器在控制電路中的主要功能是將電氣的輸入給予電磁機構部,而由接點機構部轉換得到輸出,依其使用的方式可以建立各種應用功能:

(1) 小訊號控制大訊號應用。

(2) 能量的轉換應用,例如由直流電源控制交流電源或者是交流電源控制直流電源。

(3) 傳遞作用,如將感測器的訊號轉換為目標控制電路的輸入訊號。

(4) 邏輯運算電路,此部分可以透過數位繼電器組合出不同的邏輯控制動作。

(5) 訊號接點的擴充,一個輸出線圈可以擴充很多的輸出接點。

(6) 記憶及自保電路的作用,繼電器本身可以由線圈及接點的組合作用設計出自己保持電路。

以下我們將要以繼電器自保電路為例,說明其動作原理及繼電器的接線方式,如圖1-16所示,在右圖中我們分別以交流110VAC及直流DC24V的方式建構出其自保電路,也就是繼電器在沒有激勵的動作狀態,而在左圖則是當ON按鈕按下之後,繼電器形成自保持的工作狀態。繼電器狀態分析左下圖繼電器未激磁狀態N.C.導通紅燈亮,右下圖為繼電器激磁狀態N.O.導通綠燈亮。

2. 限時繼電器(Timer Relay)

工業用順序控制迴路有時會採用以時間為控制因素的控制動作,此時限時繼電器(電驛)即扮演重要的角色。限時繼電器與一般的繼電器的功能類似

是由驅動部與接點構成，而不同的是接點部的控制是由線圈的激勵時間因素
控制。此限時繼電器在工業符號簡稱為 **TR**，且根據起動電路的不同可以區
分為下列幾種：

(1) 通電延遲式限時繼電器。

(2) 斷電延遲式限時繼電器。

(3) 雙設定延遲式限時繼電器。

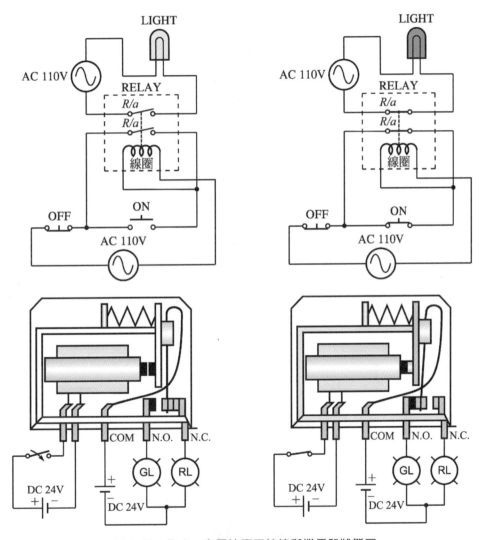

圖 1-16　Relay 自保持應用接線與繼電器狀態圖

通電延遲式(ON DELAY)限時繼電器的電器符號與功能如圖 1-17 所示，
其特性是在線圈通電一預定時間後，才會啟動接點部的變換功能，但是只要

線圈部的激勵電氣訊號一消失，接點部的功能即會回復未作動前的狀態，如下圖右邊的時序動作圖。其功能通常以『**限時動作，瞬時復歸**』說明之。

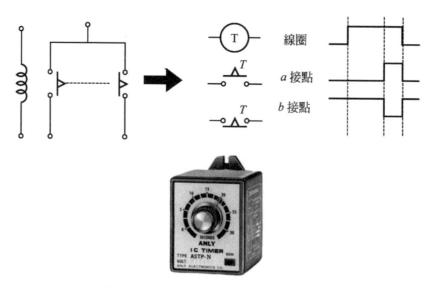

線圈

a 接點

b 接點

圖 1-17　表示符號與時序圖、電子計時器

斷電延遲式(OFF DELAY)限時繼電器電器符號與功能如圖 1-18 所示，其特性是在線圈一通電即可以驅使接點部的功能變換，但是在線圈部的激勵電氣訊號一消失，接點部必須延遲一預定的時間方可以回復未作動前的狀態，如下圖右邊的時序動作圖說明。其功能通常以『**瞬時動作，限時復歸**』說明之。

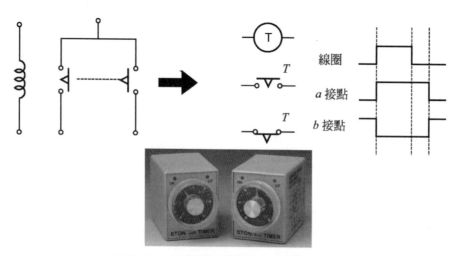

線圈

a 接點

b 接點

圖 1-18　表示符號與時序圖、固態計時器

　　雙設定延遲式限時繼電器的功能即是通電延遲式(ON DELAY)限時繼電器與斷電延遲式(OFF DELAY)限時繼電器的功能結合。在線圈激勵時必須延遲一段時間才可以改變接點部,而在線圈激勵消失時也必須延遲一段時間,接點才可以回復未作動前的狀態,如圖 1-19 所示雙計時器限時繼電器。其功能通常以『**限時動作,限時復歸**』簡單說明之。而繼電器及限時繼電器的功能比較如表 1-3 所示。

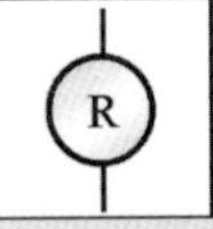

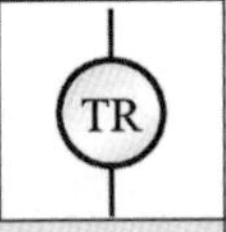

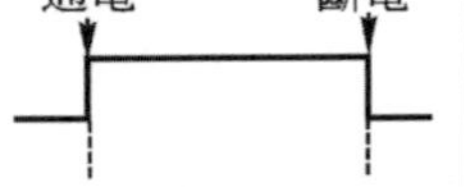

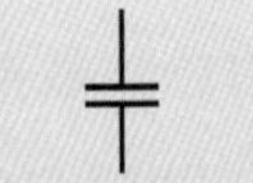

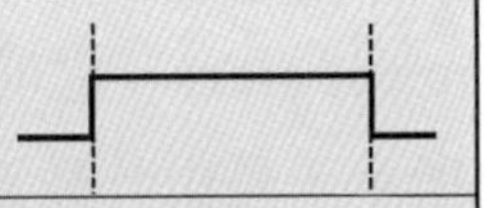

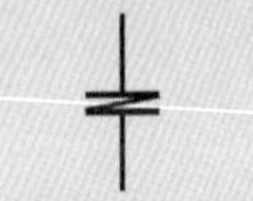

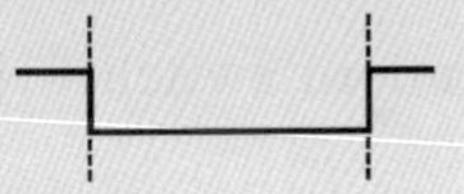

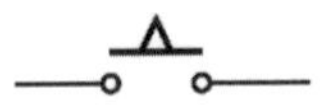

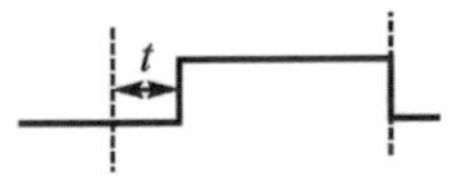

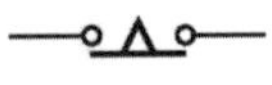

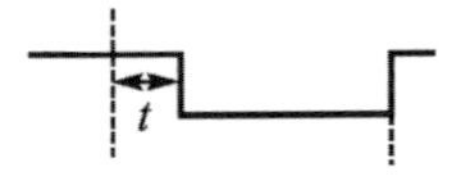

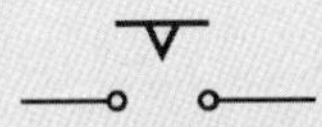

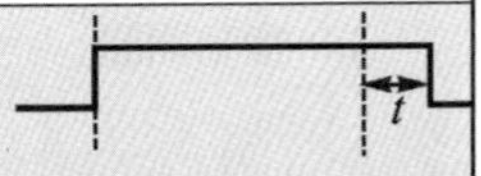

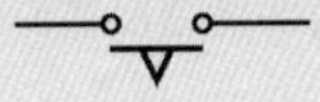

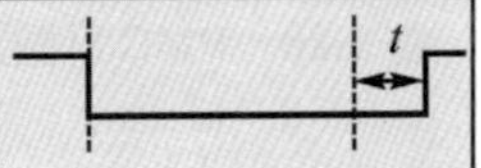

表 1-3　符號與時序

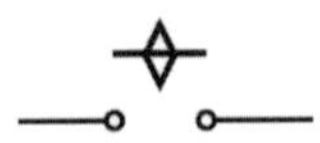

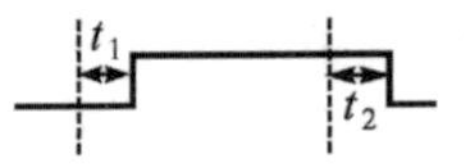

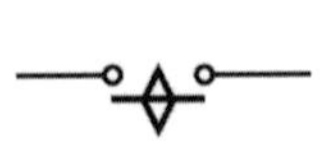

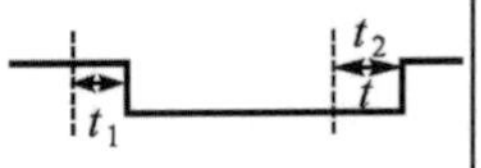

圖 1-19　雙設定延遲式限時電驛(左)與數位式星期計時開關(右)

3.　計數器

　　控制電路除了物體的位置或形狀之檢知，進行瞬時機器操作或依計時器具有一定時間差機器才動作等事情外，還有一種基本的「計數」操作。例如，以輸送帶搬運製品加以計數，當其累計到一定數量自動地使輸送帶停止，或者數量分配等場合，大多使用「計數」的操作。

　　這種計數器稱為預設計數器(preset counter)或 PMC 計數器(preset magnetic counter)，它可使用於計數控制應用中。這種PMC計數器功能如圖1-20所示，是由計數線圈(count coil)、復置線圈(reset coil)以及微動接點開關(micro switch)所構成。

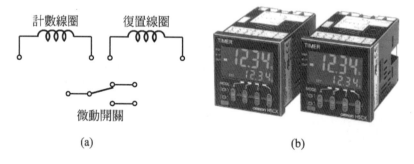

圖 1-20　PMC計數器內部構造及數位化計數器多功能模組元件

　　計數線圈(CC)在每次被通電時即會驅動數字庫，根據計數器的不同可以增加或減少計數數字，當計數值到達預先設定好的數值時，即會驅動計數器內藏的微動開關去改變接點部的功能。而復置線圈(RC)主要是扮演計數內容的復歸動作，也就是只要復置線圈每次被激勵即可以將計數器值回復原來的設定狀態。PMC計數器依計數方式可分下列兩種。

(1) 減算式計數器：表示數值由設定值起被減算，當計數值達到0時，內藏的微動開關即動作。

(2) 積算式計數器：表示數值由0開始被積算，當達到設定值時，內藏的微動開關即動作。

1-5 其他順序控制重要元件概述

1. 無熔絲開關

電路的保護如果使用保險絲做保護，電路的過電流通常會令保險絲熔斷進行控制系統的保護，如此可能造成系統維修及換裝的不方便，且保險絲有時並不會將每一線路都熔斷，因此有可能形成欠相電路的單相運轉的異常情形。所以在繼電器順序控制電路中，最常使用的電路保護裝置即是線路斷路器，當控制系統有異常發生時，此裝置可以同時切斷每一線路。值得注意的是此裝置有時稱為模殼型斷路器(MCB: Molded case-Circuit Breaker)或者是無熔絲開關(NFB: No-Fuse Breaker)。其外觀及工業表示符號如圖1-21所示，通常可以分為單相(1P)、雙相(2P)及三相(3P)無熔絲開關。

圖 1-21 無熔絲開關外觀與符號

無熔絲開關通常做為低電壓過電流之保護器，當負載電流超過額定值時，由於電流磁力或其他方式可以瞬間將裝置的接點變為開路，以保護控制系統因過負載可能造成的危險。此外，根據此裝置的動作原理及無熔絲開關跳脫方式可以區分為熱動式、電磁式、完全電磁式三種無熔絲開關。

(1) 熱動式無熔絲開關：電流超過額定電流，電線溫度升高，金屬鐵片受熱彎曲頂開跳脫機構，切斷負載電流，只適用於容量較小之無熔絲開關。

(2) 電磁式無熔絲開關:由磁場(固定鐵心與可動鐵心)和導體組成,裝置原本為正向序磁場(N → S),當發生短路電流時產生逆向磁力頂開跳脫機構,切斷負載電流,調整可動鐵心與固定鐵心,調整距離愈小,則跳脫電流值愈小,反之則愈大。

(3) 完全電磁式無熔絲開關:如圖 1-22(a)所示為正常狀態,當短路時短路電流流經線圈產生很大的磁力,鐵片立刻動作頂開跳脫機構切斷負載電流(如圖 1-22(b))。過載初期(如圖 1-22(c))線圈流經較正常負載高之電流,只會吸引鐵心,又有彈簧作用會向電流線圈緩慢移動。圖 1-22(d)為過載切斷狀態,電流線圈由空心變為鐵心,導致磁力增高,吸引鐵片頂開跳脫機構,斷負載電流。

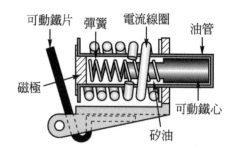

(a) 正常負載狀態

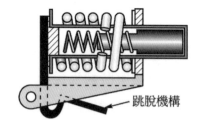

(b) 短路跳脫狀態

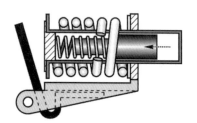

(c) 過載初期狀態

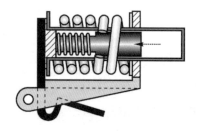

(d) 過載跳脫狀態

圖 1-22　構造圖([1],p33)

2. 電磁開關(MS:Magnetic Switch)

　　電磁開關(MS)是以電磁接觸器(magnetic contactor)和熱動過載繼電器(Thermal Overload Relay)所組成,可做為主電路的開閉器,且此裝置的接點容量相當大,可以補足一般繼電器接點容量應用不足之處,如圖 1-23 及 1-24 所示的工業表示符號與電磁接觸器實體圖。

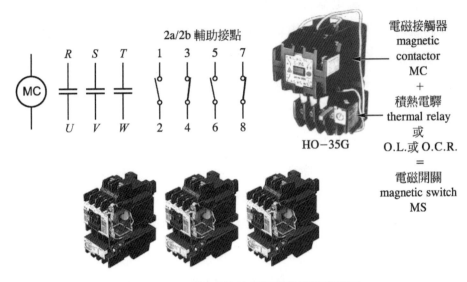

圖 1-23　電磁開關符號與電磁接觸器實體圖

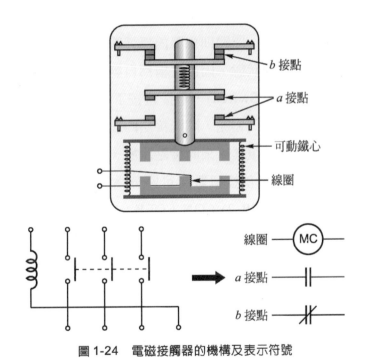

圖 1-24　電磁接觸器的機構及表示符號

　　電磁接觸器的動作原理是線圈通以額定電壓時，線圈產生磁場，使中心鐵心形成電磁鐵將上部鐵心往下吸引，使裝置的原開路接點閉合且閉合接點開路。熱動過載繼電器有時又稱為積熱繼電器(thermal relay)TH-RY，當電動機過載時，熱動過載繼電器的電熱絲會發熱，令雙金屬片彎曲頂開接點切斷負載電流。電磁開關在應用上通常會將熱動過載繼電器上的a或b接點訊號取出做為緊急切斷電磁接觸器的線圈控制訊號，以利做為控制系統發生異常現象時，可以正確的切斷主迴路控制系統，以便保護受控裝置或設備。

3. 按鈕開關(PB：Push Button Switch)

電器開關是以外力操作來控制電路的開(斷路)或是閉(通路)，以達成改變電器訊號動作的電器元件。具有如此功能的開關種類繁多，例如：按鈕開關、撥動開關、旋轉開關、極限開關…等。而開關通常具備有a接點、b接點及c接點等構造之不同。a接點是指常開接點(N.O.：Normal Open Contact)、b接點是指常閉接點(N.C.：Normal Close Contact)、c接點是指切換接點，也就是同時擁有a接點及b接點與一個共同接點的開關。

按鈕開關是指人為手動按下按鈕時，可以使開關的接觸部開路或閉路，可是當按鈕操作一放開，開關即會因內部彈簧回復力的作用，將開關接觸部的接點復歸未按下前的狀態，因此又稱為自動復歸型按鈕開關。另一種稱為保持接觸開關(Toggle Switch)，當按鈕按下時其具有動作保持的功能，也就是當按鈕按下的動作一鬆開，開關接點的變換並不會馬上復歸，而必須再按下按鈕開關方可以回復其原來的接點狀態。此外，依據開關的接點構造可分成單層與雙層。如果依按鈕數又可區分為(1)單按鈕開關(PB-1)：ON 或 OFF；(2)雙按鈕開關(PB-2)：ON、OFF；(3)三按鈕開關(PB-3)：FOR、REV、OFF。如圖 1-25 所示的開關是經常被廣泛應用在順序控制電路中的操作控制元件。而圖 1-26 則是某一廠牌的各類型按鈕的外觀。

圖 1-27 展示開關元件在控制電路的應用的一簡單範例，當按鈕未按下時，位在常閉接點(b接點)的電燈會因為形成控制迴路而被點亮，而當按鈕被按下時，開關會因為接點部的切換，將b接點切斷且令a接點變為閉合，因而使 N.O.燈形成控制迴路而被點亮，且 N.C.接點的燈即熄滅。

種類	符號		動作概要	註解
	a 接點	b 接點		
手動操作自動復歸接點	─o⌐o─	─o⌐o─	只在操作瞬間接點關閉，手離開由彈簧等力量，使操作部與接點回復原來情況。	(1)又稱做按鈕開關。 (2)門鈴開關就是此開關。
保持形接點(手動接點)	─o╱o─	─o╱o─	操作後，即使手離開，操作部份與其接點繼續保持動作後之狀態。	又叫做捺跳開關
操作開關，殘留接點	─o⌐o─	─o⌐o─	操作後，手離開時，接點繼續保持那個狀態，但操作部份卻回復原來的狀態。	(1)此開關特徵是操作部份為自動復歸形而接點部份是保持形。 (2)其符號是在操作部份有鉤形記號。

圖 1-25　開關表示符號及動作原理

(a) 照光式

(b) 平頭型

(c) 蘑菇型

圖 1-26　各類型按鈕開關

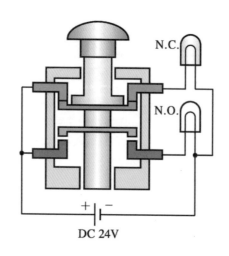

圖 1-27　線路示意圖與符號

另外，在開關應用時使用者必須注意以下幾點：

(1)　開關如註明有 3A/250V 或 10A/250V 的標示，其表示開關的接點在 ON 及 OFF 時能承受電壓或電流的能力，也就是表示開關的接點容量。

(2)　直流接點容量與交流接點容量有不同的表示方式。

(3)　由於負載種類的不同，控制電路可能引起的湧浪電流。

(4)　開關是否有火花的吸收電路設計，保護開關的接點有異常電流通過時，接點有被熔注的現象。

4.　極限開關(LS：Limit Switch)

　　　機械式極限開關可應用去感測控制系統的位置、壓力、液位…等訊號的到達與否。底下我們將以機械式位置極限開關的檢知為例說明其動作原理。如圖 1-28 所示，當機械運動過程抵達事先設定位置時，機械運動物體會碰觸到極限開關的運動機構，因而使極限開關的接點狀態產生改變，可以自動檢知機械位置到達，而進行下一順序流程控制。另外，小型的極限開關如圖 1-29 所示，開關附有致動片，檢測物體時此致動片會被壓下，開關的接點即產生開或閉狀態。

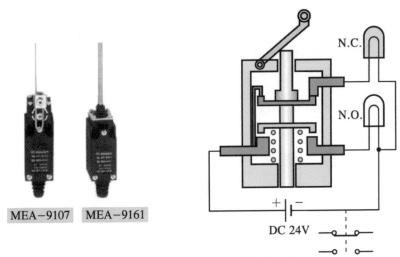

圖 1-28　機械式極限開關與線路示意圖

MEA-9107　MEA-9161

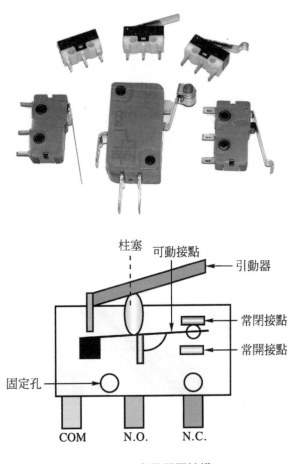

圖 1-29　微動開關結構

5. 切換開關(COS：Change Over Switch)

切換開關又稱為選擇開關(Selector Switch)，使用上只能作為控制電路之選擇，並不能作為負載電流之切換。切換開關的控制電路應用有:(1)手動、自動切換；(2)正、反轉、停止切換；(3)高、低速控制電路切換。圖1-30是一般常見切換開關的外觀。

圖1-30　三段式切換開關與二段式切換開關

6. 近接開關(PS：Proximity Switch)

所謂的近接開關是指當一個物體靠近檢測裝置的狀態及特性，可以產生電子與電器的控制訊號，因而使裝置的接點狀態產生變化。近接開關通常應用於物體無接觸的位置或是狀態感測。如圖1-31所示，近接開關的工作原理主要可以區分為電感式與電容式近接開關。以電感式近接開關為例，當物體接近開關時，此干擾會引起裝置的電感磁通產生變化，因而引起開關的電晶體相關電路的檢出動作。開關的動作是由電晶體開關動作產生，所以根據電晶體形式的不同又可區分為NPN或者PNP型兩種。

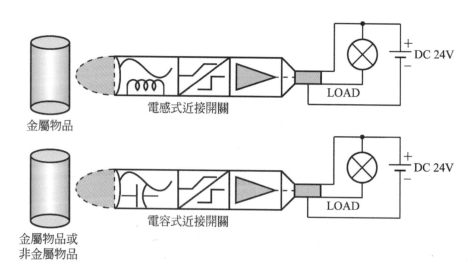

圖1-31　電感式與電容式近接開關示意圖

⑴　磁力型又稱做電感式近接開關。金屬感應型近接開關，利用磁鐵原理，當
金屬物體接近到感應器，電磁線圈產生感應電流流經線圈產生磁場，引導
接點狀態改變，圖1-32為金屬感應型近接開關。

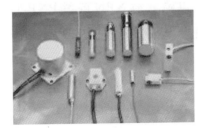

圖1-32　金屬感應型近接開關

⑵　靜電容型近接開關是利用平衡電橋原理，受測物體接近近接開關產生靜電
容量之改變發生動作，金屬與非金屬物體皆可感測。

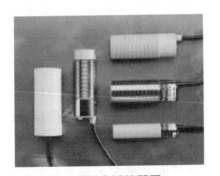

圖1-33　靜電容近接開關

圖1-34　超音波感應器

⑶　超音波型是利用送波器與受波
器之相向設置，當超音波束被
物體遮斷時，檢測出控制信號。

⑷　其他高週波振盪型：感測器發
射振盪高週期波，受測物接近
時使振盪頻率改變，因而改變
感測器接點狀態。

圖1-35　熱產品感應器

7.　光電開關(PH：Photo Switch)

　　光電開關是以光源為媒體，將電能轉換為光量並放射出去，此放射光被
檢出物體的遮光、反射、吸收、透過的狀態，使裝置的檢知電路產生變化，

因而得知被檢測物的存在與否，且產生相對應的開關 ON 或是 OFF 訊號。光電開關在工業應用非常廣泛，例如：自動門的檢出裝置、生產線成品的檢出…等。然而此開關的動作通常是由電晶體開關動作產生，所以根據電晶體形式的不同，同樣可以區分為 NPN 或者 PNP 型兩種。

光電開關係利用投光與受光器間的光路有否被物體遮斷來判斷物體之有無或位置，故有以下之特點：

(1) 不需接觸即可檢知，其光線被遮斷與物體之材質無關。

(2) 由於是光電式故其反應速度較快。

(3) 檢出距離(投光器與受光器間的距離)相對較長。

但是，光電開關亦有如下之缺點，使用時需注意。

(1) 受振動光軸會偏移，容易產生動作不安定。

(2) 外來之干擾，例如從投光器以外而來的入射光，很容易產生誤動作。

(3) 投光及受光鏡面之汗垢容易引起動作不安定。

此外，常用光電開關及原理有以下幾種：

(1) 透過型：須一端由發射器發射直線光由另一端接收器接收，接收器包含光電晶體元件與控制接點，受光與不受光之間接點產生反向狀態，須校對光軸，物體通過檢測產生遮光作用。

(2) 鏡片反射型：發射端與接收端裝於同一機體，須反射鏡面將發射光反射回接收器，受光與不受光之間接點產生反向狀態，須校對光軸。

(3) 擴散反射型：發射光由物體反射回接收器，不須校對光軸。

圖 1-36　圓管型光電開關(擴散/反射鏡片/反射對照型一體成形)

圖 1-37　自由電源型光電開關(擴散/反射鏡片/反射對照型一體成形)

在本節基本順序控制的開關裝置的介紹只是針對一般較常使用的元件，讀者可以由此提供的資料引領出其他相關元件的動作原理。順序控制元件涵蓋範圍廣泛，我們不可能在此詳述之，如果讀者想要了解更多其他資訊，請參考傳統順序控制書籍及元件製造者的元件相關資料。

1-6　IEC 61131-3 標準可程式語言

就傳統繼電器配電盤(工業配線)，操作者不難熟悉其繁瑣、複雜、難以檢測的線路(人員需要漫長的時間去嘗試練習，不斷的從挫敗中取得經驗)，而其安裝與配線之要領需要從整體的正確、安全、牢固、美觀等而定。因此隨著時代的進步，半導體科技的日新月異，IC封裝規模越來越精密，單晶片式可程式控制器(PLC)的功能越來越強，所以 PLC 已經漸漸取代這種老舊的配盤方式。整體而言，傳統工業配線與 PLC 設計的異同處和其優缺點比較如下：

表 1-4　傳統配線與 PLC 之比較

傳統工業配線	PLC 控制
人員在配線檢修與安裝上，耗費人力、時間。	不需大量線材，檢修除錯容易軟體編輯監控。
需要長時間的練習和經驗之累積。	入門容易，人員於具備基礎迴路觀念、邏輯設計、程式語言皆可輕鬆上機。
消耗電力大，無法試車測試，製作標準不一，開發成本較低僅需基本技術。	節省電力，可模擬試車，可統一規劃設計，技術支援可進階中高級，開發成本略高。
配線費用高，議價空間幅度小，無法大量生產，功能擴充不易，佔用空間大，接點壽命短。	模組擴充性能高，易大量生產，價格適中，體積小，晶片壽命長。

可程式控制器的英文縮寫PLC全名為Programmable Logic Controller，1970年小型 PLC 問世後至今，其仍為自動化工業控制不可獲缺的核心，科技產業的進步 PLC 本身的功能也越來愈強大，相對的其所能處理問題層面亦為之廣大，舉凡

基礎控制、順序控制、伺服控制…等等運用幾乎一手包辦,且因應各類型產業整合之需求,產能的**穩定性**、**時效性**、**功能擴充**、**技術支援**、**價位需求**,都要仰仗PLC龐大的效能。

PLC內部架構就如同個人電腦(微電腦)結構一般,其原理架構本身是由單晶片作為中控系統結合組合語言發展而成,分成五大結構,如**中央處理單元**、**運算處理單元**、**邏輯運算單元**、**記憶體單元及輸入輸出單元**,其架構圖如圖1-38所示。

早期所研發之PLC由於各家擁有獨自作業系統,一套PLC只能搭配自家的編輯軟體系統,A廠使用X廠牌,B廠使用Y廠牌,假設A廠人員今天到B廠支援發現所使用的系統完全不一樣,或者技術人員不懂得 Y 廠牌的系統導致於生產線癱瘓,等到Y廠派人支援,不論時效上或者經濟效益都嚴重損失。

有鑒於此互通性的問題,國際組織 I.E.C.(International Electro-technical Commission)就工業控制需求來整合 PLC 各種語言的設計方式,只要各家控制程式依照IEC61131-3整合規範,所制定編輯程式的寫法就會有一互通性,可以減輕現場維修人員面對不同廠牌的 PLC 控制器的維護問題,甚至對控制器程式設計人員也可以有一共同語言的標準。因此,只要是可程式控制器支援如此標準的開放協定的設計方式,就稱做為開放式可程式控制器(OPEN PLC),也就是控制器有軟體編輯程式的相容程度與整合規範。國際電機技術協會(Internation Electro-technical commission)就工業控制的需求整合提出以下6種標準可程式編輯語言(IEC 61131-3)。

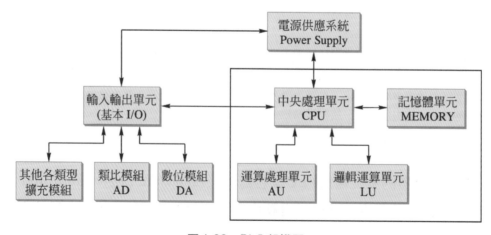

圖 1-38　PLC 架構圖

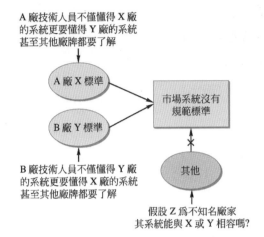

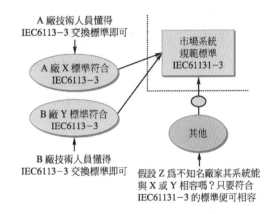

圖 1-39 非 Open PLC 架構，沒有互通性　　　圖 1-40 Open PLC 架構，有互通性

- 階梯圖(Ladder Diagram ,LD)
- 指令集(Instruction List ,IL)
- 流程圖(Function Chart ,FC)
- 功能方塊圖(Function Block Diagram ,FBD)
- 結構化文字(Structured Text ,ST)
- 順序流程圖(Sequential Function Chart ,SFC)

　　這些語言以階梯圖語言和指令語言對於三菱或OMRON PLC使用者並不陌生，而上述 FC、FBD、ST、SF 語言是針對懂得流程圖、邏輯設計、高階的程式語言等相關工程人員的應用而設計。以下我們將扼要說明每一種語言的應用架構：

1. 階梯圖LD(Ladder Diagram)：為一種圖形語言亦為大眾所通用的一種可程語言，以接點與線圈來描述控制動作，可搭配功能方塊圖使用。

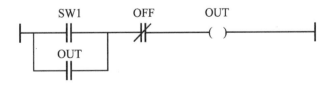

2. 指令集IL(Instruction list)：類似組合語言與傳統PLC寫法大同小異。在應用前每一接點都得先定義，且可隨設計者定義喜好名稱。

```
LD SW1            //SW1 為啟動按鈕 (輸入)
OR OUT            //OUT 為自保激磁接點 (內部)
ANDN OFF          //OFF 為停止按鈕 (輸入)
ST OUT            //OUT 為自保激磁線圈 (輸出)
```

傳統 PLC 寫法以三菱 PLC 為例：

```
LD X0             //X0 為啟動按鈕 (輸入)
OR Y0             //Y0 為自保激磁接點 (內部)
ANI X1            //X1 為停止按鈕 (輸入)
OUT Y0            //Y0 為自保激磁線圈 (輸出)
END
```

3. 功能方塊圖 FBD (Function Block Diagram)：屬圖形化語言，可將數個輸入經過方塊運算產生輸出，可設計成模組化重複使用。

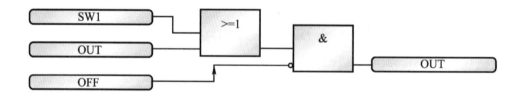

4. 結構化文字 ST(Structured text)：屬高階式文字語言，類似 PASCAL，用來描述複雜的控制。

```
con:= (IN_PUT0 OR OUT0) AND NOT(IN_PUT1) ;
if (con) then
  OUT0:= true;
  OUT1:= true;
else
  OUT0:= false;
  OUT1:= false;
endif
```

5. 順序流程圖 SFC(Sequential Function Chart)：屬於圖形化語言，描述程序控制最為便捷。

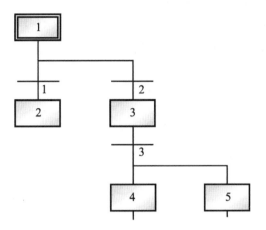

6. 流程圖(Function Chart, FC)：屬於圖形語言，讓曾經學過基礎程式語言人員可輕鬆上手。

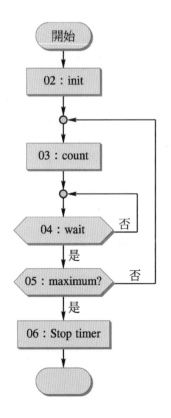

問題與討論

1. 試舉三種順序控制的應用範例？

2. 試述繼電器接點，何者為乾接點？何者為濕接點？假設有二顆繼電器 R1 及 R2，R1 上額定電流 100V、500W，R2 上額定電壓 200V、250W，外加電壓 220V 試求出線圈內阻與所流經線圈之電流是否會燒毀 Relay？

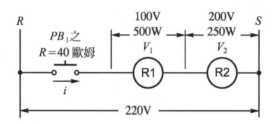

3. 簡述 IEC6113-3 語言有哪些功能與其包含編輯六種語法。

4. 試說明下圖的動作與時序圖。

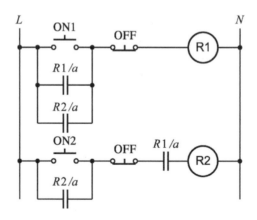

Chapter **2**

PLC 基本介紹

2-1 PLC 功能

　　PLC 可程式控制器(Programmable Logical Controller)係由傳統繼電器控制回路所衍生的一種控制系統，早期的 PLC 發展是用來取代傳統控制電路為目的，如今 PLC 不但有傳統控制電路接點，還提供了類似組合語言的應用指令及特殊功能模組。可程式控制器也可稱為一種數位電子設備，其具有可程式記憶體用以利儲存命令，以執行邏輯、順序、計時、計算等控制機械或程序之功能。本書將以FX2/FX2N 為對象，說明可程式控制器的應用特點：

1. I/O 可使用固定式或自由組合方式

    可程式控制器的 I/O 均採用固定掃描方式，其輸入/輸出的點數是有一定之比例，但是當控制系統的I/O點數呈現非比例性組合時，不得不使用更多點數之小型PLC。而將多餘之點數浪費掉，或者選擇I/O模組化之中大型PLC，然而 FX2/FX2N 兼具了小型 PLC 之主機一體型及中、大型 PLC 之 I/O模組自由組合之特點，在最大I/O 點數 128 點之範圍內，使用者可恰到好處的自由組合其所需之I/O點數。

2. 可簡單的設計順序控制

    使用者往往因為 PLC 之記憶容量太少、暫存器之數目限制或者是演算時間太慢的考慮，而使得控制程式之設計更困難。但是FX2N無論是在記憶容量或是各繼電器區域及暫存器之數目上均作超大容量之設計，並且在演算速度上亦有超高速之改革，使得控制程式之設計更簡單。

3. 更容易使用更多的指令

    指令之容易使用與否，深深影響著程式設計之難易程度，FX2N開發出了步進階梯圖設計方式，順序控制所需之設計時間可縮短為一般之 1/3。而且針對各種專門用途之指令群均非常的單純化，非常的容易使用，可使得專用機控制之效率性更大幅的提高。

4. 用途廣泛的特殊模組

    可程式控制相關連之類比信號控制、步進/伺服馬達控制、設定值之外部設定及外部顯示作業、高速之輸入/輸出處理控制均是重要的環節。若是能將這些功能加以實現，則小型PLC之應用範圍亦將更加廣泛。FX2/FX2N系列均可追加上列各項功能之特殊模組。

5. 充實的週邊裝置

    無論是在室內的程式設計及程式保存，或者是到現場試車及程式更改監視，依據不同之使用目的而需要不同的週邊裝置。並且在將來的功能往上推進時或者是最新流行之 SFC(Sequenec Flow Chart)之應用上，週邊裝置之功能日趨重要。

2-2　PLC 內部結構

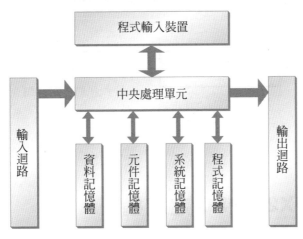

圖 2-1　PLC 之硬體架構

程式輸入裝置：負責提供操作者輸入、修改、監視程式運作的功能。

中央處理單元：負責 PLC 管理、執行、運算、控制等功能。

程式記憶體　：負責儲存順序程式參數、註解等。

系統記憶體　：儲存 PLC 執行順序控制時所需的系統程式。

元件記憶體　：記憶各元件目前狀態。

資料記憶體　：負責儲存輸入、輸出裝置的狀態及順序程式轉換資料。

輸入迴路　　：負責接收外部輸入元件的信號。

輸出迴路　　：負責將順序程式的執行結果輸出至外部負載元件。

2-3　PLC 的掃描結構

　　PLC 的程式執行規則是採用一種同步的系統，所有的運作皆是由一計時器來觸發。程式執行一次的基本時間單位稱為週期時間，如圖 2-2 所示，它是採用取樣週期的設定，應用程式被執行一次或變數更新的時間是採用固定的掃描週期方式。在硬體週期(Cycle)時間內，可程式控制器必須完成下列標準的運作處理功能：(1)

掃描輸入變數：掃描輸入開關與相關元件的 NO/OFF 狀態、(2)程式處理：依程式記憶體的內容，將輸入處理的 NO/OFF 狀態依序填入及執行運算。(3)輸出處理：掃描一循環並將ON/OFF狀態鎖定，且成為實際輸出的驅動指令。

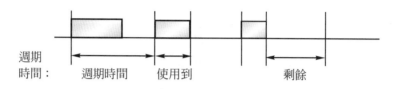

圖 2-2　可程式控制器執行的週期

2-4　FX2/FX2N PLC 之結構

FX2/FX2N系列可程式控制器包含主機、擴充機、擴充模組、特殊轉接器等四種零組件，各類控制系統均可由上列四種零件組合設計或僅用主機，或是主機與擴充模組的組合，其產名的編號方式如圖 2-3 所示。

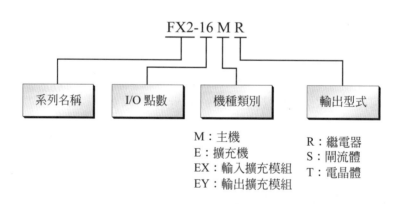

圖 2-3　PLC 模組編號意義

1.　主機

　　主機內含CPU是PLC執行運算、記憶、連接書寫器、存放記憶體、連接特殊模組轉接模組及提供擴充模組電源，依主機型式不同其附屬的I/O點數亦不同。

2. 擴充機及擴充模組

　　擴充機或擴充模組係為補充主機 I/O 點數的不足，擴充模組的電源係由主機提供。

3. 特殊轉接模組

　(1) 雙機連線模組。

　(2) 旋鈕模組。

　(3) RS-232 介面模組。

4. 特殊功能模組

　(1) 單軸定位模組。

　(2) 高速計數模組。

　(3) 數位轉類比輸出模組。

　(4) 溫度檢測模組。

2-5　FX2/FX2N 元件描述

1. 輸入(X)

　(1) 輸入(X)的範圍從 X0～X177(以 8 進位方式編號：128 點)。

　(2) 外部控制元件(如按鈕開關、指撥開關、極限開關等)或信號可藉由(X)傳入 PLC。

　(3) 輸入元件(X)可視為一個繼電器組成，所以 NO、NC 接點可以在程式中使用。

　(4) 輸入元件(X)的 NO、NC 接點的使用次數不受限制。

　(5) 輸入元件無法藉由程式驅動。

　(6) 輸入元件的 NO/OFF 狀態可由面板上指示燈指示目前狀態。

2. 輸出(Y)

　(1) 輸出範圍從 Y0～Y177(以 8 進位方式編號：128 點)。

　(2) 程式控制的結果藉由輸出元件(Y)輸出，驅動外部負載元件；例如接觸器、電磁閥、指示燈。

　(3) 在程式中，對於輸出元件(Y)的 NO、NC 接點使用次數不受限制。

(4) 當程式狀態由 RUN 至 STOP 時，輸出 OFF。

(5) 若輸出點沒有完全使用時，輸出(Y)可當成輔助電繹(M)來使用。

(6) 當程式狀態在 RUN 時，輸出元件的 ON/OFF 狀態，可由面板上的指示燈來指示目前的狀態。

3. 輔助電繹(M)

(1) 一般用輔助電繹(M0～M499：500 點)。

(2) 停電用保持輔助電繹(M500～M1023：524 點)。

(3) 特殊目的用途輔助電繹(M8000～M8255：256 點)，特殊輔助電繹之線圈可自動的由可程式控制器驅動之，使用者僅使用這些特殊輔助電繹的接點即可，例如：

M8000：運轉監視(運轉中為 ON)

M8002：初始脈波(運轉開始時，僅 ON 一個脈波時間)

M8011：10ms 的連續波

M8012：100ms 的連續波

M8013：1000ms 的連續波

4. 狀態繼電器(S)

(1) 初始狀態(S0～S9：10 點)。

(2) 原點復歸用(S10～S19：10 點)。

(3) 一般用(S20～S499：480 點)。

(4) 停電保持用(S500～S899：400 點)。

(5) 警報型(S900～S999：100 點，具停電保持功能。)。

5. 資料暫存器(D)

　　資料暫存器是儲存在 PLC 內部的記憶體，可用於將資料存入資料暫存器中，或者將資料暫存器所儲存的資料供給程式運算及處理用。

(1) 一般用暫存器(D0～D199：200 點)。

(2) 停電保持用暫存器(D200～D511：312 點)。

(3) 特殊用暫存器(D8000～D8255：256 點)。

(4) 檔案暫存器(D1000～D2999：2000 點)。

6. 索引暫存器(V、Z)

(1) 索引暫存器常應用於間接指定用，如此可用一條指令藉著更改V或Z的值而取得另一個指定值。

(2) 索引暫存器 V 及 Z 皆為 16 位元暫存器，如同一般用暫存器，可對索引暫存器作數值資料的存取。在執行 32 位元資料的演算時，將索引暫存器 V 及 Z 組合使用，V 為上 16 位元，Z 為下 16 位元。

7. 指標(P、I)

(1) 分岐命令用指標(P0～P63：64 點)。

指標是用於跳躍(CJ)、呼叫副程式(CALL)所指向的位址。

(2) 中斷用指標(I)：

輸入中斷(I0～I5：6 點)

時間中斷(I6～I8：3 點)

計數器中斷(I010～I016：6 點) (FX2N)

8. 常數(K、H)

(1) 二進位及十進位

PLC若鍵入十進位數值 "K789" 作為計時器或計數器的設定值，此值即自動地轉換為二進位數值由 PLC 讀取。反之，若欲監視計時器或計數器的現在值時，該值即自動的由二進位數值轉換為十進位數值並顯示之。

(2) 二進位及十六進位

若將十六進位數值 "H789" 鍵入一資料暫存器中，此值即自動地轉換二進位數值。十六進位數的各數值依次為 0、1、2…、8、9、A(10)、B(11)、C(12)、D(13)、E(14)及 F(15)。反之，若欲監視資料暫存器的內容時，首先會顯示十六進位數值 "K1929"，但當按下 "HELP" 鍵後，顯示的數值會變為十六進位數值 "H789"。

9. 計時器(T)

計時器是以PLC內部的時脈將其計數值到預設的設定值後使該接點ON。

(1) 100ms計時器(T0～T199：200點)設定範圍：0.1～3276.7秒。

(2) 10ms計時器(T200～T245：46點)設定範圍：0.01～327.67秒。

(3) 1ms停電保持型計時器(T246～T249：4點)設定範圍：0.001～32.767秒。

(4) 100ms停電保持型計時器(T250～T255：6點)設定範圍：0.1～3276.7秒。

10. 計數器(C)

計數器是計數該計數器輸入信號由OFF至ON的次數，計算方式是採取加算計數方式。計數器的現值若等於預設值時，若還有輸入信號進入時，則計數器的現值將不改變。

(1) 16位元上數計數器(設定值：1～32767)

① 一般用計數器(C0～C99：100點)。

② 停電保持用計數器(C100～C199：100點)。

(2) 32位元上數/下數計數器(設定值：－2,147,483,648～＋2,147,483,647)

① 一般用計數器(C200～C219：20點)。

② 停電保持用計數器(C220～C234：15點)。

2-6 輸入輸出迴路接線

2-6-1 輸入信號接線方式

FX2/FX2N 可程式控制器有一 RUN 輸入端子，若要使可程式控制器(執行)，則在 RUN 與 COM 端裝一開關，當開關 ON 時，可程式控制器開始執行。當開關 OFF 時，則可程式控制器停止執行(STOP)。典型的輸入訊號接線方式如圖 2-4 所示，其說明如下：

1. 外部信號，進入輸入點後，使用光耦合器將信號隔離。

2. 經光耦合器隔離後的外部信號，再經過 R-C 濾波器，以防止外部信號發生彈跳現象，或雜訊干擾而導致誤動作，所以此 R-C 濾波器會使外部輸入信號有 10ms 的延遲。

3. 外部輸入信號的狀態指示 LED。

4. 感測器亦可使用外部 DC24V 電源。

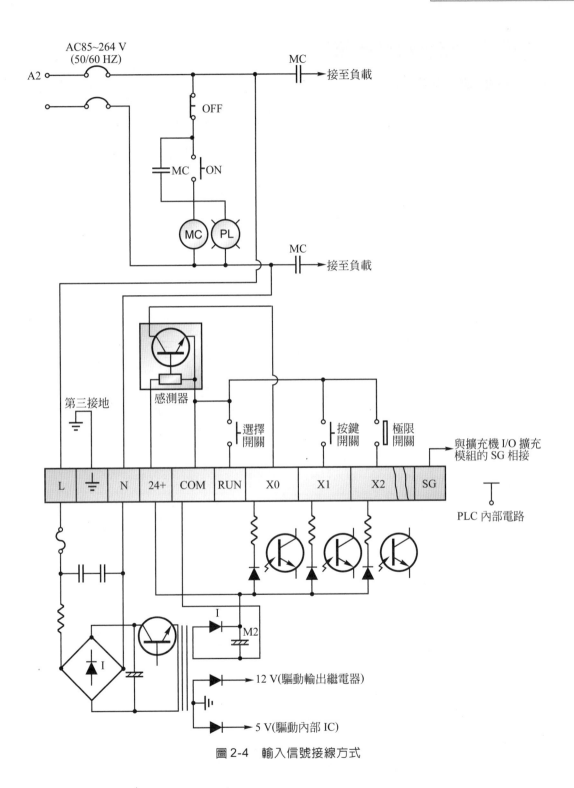

圖 2-4　輸入信號接線方式

📺 2-6-2　輸出回路接線

一、繼電器輸出回路

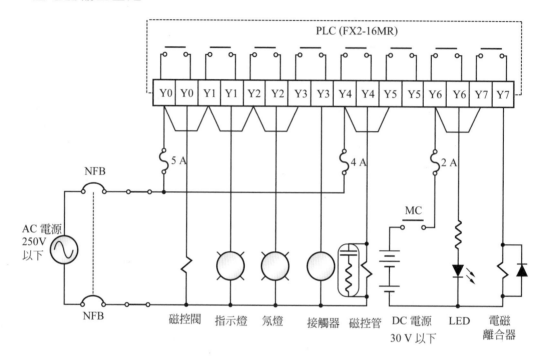

圖 2-5　繼電器輸出回路

1.　輸出端子

　　　FX2-16MR系列PLC的每一個輸出之共同點各自獨立。其他FX系列機種每4到8點提供一共通輸出點。每一共同點從[COM1][COM7]編一號碼。不同的電壓系統，比如240VAC，100AC及24VDC，可使用不同的共同點來驅動不同的電壓負載。

2.　回路之隔離

　　　PLC 內部回路和外部負載回路以輸出繼電器之線圈及接點作相互間的電氣隔離。共通組間也可相互隔離，只要採用不同的共同點即可。

3.　動作指示

　　　當輸出繼電器激磁，LED 將點亮且輸出接點導通。

4.　反應時間

　　　輸出繼電器激磁或消磁與輸出繼電器接點導通或切離之間的反應時間大約 10m sec。

5. 輸出電流

　　電壓低於 250VAC 的回路，可驅動下列負載：

(1) 純電阻性負載：2A/點。

(2) 電感性負載：低於 80VA(100 或 240VAC)。

(3) 燈負載：低於 80VA(100 或 240VAC)。

　　繼電器接點之電感負載壽命，當使用直流電感負載時，需在負載上並聯安裝一個突波吸收二極體，且電源最大為 30VDC。

6. 開回路漏電流

　　因為當輸出接點切離(OFF)時，幾乎無漏電流，因此氖燈可由輸出接點直接驅動。

二、SSR 輸出回路

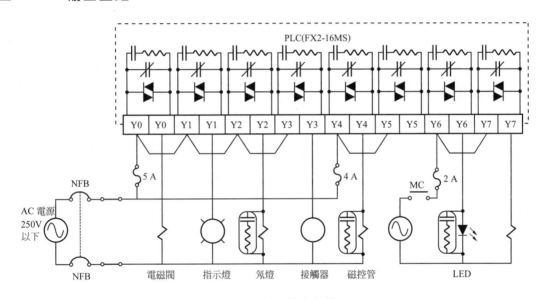

圖 2-6　SSR 輸出回路

1. 輸出端子

　　FX2-16MS 系列 PLC 的每一個輸出之共同點各自獨立。其他 FX 系列機種每 4 點輸出為一組且共用同一輸出點。不同的電壓系統，比如 240VAC，100AC 及 24VDC 可別使用在不同的共通組。

2. 回路之隔離

PLC內部回路與輸出元件(閘流體)以光耦合隔離之，各共通模組間也相互隔離。

3. 動作指示

當光耦合器被驅動時，LED會點亮同時輸出閘流體導通。

4. 反應時間

光耦合器動作/不動作至輸出閘流體ON/OFF間之反應時間分別小於 1m sec 及 10m sec。

5. 輸出電流

本回路可操作最大到0.3A/點之電流，然而設計上請限制在0.8A/4點，以防過熱。當必須投入突擊電流來使負載ON/OFF時，平方根電流需在0.2A以下。

6. 開回路洩漏電流

PLC輸出端子需並聯一組C-R吸收器。

三、電晶體輸出回路

1. 輸出端子

FX2-16MT系列PLC的每一個輸出之共同點各自獨立。其他FX系列機種輸出點有共通點共同的組合方式。需有一個5到30VDC的電源來驅動負載。

2. 回路隔離

PLC 內部回路與輸出電晶體之間以光耦合器隔離之。各共通點也相互隔離。

3. 動作指示

當光耦合器被驅動時，LED會點亮同時輸出電晶體導通。

4. 反應時間

光耦合器動作/不動作至輸出電晶體ON/OFF間反應時間小於 0.2m sec。

5. 輸出電流

本回路可操作最大到0.5A/點之電流。然而設計上請限制在0.8A/4點。以防過熱。

6. 開回路洩漏電流

洩漏電流小於 100μA。

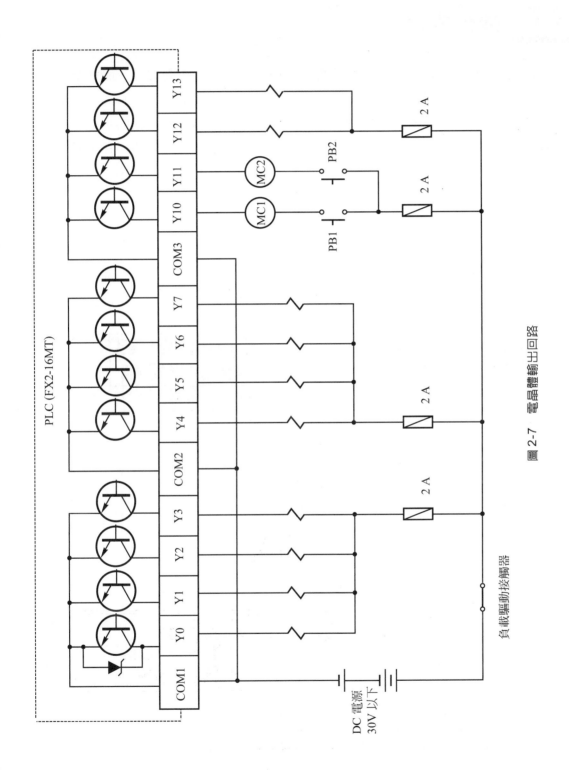

圖 2-7 電晶體輸出回路

2-7 接線技術

在了解可程式控制器本機的整個應用架構及線路設計規範之後,讀者應該對如何選用合適的控制輸出及輸入裝置有一個基本的知識,接下來我們將簡單介紹輸出入裝置的接線技術。只要讀者選用了合適的輸出入裝置再加上正確的接線技術,這使得可程式控制器可輸出正確的控制訊號至受控體,並且可以正確得知系統檢測裝置及感測器的訊號,如此即可以輕易經由控制程式的撰寫而形成一個完整的控制系統。

■ 2-7-1 類比輸入(ADC)裝置 FX-4AD

類比輸入模組一般皆可接受電壓及電流訊號之輸入,電壓訊號在螺絲端之接線與一般之實驗應用相同,只要將電壓訊號之高低電位接在模組輸入端之正負螺絲端

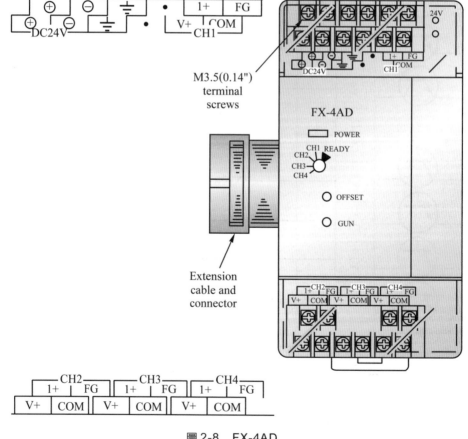

圖 2-8　FX-4AD

即可，如下圖 2-8 所示，在 FX-4AD 模組中分成 CH1 、CH2、CH3 與 CH4，各個通道有電壓輸入與電流輸入各一組。

　　圖 2-8 中 CH4 做電壓接線之輸入方式，CH1 為電流輸入接線方式。圖 2-9 所示，類比訊號透過雙絞線傳輸，保護訊號受到雜訊之干擾。當電壓輸入方式存在著電壓漣波干擾著訊號的傳輸，我們可以並聯 0.1～0.47 mF 25 V 的電容器去改善此現象。可是當訊號被嚴重干擾時，則必須再將 FX-4AD 的 FG 做設備接地以改善干擾問題。

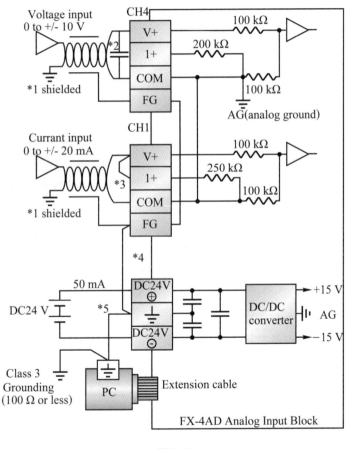

圖 2-9

　　然而對類比輸入與輸出而言，模組只是輸出控制訊號及量測感測器的類比訊號，使用者不可以將此類比訊號直接輸出至推動制動器，必須借由功率放大器將訊號放大後才可以控制設備。而類比輸入訊號應屬於類比感測器的輸出量測，而模組擁有很高的輸入阻抗可以減少量測誤差。

▣ 2-7-2 類比輸出(DAC)裝置 FX-2DA

在數位類比轉換模組 FX-2DA 型式中,幾種特性規範在使用上需要去注意,圖 2-10 及 2-11 所示。

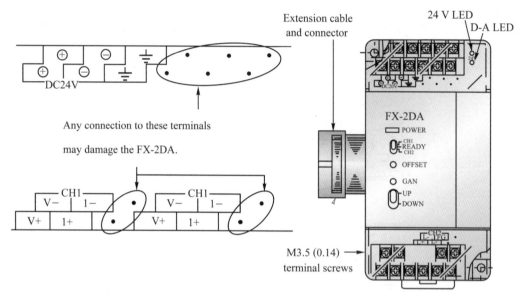

圖 2-10

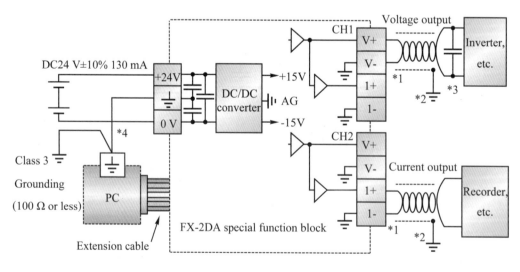

圖 2-11

　　FX-2DA 有 2 組通道，而每組通道如 CH1 都有一組 V+、V-，I+、I-的電壓及電流輸出，在 FX-2DA 類比特殊函數塊有兩條輸出通道。輸出通道會以數值的變化控制產生一個相等的類比信號，稱作為 D/A 變換。FX-2DA 是一個 12 bits 數位至類比轉換器。電壓類比輸出從 -10 到 10 V 的範圍做控制，或 4 到 20 mA 的電流輸出。

　　在連接訊號到 FX-2DA 應該使用雙絞線，可避免掉雜訊之干擾，假使電壓輸出有雜訊或電壓漣波的干擾，可在雙絞線到元件之間並聯一個 0.1～0.47 mF 25 V 的電容器去改善之，注意如果使用電壓做輸出時，不能做電流與電壓的負載輸出同時使用。

■ 2-7-3　數位輸出入裝置

　　基本數位輸出裝置的主要目的是輸出不同的訊號準位(level)，比方說邏輯 0 或邏輯 1，以便於切換受控體的控制狀態。由於數位輸出頻道的種類與功能不同，所產生的訊號準位表達的意義自然有所不同。邏輯 1 有可能表示迴路導通、輸出 5 伏特電壓、輸出 12 伏特電壓、輸出 24 伏特電壓…等等，而邏輯 0 可能表示迴路不導通、輸出電壓 0 伏特、輸出電壓 12 伏特…等。邏輯 0 與邏輯 1 所表示的情況會與類比輸出模組的種類有關。比方說，以繼電器(Relay)的數位輸出而言，當讀者對這個頻道輸出邏輯 1 時，繼電器會切換到常閉(normal close)狀態導致連接至繼電器的外部迴路保持在導通的狀態，此時外部迴路上的電子元件就可以正常工作，若讀者對這個頻道輸出邏輯 0 時，繼電器會切換為常開狀態(normal open)造成與這個繼電器連接的外部迴路呈現斷路的狀態，有關於繼電器的說明，請參考第一章。數位輸入頻道則是用於檢測或確認設備中某個狀態的情形，包括是否正常啟動，是否作動…等等。如同數位輸出頻道，數位輸入頻道的訊號準位亦隨著種類與功能的不同而有不同的定義，某些數位輸入頻道的邏輯 0 訊號範圍可能被定義在小於 1V，有些則是定義小於 4V 為邏輯 0 的訊號。同樣的邏輯 1 的訊號也有這樣的情形。舉例來說，如果有一個數位輸入設備規格如下：

　　　　邏輯 0 (logic 0)：+1V max
　　　　邏輯 1 (logic 1)：+3.5V～30V

當這個數位輸入頻道接收到小於 1 伏特的電壓訊號時，就會回傳邏輯 0 的訊號。而當這個頻道接收到 3.5V～30V 的電壓訊號時，就會通知使用者目前的頻道狀態為邏輯 1 的狀態。如果該頻道接收到 1V～3.5V 時，頻道會保持先前的狀態暫不更動，等到之後有落於邏輯 0 或邏輯 1 範圍的訊號進來時再反應狀態。在對數位輸出入頻道有了基本認識之後，接下來要說明的是數位輸出入頻道種類，不同的數位輸出入頻道種類會有不同的接線方式與特性，所以學習如何針對數位頻道接線之前，以下筆者先介紹數種不同架構與功能的數位輸出入頻道類型：⑴繼電器數位輸出頻道；⑵開集極數位輸出頻道；⑶ TTL 數位輸出頻道；⑷ Open Drain 數位輸出頻道……等；其中有關繼電器數位輸出頻道的介紹請參考第一章的內容，而其它應用請參考如下說明。

Open Collector 數位輸出頻道

Open Collector(縮寫 O.C.)類型的數位頻道乃是運用電晶體的特性達到控制電壓狀態的目的，主要採用雙載子連接電晶體 (Bipolar Junction Transistor，BJT) 的集極(collector)不與正電壓連接之設計方式，其可控制的電流比 TTL 型式的數位輸出要來得大，一般可以達到 100mA 以上，當然電流的大小與所使用的電晶體特性有關，不同的電晶體會有不同的電流輸出。因為 BJT 又區分為 npn 與 pnp 兩種，因此 O.C. 頻道的架構也有所不同，常見的 O.C. 數位輸出頻道大多採用 npn 型的電晶體。無論是 npn 或 pnp 型的電晶體，都可以被想像成由兩個 PN 二極體接合在一起所構成的，當兩個 pn 二極體的 p 極接在一起時，就形成 NPN 二極體，而兩個 pn 二極體的 n 極接在一起時，則如同 pnp 二極體。電晶體的工作模式可分為截止模式 (cutoff)、主動模式(active)、飽和模式(saturation)與反相主動模式(reverse active)。在開關型式的數位邏輯電路中使用電晶體時，通常讓電晶體於截止模式與飽和模式間運作，當電晶體進入截止區時，電晶體的射極與集極間形成斷路，進而導致連接電晶體的迴路也形成斷路。當電晶體進入飽和區時，射極與集極間可允許電流流過，此時連接電晶體的外部迴路就會導通。當電晶體運用在操作型放大器時，則讓電晶體於主動模式下運作。此時電晶體的射極與集極電流會與基極電流呈現一定的放大關係。至於電晶體的基極、射極與集極等概念，將會在稍後談到，請讀者稍安勿躁。這兩種電晶體的電路符號與構造大抵上如同圖 2-12 所示。

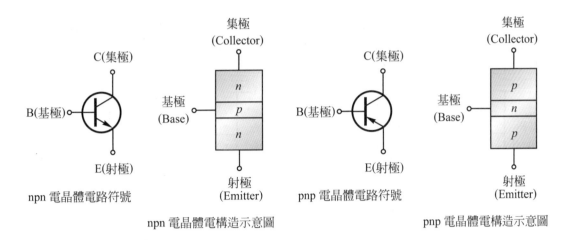

圖 2-12　電晶體的電路符號與基本構造示意圖

　　p端是由具有較多電洞(hole，因原子缺乏一個電子而形成吸引電子的空洞)的半導體構成，而 n 端則是由具有較多自由電子的半導體組成。如圖 2-13 所示，以npn型的電晶體來說，當在基極與射極間給予壓差時，此時電壓驅動自由電子由射極往基極移動而產生由基極流向射極的電流(定義電流的方向與電子流動的方向相反)，另一方面，基極的電洞也會因為外加電壓的關係搶到自由電子或原本拘束於射極原子中的電子讓射極中的電子減少，這種情形可以被想像成電洞往射極移動，形成另一股由基極流向射極的電流，此兩股電流的加總就是基極電流I_B。由於npn型電晶體的射極與集極的自由電子密度大於基極的電洞密度，所以由基極往射極移動的電洞所造成之電流對基極電流I_B的影響有限，主要的I_B是由射極往基極移動的電子主導。此時，如果再於基極與集極間外加電壓，則會因為外加電壓的驅使導致射極往基極移動的自由電子，除了與基極的電洞互相作用外，剩餘的電子就會大量的往集極移動，而在集極的自由電子也會因外加電壓驅動而往外加電壓的正極移動，其結果將產生由集極流向射極的電流I_C。另外，如果基極與射極間沒有壓差，則不會產生基極電流。此時就算射極與集極間有外加電壓，射極的電子亦無法突破基極的電洞群而到達集極，所以控制基極電流的大小就可以掌控集極電流的大小，且其間成某一倍數關係，讀者可以將這種關係視為一種由小電流控制大電流的一種情形。由於本章節探討的重點仍在於數位輸出，因此有關更詳細的電晶體說明，請讀者自行參閱電子學相關書籍。

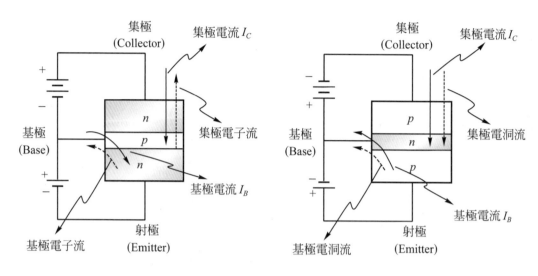

npn 型電晶體基本運作概念　　　　　　pnp 型電晶體基本運作概念

圖 2-13　電晶體的運作的基本概念

　　此處需注意的是，由於能量不會無故增加，集極之所以能有較大的電流產生還需歸功於基極與集極間的外加電壓。pnp型的電晶體也有類似的情形，把npn型電晶體電子與電洞移動的方向與模式互換，就可以瞭解pnp型電晶體的運作的基本概念。電晶體電路的的設計可分為共基極、共集極以及共射極等三種，以共射極最為常見。以共射極的接線方式所組成之 O.C.數位輸出，其內部電路的基本概念可如圖 2-14 所示，為了讓電路圖更簡潔明瞭，此處省略掉所有限流電阻(為了限制流經導線上的電流大小而使用的電阻元件，稱為限流電阻)與二極體的標示。

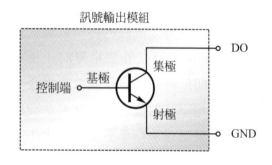

npn 型 O.C.數位輸出基本構造

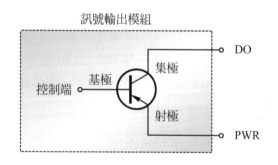

pnp 型 O.C.數位輸出基本構造

圖 2-14　npn 及 pnp 型 Open Collector 內部構造

由圖 2-14 的 npn 型電晶體與先前的觀念可以得知，當控制端輸出足夠大的電壓時(也就是基極與射極間有一偏壓，且此一偏壓足夠驅動射極電子往基極移動)，便會造成電流由集極流向射極，此時若於 DO 與 GND 若有正向偏壓(也就是有電流由集極流向射極時)，則迴路就能導通。當控制端沒有輸出電壓，則 DO 與 GND 間的迴路就會因為電晶體的工作模式落在截止區內而造成斷路的現象。如此一來，控制端的電壓輸出與否就可決定 DO 與 GND 間的迴路是否導通。pnp 型的電晶體也會有類似的情形，而這兩種電晶體之 O.C 數位輸出的線路概圖可如圖 2-15 所示。

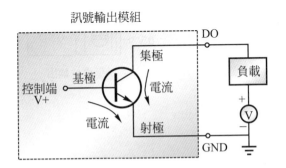
npn 型共射極之 O.C.數位輸出 Enable

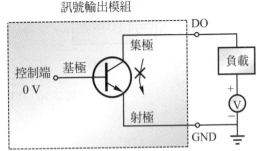
npn 型共射極之 O.C.數位輸出 Disable

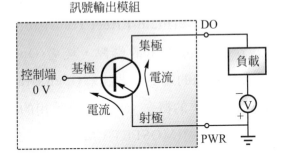
pnp 型共射極之 O.C.數位輸出 Enable

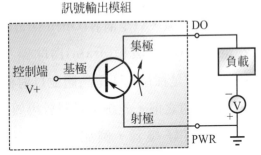
pnp 型共射極之 O.C.數位輸出 Disable

圖 2-15　Open Collector 數位輸出 Enable 與 Disable 示意圖

TTL 數位輸出頻道

TTL(Transistor-Transistor-Logic)電晶體-電晶體邏輯，泛指採用多個 BJT 電晶體組合的方式所構成之邏輯電路。以這種電路設計方式製成的 IC(Integrated Circuit) 晶片廣泛的應用在各種電子電路領域中。TTL 電路構成的數位輸出頻道其訊號不是高電位就是低電位，大抵說來高電位的範圍是 2V～5V 之間，而低電位則是在

0V～0.8V 之間，且輸出頻道額定電壓是 0V～5V。一般而言，TTL 由於電路上的限制，依據其所使用的電晶體元件與組成電路的不同特性，其電流大多在幾十毫安培左右，因此無法用以推動較大功率的設備，一般常用來激磁繼電器的線圈，讓外部迴路導通之用，或是採用訊號放大器的方式驅動較大的負載。圖 2-16 是典型的TTL 接線技術。

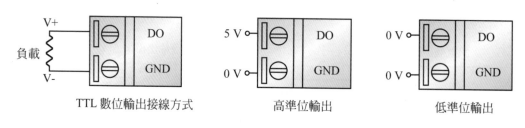

圖 2-16　TTL 頻道之接線方式

Open Drain 數位輸出頻道

　　Open Drain 型式的數位輸出頻道，基本上與 Open Collector 型式的數位輸出頻道的架構類似，只是前者(Open Drain)採用FET電晶體(Field-Effect Transistor，場效電晶體)並以汲極(drain)為開路的方式作為數位輸出的端點，後者(Open Collector)則是採用BJT電晶體並以射極作為數位輸出的端點。要瞭解Open Drain數位輸出頻道之前，先讓讀者對於場效電晶體有些基本的概念。一般常在使用的場效電晶體有好幾種，例如金氧半導體場效電晶體(MOSFET，Metal-Oxide-Semiconductor FET)、接面場效電晶體(JFET，junction FET)…等等，這些場效電晶體又可細分成幾種不同的模式與類型。由於這些場效電晶體的工作原理都很相似，所以此處僅以增強型場效電晶體(enhancement mode MOSFET)作為說明的主題，其餘相關的資訊請讀者自行參考電子學相關書籍。無論是 N 通道的增強型MOSFET(n-channel enhancement mode MOSFET)或 P 通道的增強型MOSFET(p-channel enhancement mode MOSFET)，最主要的控制結構都是金氧半導體電容，其整體架構與電路符號可如圖 2-17 所示。

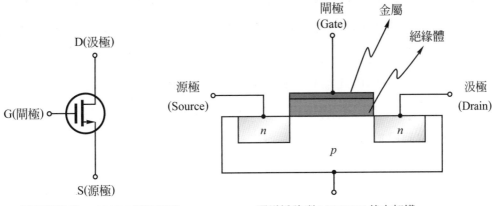

n 通道增強型 MOSFET 電路符號 n 通道增強型 MOSFET 基本架構

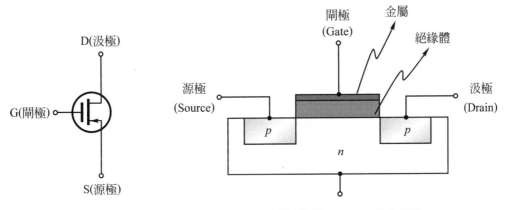

p 通道增強型 MOSFET 電路符號 p 通道增強型 MOSFET 基本架構

圖 2-17 增強型 MOSFET 電路符號與基本架構

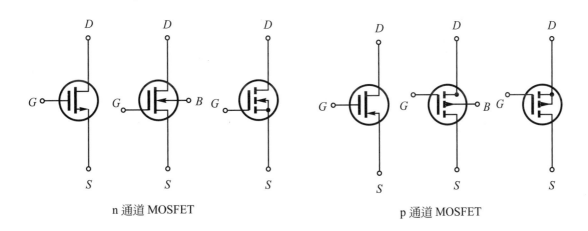

n 通道 MOSFET p 通道 MOSFET

圖 2-18 MOSFET 各種電路表示法

場效電晶體有數種電路符號的表示方法，圖 2-17 中的電路符號僅是其中一種簡單型的表示法，圖 2-18 中的各種電路符號表示法均為常見的 MOSFET 電路表示法之一。

每一個增強型 MOSFET 都有一個汲極(drain)、閘極(gate)與源極(source)。以 n 通道的 MOSFET 來看，當閘極與閘極對面的端點沒有電壓差時，整個 MOSFET 就好像沒有外加偏壓於基極的 BJT 一樣，在汲極與源極間呈現斷路的現象。當閘極與閘極對面的端點施予偏壓時，由於閘極與 p 型半導體中間隔了一塊絕緣體而導致閘極具有電容的特性。也就是說當有正電壓作用於閘極而且閘極對面的端點接地時，金氧半導體電容會產生電荷聚集的效應使得閘極分佈正電荷，而靠近閘極的 p 型半導體聚集負電荷。這些聚集於 p 型半導體的負電荷將會為增強型 MOSFET 的汲極與源極間建立一個讓電子可以順利通過的通道。一旦通道建立之後，只要於汲極與源極間外加一適當的電壓，電流就可以藉由這個臨時建立的通道從汲極流向源極。當作用於閘極的電壓消失時，此一電荷通道就會消失而使得汲極與源極間呈現斷路的狀態。整個 MOSFET 作用的方式可如圖 2-19 所示。在 MOSFET 可以承受的電壓範圍內，如果施於閘極的電壓愈大，則電荷聚集的程度會愈明顯，而汲極與源極間的通道就會愈大。如此一來便可允許更多的電流由汲極流向源極。相同的道理，如果在 p 通道 MOSFET 的閘極加入一負偏壓，則 n 型半導體會因為電容效應聚集正電荷而產生汲極與源極間的橋樑讓電流可以由源極流向汲極。

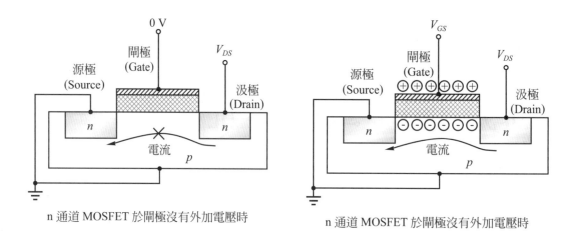

圖 2-19　n 通道增強型 MOSFET 作動示意圖

類似於 O.C 數位輸出頻道一般，Open drain 數位輸出頻道也是利用場效電晶體的汲極作為數位輸出頻道的端點。其簡單的概念示意圖如圖 2-20 所示。

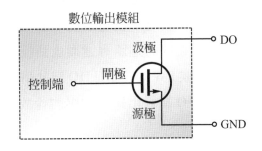
n 通道 MOSFET Open Drain 數位輸出

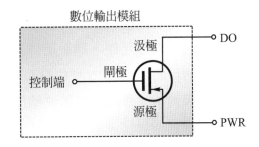
p 通道 MOSFET Open Drain 數位輸出

圖 2-20　n 通道 Open Drain 數位輸出頻道

Open Drain 的作動情形與 Open Collector 類似，以 n 通道 MOSFET 來說，當控制端有電壓輸入時，DO 與 GND 間就會形成通路，此時若於 DO 端有正電壓，而 GND 端接地的情形之下，就會有電流自汲極流向源極而形成迴路，其情形如圖 2-21。如果為 p 通道的 Open Drain 數位輸出頻道，則情形會與 pnp 型 Open Collector 的情形類似，因此請讀者自行參考圖 2-15。

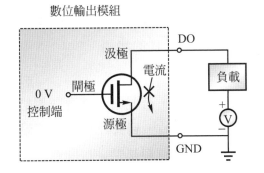
n 通道 MOSFET Open Drain 數位輸出 Disable
　　　　n 通道 MOSFET Open Drain 數位輸出 Enable

圖 2-21　n 通道 MOSFET Open Drain 數位輸出頻道作動情形

具光耦合隔離的 O.C. 接線方式

具有光耦合(photo couple)元件的共射極 O.C 電路與共射極 O.C 電路相比較，除了多一個光耦合元件外，其餘的差異並不大。加入光耦合元件最主要的原因乃是為了避免因為外界供給過大的電壓或是頻道忽然接收到突波雜訊，導致電晶體元件本身損毀外，還波及到後端控制電晶體的電子元件。以 npn 型的 O.C.電路而言，其光耦合元件的位置如圖 2-22 所示。當光耦合元件的控制端有電壓差時，光耦合元件會讓內部電晶體作動，此時若於 PWR 端有電壓供給時，就會造成電晶體導通並使電流流過光耦合元件，進而使得 DO 端與 GND 端間的迴路導通而達到控制數位輸出頻道的目的。在 NPN 型的 O.C 電路裡，有時候 PWR 端會與 DO 端共用一個端點，這是因為 npn 型的 O.C 數位輸出在使用時，DO 端需供給正電壓的緣故。

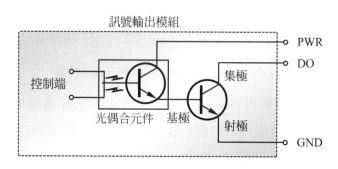

圖 2-22　npn 型光耦合 O.C 數位輸出基本概念

反應快的讀者可能會聯想到，既然 O.C.數位輸出可以加入光耦合元件做為隔離保護之用，那 Open Drain 的數位輸出應該也可以加入光耦合元件做為隔離保護的用途。這樣做當然是可行的，不過由於工作原理與光耦合 O.C.數位輸出的情形類似，所以此處僅以 O.C.數位輸出為例子說明光耦合元件的應用。

數位輸入頻道接線方式

在說明接線方式之前，有幾個名詞需要讓讀者瞭解，有些讀者常會在規格文件或文章內看到乾接點(dry contact)與濕接點(wet contact)，到底什麼是乾接點與濕接點呢？簡單的說，乾接點就是無源接點而濕接點就是有源接點。以開關來說，本身沒有接電源，只有接通與斷開的差別，這個開關上的接點就是乾接點。該接點本身若有提供電壓源就是濕接點，其情形如圖 2-23 所示。

另外，除了上述兩個名詞之外，有時候在內含有電晶體(可能為 BJT 或 MOSFET)的數位感測器(sensor)或檢測器(detector)的規格中會被標上 Sink 或 Source 類型，一般而言，這類型的感測器或檢測器都是三線式的。所謂的 Sink 類型，指的是此數位輸出入設備為一個電源的吸收端，需要電源端才能形成迴路以得知數位狀態的檢測結果，例如具有 npn 型電晶體的感測器或檢測器。而 Source 類型的正好與 Sink 類型的相反，其輸出入端本身會供給電源，需要接地端才能形成迴路，例如具有 pnp 型電晶體的感測器或檢測器。圖 2-24 顯示了一個簡化的三線式 Sink 與 Source 數位感測器或檢測器的內部架構。

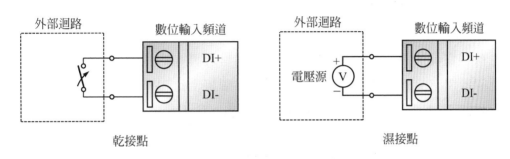

圖 2-23　乾接點與濕接點架構圖

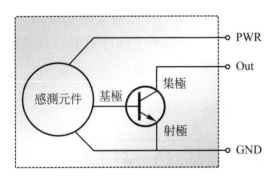

BJT 之 Sink 數位感測或檢測器

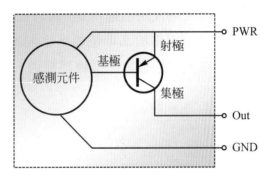

BJT 之 Source 數位感測或檢測器

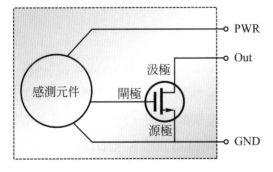

MOSFET 之 Sink 數位感測或檢測器

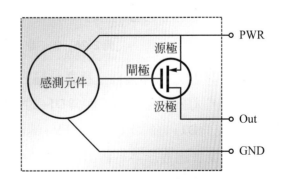

MOSFET 之 Source 數位感測或檢測器

圖 2-24　Sink 與 Source 類型的感測器或檢測器

　　這些感測器需要工作電壓以驅動用來感應外界狀態變化的感測元件電路，因此會有兩條線路作爲供給感測器工作電壓的電源線，其中一條接電源的正電壓端，另一條接電源的負電壓端。另外，感測器需要回傳偵測外界變化的結果，所以剩餘的一條線路用來作爲感測器回傳訊號的訊號線。以BJT的Sink類型之感測器圖示中，可以明顯看出，Out腳位必須給予一正電壓，如此一來一旦感測元件偵測到變化而於基極處產生微弱的電流時，就可以讓Out端與GND端形成導通的迴路。同樣的道理，在BJT的Source類型感測器中，只要感測元件在偵測到環境變化之後於基極產生微弱電流，就可以讓PWR與Out端間呈現導通的狀態。當然，PWR與Out間要能導通還有另外一個前提，那就是Out必須接上比PWR要來得低的電壓準位。其實，這些Sink或Source的數位感測器與Open Collector/Open drain的數位輸出頻道架構相當類似。說穿了，數位感測器亦可以被視爲是一種數位輸出頻道，只是其所輸出的是經由感測元件反映出來的訊號，而數位輸出頻道輸出的則是預期達到的控制狀態。一般數位輸入頻道只有檢測有無電壓輸入，若有低於低準位標準以下的電壓值輸入則反映出邏輯0，若有高於高準位標準以上的電壓則反應邏輯1，若有介於低準位電壓與高準位標準之間的電壓輸入則暫不反映，維持先前的邏輯狀態，這些在先前的描述中都曾經提過，其架構可如圖2-25所示。

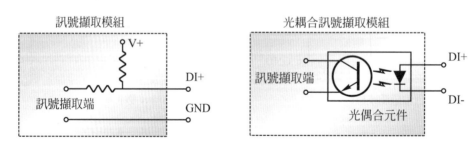

圖 2-25　　數位輸入頻道內部構造檢測器

　　圖2-25左邊的部分爲一種數位輸入頻道，當DI+的電壓接近V+或大於V+時，則電流會流入訊號擷取端。而當DI+的電壓趨近於接地端(GND)的電壓，由於電流由V+端流向DI+端的電阻遠小於V+端流向訊號擷取端的電阻，所以往訊號擷取端流動的電流會趨近於零。藉由訊號擷取端的電流變化就可以反映出DI+的電壓變化了。右邊的架構是具有光耦合隔離元件的數位輸入頻道。當DI+的電壓減去DI-的電壓大於二極體的驅動電壓時就可以讓電流由DI+流向DI-，並於光耦合元件處產生以感應電流至訊號擷取端。如果DI+的電壓減去DI-的電壓小於二極體的驅動電

壓時會讓 DI+ 與 DI- 端呈現斷路並使得訊號擷取端沒有電流產生。這樣的方式也同樣可以反映出 DI+ 與 DI- 之間壓差的變化而達到數位輸入頻道的功能。

具備了數位輸入頻道與感測器有基本知識之後，接著就要進入本小節的正題。該要如何接線才能讓感測器與數位輸入頻道正常工作呢？簡單的說，就是要看感測器本身會不會產生訊號電壓，還是僅會讓外部迴路導通與不導通來反應量測到的外界訊號。若為前者，則可以在數位輸入頻道能夠承載的電壓範圍內直接與感測器連接，其情形可如圖 2-26 所示。

圖 2-26　電壓輸出感測器或檢測器的接線方式

若為後者，則必須藉助外部電源，讓感測器、外部電源以及數位輸入頻道三者成為一個迴路。當感測器讓迴路導通的時候，外部電源的電壓就會被數位輸入頻道接收而讓數位輸入頻道反映出感測器的狀態。當感測器讓迴路呈現斷路時，由於外部電源無法供給電壓於數位輸入頻道而讓數位輸入頻道維持低準位以下電壓進而反映出感測器所偵測到的另一種狀態。以 BJT 的 Sink 感測器來看其情形如圖 2-27，而 BJT 的 Source 感測器則可如圖 2-28。

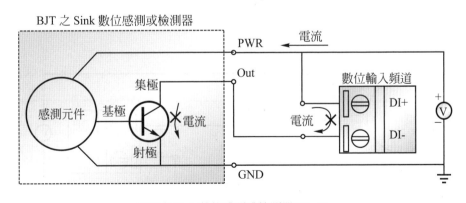

圖 2-27　BJT 之 Sink 數位感測器接線與作動圖

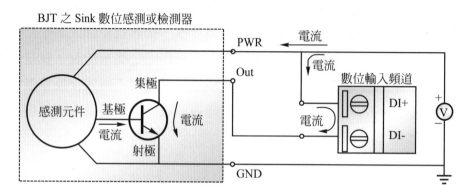

BJT 之 Sink 數位感測或檢測器 Enable

圖 2-27　BJT 之 Sink 數位感測器接線與作動圖

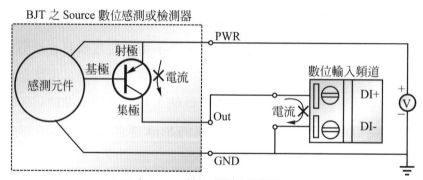

BJT 之 Source 數位感測或檢測器 Disable

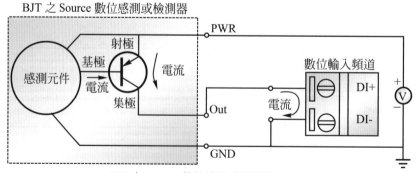

BJT 之 Source 數位感測或檢測器 Enable

圖 2-28　BJT 之 Source 數位感測器接線與作動圖

可是從可程式控制器的應用觀點，感測器的輸出可能是可程式控制器的輸入點。針對 NPN 及 PNP 感測器的接線如下列兩種方式。第一個是針對 NPN 感測器的接線方式，在 FX2N 機型之中有一個 "S/S" 接正電壓表示為 NPN 感測器的接線，而第二種則是針對 PNP 感測器，當 "S/S" 接負電壓表示為 PNP 感測器的接線，這裡只要注意電流的方向，只要當感測器啟動可以形成一個完整的電流迴路即可。如圖 2-29 所示之實用接線技術。

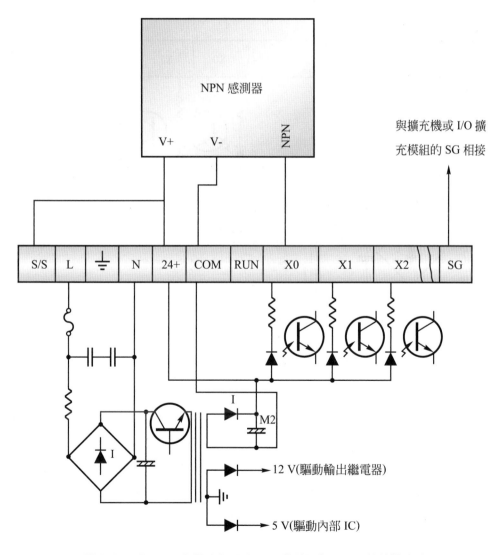

圖 2-29　SINKING 及 SOURCING 感測器在 FX2N 的接線方式

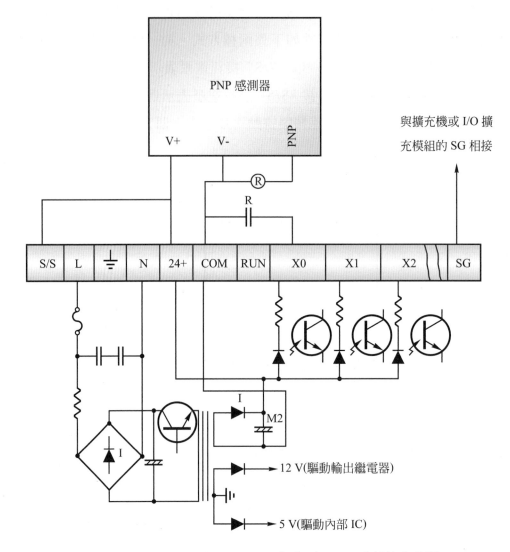

圖 2-29 SINKING 及 SOURCING 感測器在 FX2N 的接線方式(續)

　　此外，在考量到可程式控制器的接線複雜度，有時三線式感測器可以被簡化為兩線式感測器，如下圖 2-30 及 2-31 所示，是針對 SINKING 或是 SOURCING 的兩線式感測器的接線方式可知，主要在讓感測器作動中可以形成一個電流迴路，使得可程式控制器的輸入頻道可以檢知感測器的作動。如圖所示的 SOURCING 感測器及圖所示的 SINKING 感測器接線技術。

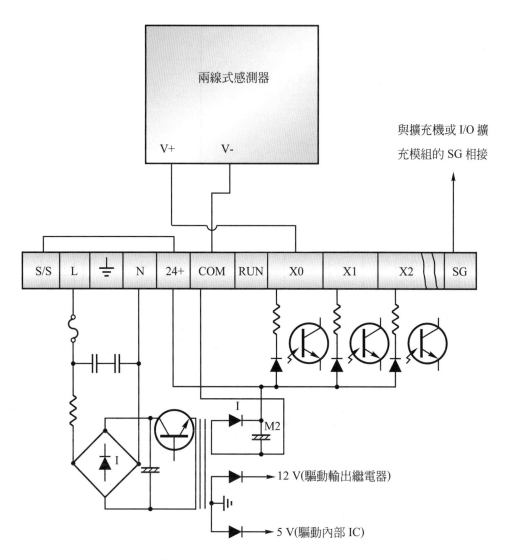

圖 2-30　二線式 SOURCING 感測器

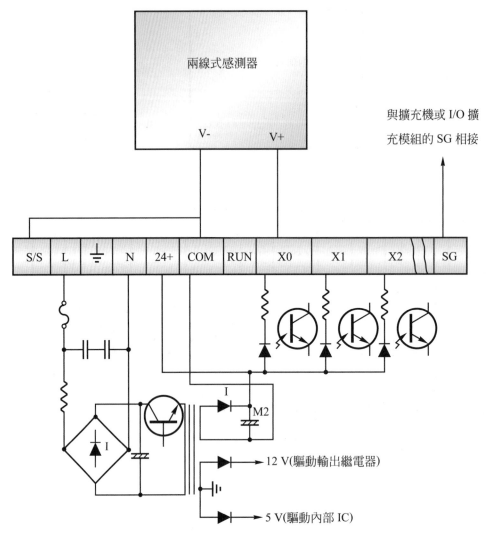

圖 2-31　二線式 SINKING 感測器

2-8　FX3U 可程式控制器輸出入接線

2-8-1　輸入訊號接線方式

　　圖 2-32 所示為FX3U-32M主機的輸入接點排列，輸入接點編號為X0～X17。
輸入訊號的接線說明如下：

1. 「L」與「N」為 AC 電源輸入端 100~240V，如果主機選用直流電源 24V 者，則這二點標示為「+」與「-」。

2. 「⏚」為設備接地端。

3. 「0V」與「24V」是 L、N 電源進入 PLC 主機內部降壓整流後產生的。特別注意，不能由外部接入 24V。

4. 「S/S」為輸入接點 X 的內部共點，若輸入型式為 PNP 電晶體，則「S/S」接點必須與 0V 連接，若輸入型式為 NPN 電晶體，「S/S」接點必須與 24V 連接。

⏚		S/S	0V	X0	X2	X4	X6	X10	X12	X14	X16	·
L	N	·	24V	X1	X3	X5	X7	X11	X13	X15	X17	

圖 2-32　FX3U-32M 主機的輸入接點排列

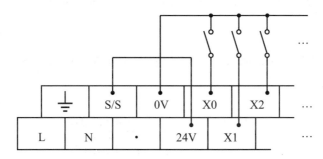

圖 2-33　主機有 AC 電源輸入端的沉流輸入接線方式

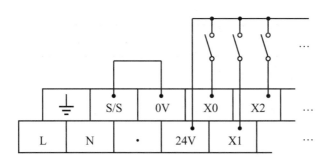

圖 2-34　主機有 AC 電源輸入端的源流輸入接線方式

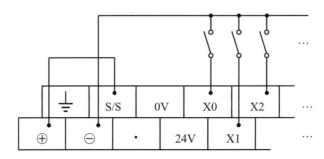

圖 2-35　主機有直流電源輸入端的沉流輸入接線方式

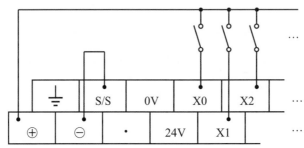

圖 2-36　主機有直流電源輸入端的源流輸入接線方式

以下示範典型 PNP 電晶體及 NPN 電晶體感測器至可程式控制器輸入點的接線方式。

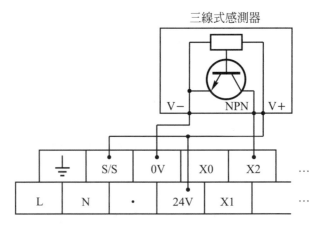

圖 2-37　三線式 NPN 感測器的接線方式

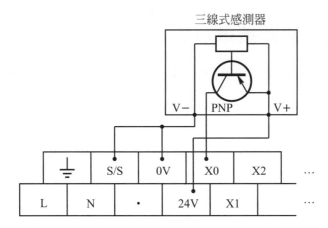

圖 2-38　三線式 PNP 感測器的接線方式

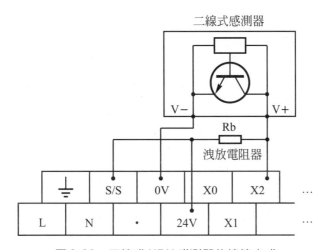

圖 2-39　二線式 NPN 感測器的接線方式

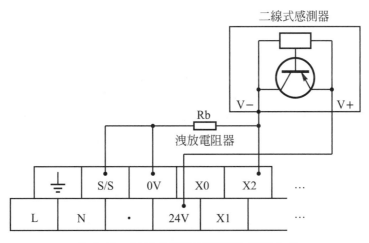

圖 2-40　二線式 PNP 感測器的接線方式

2-37

2-8-2 輸出訊號接線方式

輸出訊號接線方式詳如2-7節的說明，在此只針對FX3U-32MR及FX3U-32MT主機的輸出部進行說明

1. 繼電器方式

FX3U-32MR 主機的輸出接點是採用每4輸出點共用一個 COM 點。不同的電壓系統，例如交流及直流電源，可使用不同的共同點來驅動不同的電壓負載，如圖2-41所示。

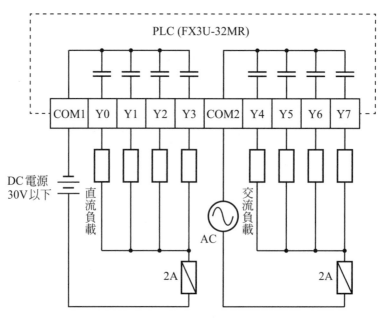

圖2-41 繼電器輸出控制點接線示意圖

2. 電晶體方式

FX3U-32MT 主機的輸出接點是採用每4輸出點共用一個 COM 點。其需要外部5到30V直流電源來驅動負載，值得注意的是，此負載只能是直流負載。例如：外接直流線圈激磁的繼電器，如圖2-42所示。

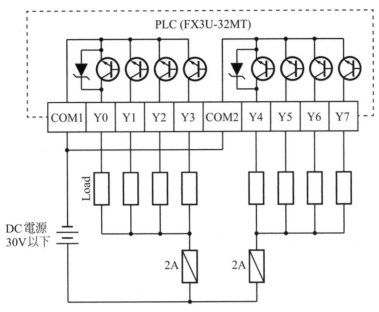

圖 2-42　電晶體輸出控制點接線示意圖

📗 2-8-3　FX3U 的運轉模態 RUN/STOP 的操作方法

操作 FX3U PLC 的 RUN(運轉)/STOP(停止) 方法常用的有下面 2 種。這些操作方法還可以混合使用。

1. 通過內建的 RUN/STOP 開關進行操作

操作主機表面上的「RUN/STOP」開關，可以執行 PLC 的運轉/停止。

如圖 2-43 所示，將開關撥在 RUN(往上撥)為運轉，撥在 STOP(往下撥)為停止。

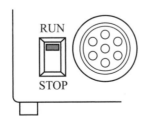

圖 2-43　主機上的 RUN/STOP 切換開關

2. 透過一般輸入端的 ON/OFF 進行 RUN/STOP (RUN 端子)操作

　　使用 1 個開關(RUN)進行操作時：透過參數的設定，可將主機的 X000～
X017 當中的任一個輸入端定義成 RUN 輸入端，如圖 2-44 所示。

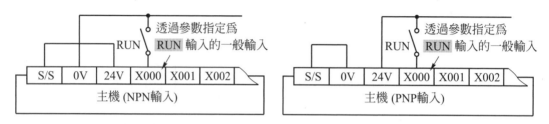

圖 2-44　透過參數指定 X0～X17 當中的任一個輸入為 RUN 的接線開關

設定步驟　如範例說明：

(1)　GPPW 的設定方式

　　步驟 1：打開軟體後，選擇參數(Parameter)中 PLC 參數(Parameter)雙擊選
　　　　　 項。

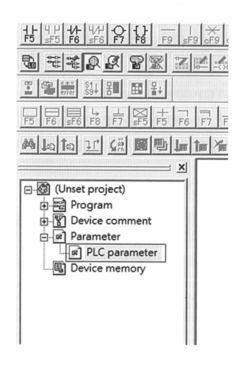

步驟 2：選擇 PLC system(1)。

步驟 3：運行端子輸入(RUN terminal input)選要設定的開關(X0～X17 都
可設定)。

步驟 4：將要輸入的程式完成。

步驟 5：勾選程式(Program)及參數(Parameter)選項。

步驟 6：執行(Execute)寫入 PLC。

步驟 7：打開 X0(設定 RUN/STOP 的開關)。

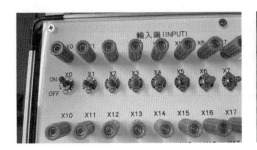 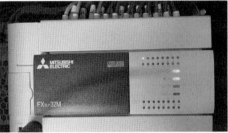

步驟 8：開啓監控。

```
      X003  X004          ┌─────┐
  0 ───┤├────┤/├─────────┤     ├──────────────────────( Y000 )
      Y000               └─────┘
    ───┤├───

  4 ─────────────────────────────────────────────────[ END ]
```

步驟 9：接通 X3(ON)，顯示接通 Y0 並自保持。

```
      X003  X004          ┌─────┐
  0 ───┤▓├────┤/├─────────┤     ├──────────────────────( Y000 )
      Y000               └─────┘
    ───┤▓├───

  4 ─────────────────────────────────────────────────[ END ]
```

步驟 10：關斷 X3(OFF)，顯示 Y0 自保持維持輸出。

```
      X003  X004          ┌─────┐
  0 ───┤├────┤/├─────────┤     ├──────────────────────( Y000 )
      Y000               └─────┘
    ───┤▓├───

  4 ─────────────────────────────────────────────────[ END ]
```

步驟 11：關斷 X4(OFF)，切斷 Y0 輸出。

```
   X003   X004
0  ─┤├──┬──┤/├──────────────────────────( Y000 )
   Y000 │
   ─┤├──┘

4  ───────░░░░░──────────────────────────[ END ]
```

步驟 12：放開 X4 復原。

```
   X003   X004
0  ─┤├──┬──┤/├──────────────────────────( Y000 )
   Y000 │
   ─┤├──┘

4  ───────░░░░░──────────────────────────[ END ]
```

(2)　GXWorks2 的設定方式：

　　步驟 1：打開軟體後，選擇參數(Parameter)中 PLC 參數(Parameter) 雙擊選項。

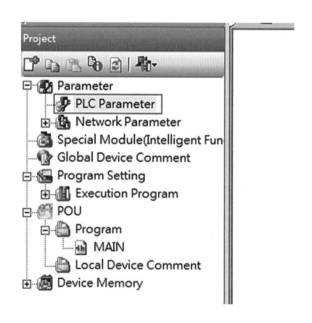

步驟 2：選擇 PLC system(1)。

步驟 3：運行端子輸入(RUN terminal input)選要設定的開關(X0～X17 都
可設定)。

步驟 4：選擇 Connection Destination。

步驟 5：選擇 Connection1。

步驟6：出現設定畫面。

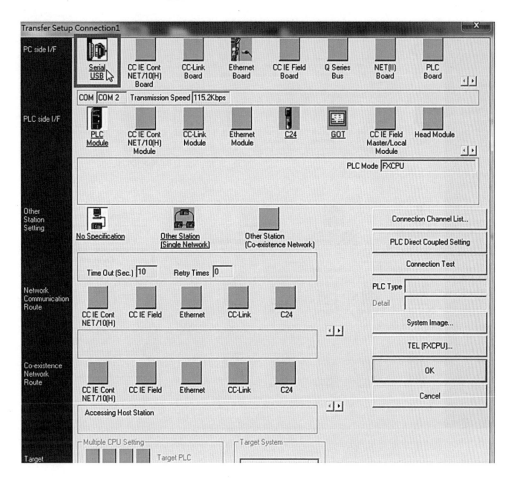

步驟7：設定COM Port及傳輸速率9.6K。

步驟 8：設定完成後通信測試。

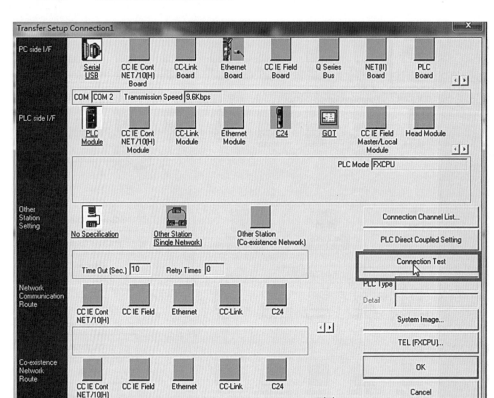

步驟 9：設定完成後，通信測試。

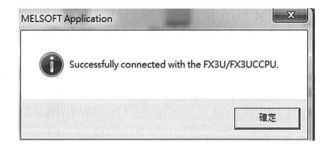

步驟 10：寫入 PLC。

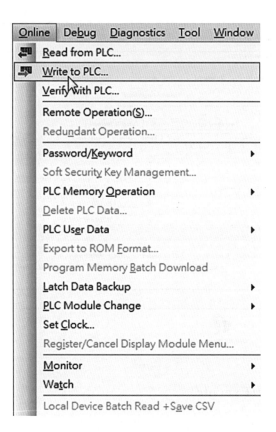

步驟 11：選擇寫入參數。

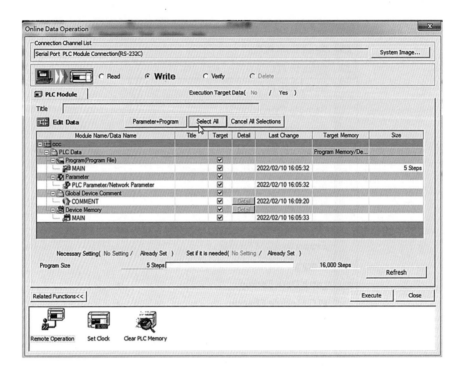

步驟 12：執行(Execute)。

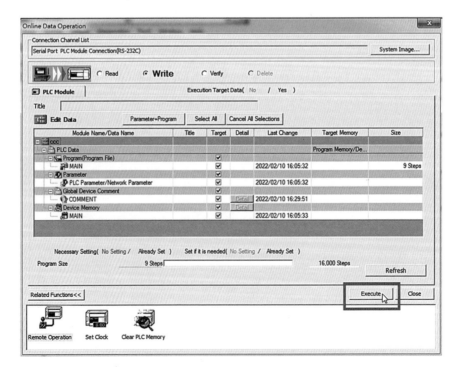

步驟 13：寫入中畫面。

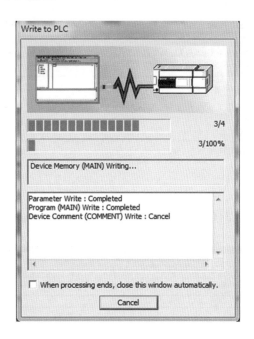

步驟 14：打開 X0(設定 RUN/STOP 的開關)。

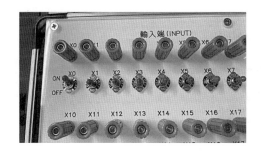

步驟 15：開啓監控。

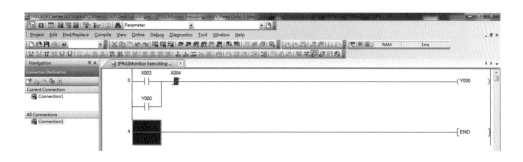

步驟 16：接通 X3(ON)，顯示接通 Y0 並自保持。

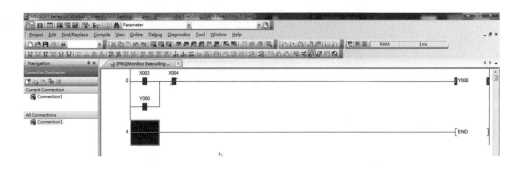

步驟 17：關斷 X3(OFF)，顯示 Y0 自保持維持輸出。

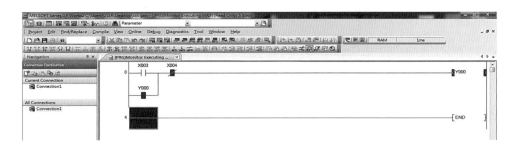

步驟 18：關斷 X4(OFF)，切斷 Y0 輸出。

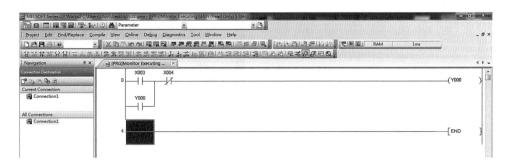

步驟 19：放開 X4 復原。

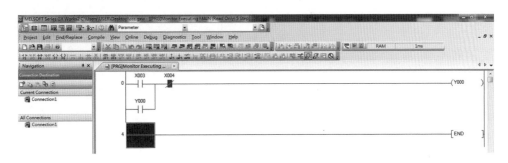

問題與討論

1. PLC 與傳統工業配線上的差別，試討論其差異性。

2. 試討論 PLC 的結構與單晶片或微處理機有何異同之處。

3. 試比較 PLC 繼電器、SSR 與電晶體輸出配線結構，且分析有何差異性。

4. 在 PLC 接線分析，為何在數位或類比模組之訊號傳輸以雙絞線為佳，而外加電容器又有何作用。

5. 試比較 SOURCING 與 SINKING 有何差異，請依感測元件的不同說明各別接線技術。

FX2/FX2N
PLC Program Design and Practice

Chapter **3**

PLC 基本介紹基本指令應用

3-1　邏輯 LOAD 及 OUT 線圈

指令名稱	功能	迴路表示
LD	母線連接開始 a 接點	X0　　　X1　　　Y0
LDI	母線連接開始 b 接點	X0　　　X1　　　Y0
OUT	輸出驅動線圈	X0　　　X1　　　Y0

　　LD及LDI命令用於母線開始連接的接點，LD是用於a接點 (常開)，LDI用於b接點 (常閉)，只要是迴路的開始，都需要用到此指令。而OUT命令用於一完整迴路的輸出，其用於輸出繼電器Y、補助繼電器M、狀態繼電器S、計時器T及計數器C的線圈驅動命令，但不可以使用於外部輸入繼電器X。此外，並聯的OUT命令可以重複使用，如下圖範例：

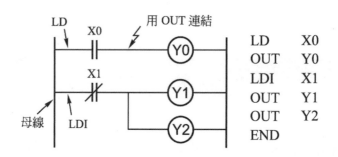

3-2　串聯接點

指令名稱	功能	迴路表示
AND	串聯連接a接點	X0　X1　Y0
ANI	串聯連接b接點	X0　X1　Y0

　　AND及ANI命令用於串聯連接的接點。AND是用於常開接點，ANI是用於常閉接點。只要步序容量夠，串聯接點個數並沒有受限制，使用多少個都可以。此外，相同相關號碼接點元件可重複多次使用，如下圖範例：

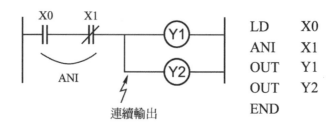

指令名稱	功能	迴路表示
OR	並聯連接a接點	
ORI	並聯連接b接點	

OR 及 ORI 命令用於並聯連接的接點，OR 是用於常開接點，ORI 是用於常閉接點。並聯接點是指單一個接點並聯，若用於兩個以上接點串聯後再並聯，請使用 ORB，如下圖範例：

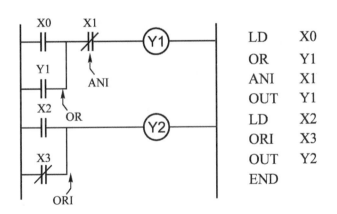

```
LD    X0
OR    Y1
ANI   X1
OUT   Y1
LD    X2
ORI   X3
OUT   Y2
END
```

3-3 串並聯迴路方塊間之連接

指令名稱	功能
ORB	區塊迴路間之並聯連接
ANB	區塊迴路間之串聯連接

說明：

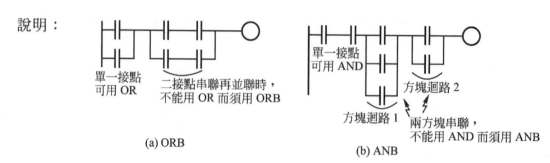

(a) ORB

(b) ANB

　　兩個或兩個以上的串接點，然後再並聯時，終端命令需用 ORB。當兩個迴路並接時，各迴路之開頭指令使用LD、LDI指令，要並接時則使用ORB。然而，如果是兩個並聯電路做串聯時，則需用 ANB 指令，也就是不同迴路之首接點使用LD、LDI指令，而兩個迴路作串接時使用ANB指令。一般而言，多接點所構成的迴路，我們統稱方塊迴路，這些方塊迴路作串並聯時需用 ORB、ANB 指令，而單一接點串並聯則用OR、AND指令即可。值得注意的是，ORB、ANB是單獨指令，沒有元件編號，如下圖範例：

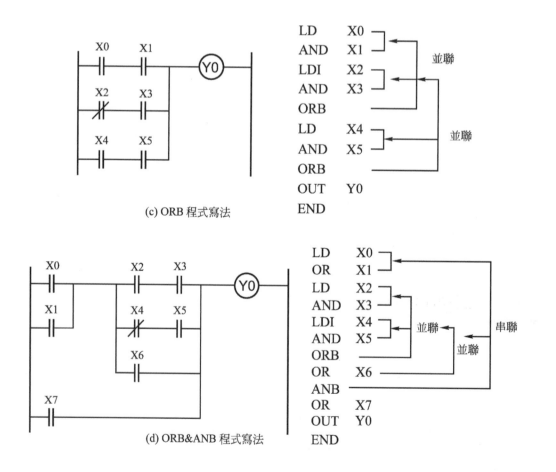

(c) ORB 程式寫法

(d) ORB&ANB 程式寫法

3-4　多重輸出迴路

指令名稱	功能	迴路表示
MPS	分歧點開始	
MRD	分歧點繼續	
MPP	分歧點結束	

MPS 表示往下推入堆疊區，MRD 表示由堆疊區讀取，而 MPP 表示由堆疊區往上彈出，也可以說是取消堆疊或結束，注意此定義堆疊的資料都是後進先出。

所謂的堆疊區是一記憶體，可作為暫時儲存演算、傳送的數值資料。第一次用 MPS 指令時，演算結果被推入第一個推疊區，第二次使用 MPS 指令時，演算結果也被推入第一個堆疊區，而先前的資料移入第二個堆疊區。MRD 是讀取堆疊區第一資料，但不移動原堆疊區資料。MPP 指令則是彈出第一堆疊區資料，彈出後即消失，而第二層堆疊區資料則上移到第一層，這就是所謂的後進先出。以下我們將利用兩個階梯圖說明 MPS、MRD、MPP 的綜合應用：

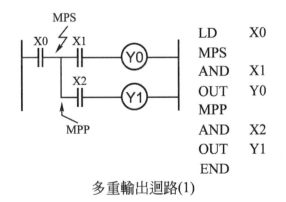

```
LD    X0
MPS
AND   X1
OUT   Y0
MPP
AND   X2
OUT   Y1
END
```

多重輸出迴路(1)

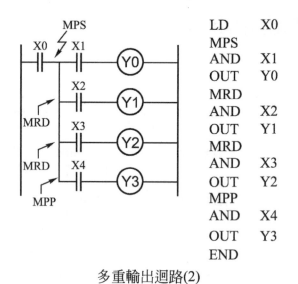

```
LD    X0
MPS
AND   X1
OUT   Y0
MRD
AND   X2
OUT   Y1
MRD
AND   X3
OUT   Y2
MPP
AND   X4
OUT   Y3
END
```

多重輸出迴路(2)

3-5　自我保持與解除

指令名稱	功能	迴路表示
SET	動作保持(ON)	X0 —[SET | M0]—
RST	動作保持的解除(OFF)暫存器之清除	X1 —[RST | M0]—

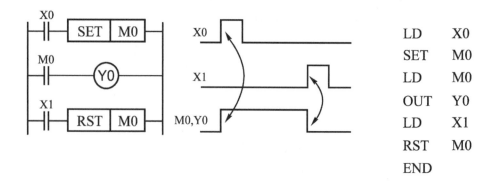

```
LD    X0
SET   M0
LD    M0
OUT   Y0
LD    X1
RST   M0
END
```

　　如上圖所示，SET/RST 指令是 PLC 特有的指令；一但 SET，則一直維持 ON，必須用 RST 指令才能將其 OFF，這種功能在 PLC 上相當於強制 ON 或強制 OFF。

3-6　微分輸出

指令名稱	功能	迴路表示
PLS	上緣微分輸出	X0 ⊣⊢ PLS M0
PLF	下緣微分輸出	X1 ⊣⊢ PLF M0

＊PLS：上緣微分輸出，當輸入信號上升時，產生一個演算週期的脈衝。

＊PLF：下緣微分輸出，當輸入信號下降時，產生一個演算週期的脈衝。

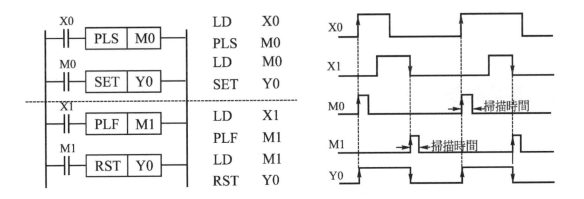

階梯圖	IL 指令
X0 ⊣⊢ PLS M0	LD X0 / PLS M0
M0 ⊣⊢ SET Y0	LD M0 / SET Y0
X1 ⊣⊢ PLF M1	LD X1 / PLF M1
M1 ⊣⊢ RST Y0	LD M1 / RST Y0

範例　下圖為工業配線常用之橋式迴路，嘗試以 IL 指令寫出下列階梯圖：

⇨ PLC 之特性為掃描動作，其電路掃描順序為由左至右，不能由右至左，電流由上而下或由下而上都可以。依此觀念，橋式迴路需稍加修改，方可編寫於 PLC。

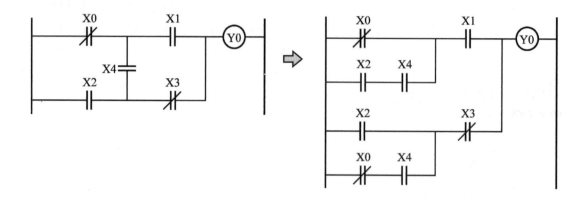

IL 程式

0	LDI	X0	7	AND	X4
1	LD	X2	8	ORB	
2	AND	X4	9	ANI	X3
3	ORB		10	ORB	
4	AND	X1	11	OUT	Y0
5	LD	X2	12	END	
6	LDI	X0			

問題與討論

1. 請將下列的階梯圖(LD)轉換成指令集(IL):

   (1)

   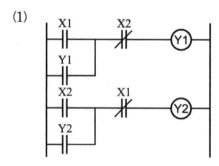

(2)

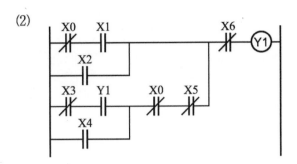

(3)

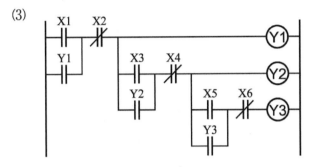

2. 試利用 LD 語法寫出動作「按一次 ON，再按一次 OFF」。(Toggle Switch)

FX2/FX2N

PLC Program Design and Practice

Chapter 4

書寫器介紹

4-1 書寫器功能

透過前三個章節的介紹，相信大家對於 PLC 已經有了基本的認識，除了要了解 PLC 的輸出入配線與基本架構外，還必須要知道如何編輯軟體，以及如何將編輯好的程式放到 PLC 裡的 CPU 中執行，而要編輯與傳輸程式的方法有以下兩種：

1. 透過個人電腦(PC)與 PLC 連線：例如 FX2N 可利用三菱可程式控制器的編輯軟體(FXGP_WIN-T 或 GX Developer 兩種軟體)在 PC 裡編寫程式，然後再將編寫完的程式送到 PLC 內藏的 EPROM 裡，再命令 PLC 執行。

2. 透過掌上型書寫器(HPP)與 PLC 連線：使用者可直接在 HPP 上編寫程式，並直接在 HPP 傳輸已經寫好的程式到 PLC。HPP 的外觀照片如圖 4-1 所示，主要有 LCD 顯示模組、輸入指令及數字的操作按鍵、RS-422 串列通訊埠、程式記憶卡的擴充槽以及 DVPACAB115 連接線等。在本章節中將詳細介紹其使用方式，而下一章將介紹 PC-based 的 PLC 編輯軟體。

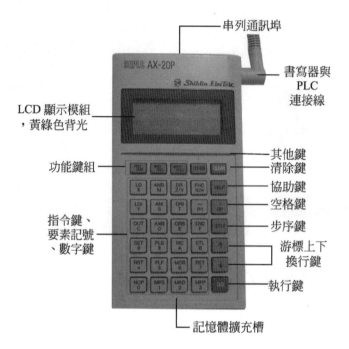

串列通訊埠

書寫器與
PLC
連接線

LCD 顯示模組
，黃綠色背光

功能鍵組

其他鍵
清除鍵
協助鍵
空格鍵

指令鍵、
要素記號
、數字鍵

步序鍵

游標上下
換行鍵

執行鍵

記憶體擴充槽

圖 4-1　HPP 書寫器

4-2　按鍵介紹

1. 功能鍵：　RD/WR　INS/DEL　MNT/TEST

   RD：讀取　　　　　WR：寫入

   INS：插入　　　　 DEL：刪除

   MNT：監視　　　　TEST：測試

   　　同一按鍵按第一次時指示上層功能，按第二次時指示下層功能。

2. 其他鍵：　OTHER

   　　當按下此鍵時，HPP螢幕將顯示其它功能項目。

3. 消除鍵：　CLEAR

   　　消除尙未按下執行鍵"GO"之前，由指令件所鍵入的資料，此時該資
   料將會消失，若將螢幕清除，也可以將顯示在螢幕上的錯誤訊息消除。

4. 協助鍵：　HELP

   　　按下協助鍵後，螢幕會顯示各指令所表示的 FNC 代號，讓使用者若遺
   忘某指令的 FNC 代號時，使用者可以在螢幕所顯示的指令進行選取。

5. 空白鍵：SP

6. 步序鍵：STEP

　　　　按下此鍵，再鍵入步序號碼，再輸入執行鍵後，則會顯示該步序號碼的內容。

7. 游標移動鍵：↑　↓

　　　　使用此兩移動鍵使游標能移動到所要前往的位置。

8. 執行鍵：GO

　　　　執行鍵盤上鍵入的命令敘述。

9. 指令鍵、數字鍵、元件符號鍵

　　　　指定上層元件符號，按第二次則指定由 24 個鍵共同組成且有共同的功能，上層表示命令與下層表示數字或元鍵符號，其中【Z／V】、【K／H】、【P／I】如同功能鍵，按第一次下層元件符號。

4-3　操作模式

　　書寫器與 PLC 主機連接通電後螢幕會出現以下畫面：

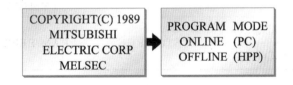

1. 線上操作模式(ONLINE)

　　　　書寫器 ←→ 主機 RAM，書寫器上的按鍵操作，直接與 PLC 的 EPROM 及程式記憶體進行資料傳輸。

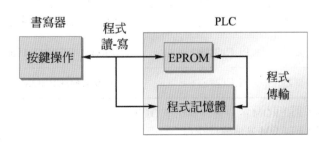

2. 離線操作模式(OFFLINE)

書寫器上的按鍵操作，直接存入其內藏的 RAM 中，待書寫完畢後，RAM 的內藏資料可傳輸至 PLC 主機的 RAM 或程式記憶體內，也可以傳輸至 ROM 燒寫器的記憶體內。

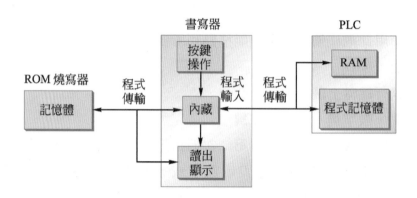

3. 各操作模式之程式傳輸

(1) 書寫器 ⟷ PLC

模式：ONLINE 或 OFFLINE

	PLC 狀態	PLC 的記憶體
書寫器 ⟷ PLC(寫入)	STOP	RAM/EEPROM (保護開關切到 OFF)
書寫器 ⟷ PLC(讀取)	STOP/RUN	RAM/EEPROM/EPROM
書寫器 ⟷ PLC(對照)		

(2) 書寫器 ⟷ ROM 燒寫器

模式：OFFLINE

	ROM 燒寫器的記憶體
書寫器 ⟷ PLC(寫入)	EEPROM*1 EPROM*2
書寫器 ⟷ PLC(對照)	EEPROM/EEPROM*3
書寫器 ⟷ PLC(讀取)	EEPROM/EPROM

*1：EEPROM 的保護開關切至 OFF

*2：EPROM 先清除成空白

*3：EPROM 內需有資料存在

在 OFFLINE 模式下，書寫器 RAM 裡的程式，無論是傳輸至 PLC 的 RAM 或 ROM 燒寫器中，書寫器 RAM 所儲存的程式依舊存在。相反的如果從 PLC 的 RAM 或 ROM 燒寫器中將程式讀入書寫器中，則書寫器中，原有的程式會被蓋過。

4. 各操作模式之功能表

(1) ONLINE 模式：

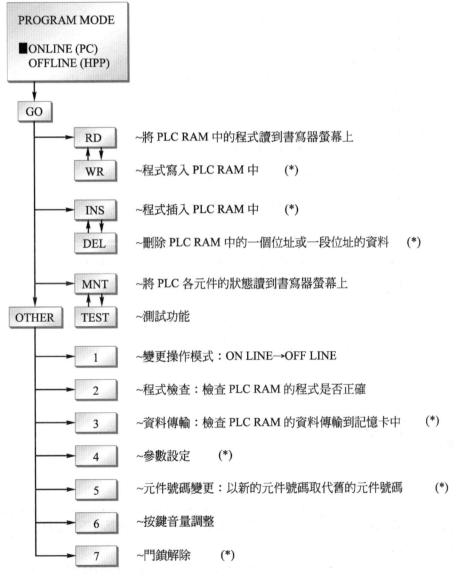

PROGRAM MODE

■ONLINE (PC)
　OFFLINE (HPP)

GO

RD ~將 PLC RAM 中的程式讀到書寫器螢幕上

WR ~程式寫入 PLC RAM 中　　　(*)

INS ~程式插入 PLC RAM 中　　　(*)

DEL ~刪除 PLC RAM 中的一個位址或一段位址的資料　　(*)

MNT ~將 PLC 各元件的狀態讀到書寫器螢幕上

OTHER　TEST ~測試功能

1 ~變更操作模式：ON LINE→OFF LINE

2 ~程式檢查：檢查 PLC RAM 的程式是否正確

3 ~資料傳輸：檢查 PLC RAM 的資料傳輸到記憶卡中　　(*)

4 ~參數設定　　(*)

5 ~元件號碼變更：以新的元件號碼取代舊的元件號碼　　(*)

6 ~按鍵音量調整

7 ~門鎖解除　　(*)

* ：標記該符號之項目，PLC 必須處於 STOP 狀態才可執行

(2) **OFFLINE 模式：**

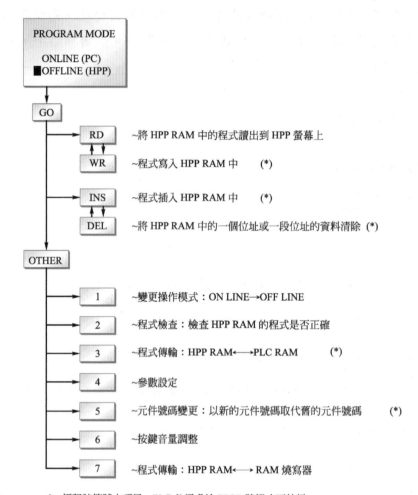

```
┌─────────────────────┐
│  PROGRAM MODE       │
│   ONLINE (PC)       │
│  ■OFFLINE (HPP)     │
└─────────────────────┘
        │
      ┌──┐
      │GO│
      └──┘
        │
        ├────────┬──────┐
        │       │ RD  │  ~將 HPP RAM 中的程式讀出到 HPP 螢幕上
        │       └──────┘
        │       ┌──────┐
        │       │ WR  │  ~程式寫入 HPP RAM 中        (*)
        │       └──────┘
        │       ┌──────┐
        │       │ INS │  ~程式插入 HPP RAM 中        (*)
        │       └──────┘
        │       ┌──────┐
        │       │ DEL │  ~將 HPP RAM 中的一個位址或一段位址的資料清除 (*)
        │       └──────┘
   ┌───────┐
   │ OTHER │
   └───────┘
        │
        ├──────┐
        │      │ 1 │  ~變更操作模式：ON LINE→OFF LINE
        │      └──────┘
        │      ┌──────┐
        │      │ 2 │  ~程式檢查：檢查 HPP RAM 的程式是否正確
        │      └──────┘
        │      ┌──────┐
        │      │ 3 │  ~程式傳輸：HPP RAM←→PLC RAM        (*)
        │      └──────┘
        │      ┌──────┐
        │      │ 4 │  ~參數設定
        │      └──────┘
        │      ┌──────┐
        │      │ 5 │  ~元件號碼變更：以新的元件號碼取代舊的元件號碼        (*)
        │      └──────┘
        │      ┌──────┐
        │      │ 6 │  ~按鍵音量調整
        │      └──────┘
        │      ┌──────┐
        │      │ 7 │  ~程式傳輸：HPP RAM←→ RAM 燒寫器
        └──────┘
```

＊：標記該符號之項目，PLC 必須處於 STOP 狀態才可執行

4-4 一般功能

1. 讀出指定步序號碼的內容

操作模式	PLC 狀態	可執行的記憶體
ONLINE	STOP/RUN	RAM/ROM/EEPROM
OFFLINE		

操作流程：

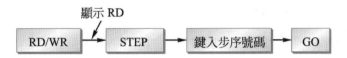

例：讀出步序號 100 的內容

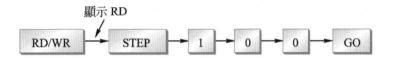

2. 由指令來讀取其所在的內容

操作模式	PLC 狀態	可執行的記憶體
ONLINE	STOP/RUN	RAM/ROM/EEPROM
OFFLINE		

操作流程：

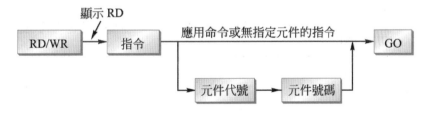

例：讀出 ANI T0

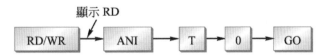

3. 由指標來讀取其所在的內容

操作模式	PLC 狀態	可執行的記憶體
ONLINE	STOP/RUN	RAM/ROM/EEPROM
OFFLINE		

操作流程：

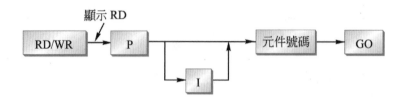

P：用於呼叫副程式或跳躍指令時的指標
I：當作中斷副程式的指標

例：讀出 P_1

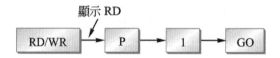

4. 以元件號碼讀出其所在的內容

操作模式	PLC 狀態	可執行的記憶體
ONLINE	STOP/RUN	RAM/ROM/EEPROM
OFFLINE		

操作流程：

例：讀出 T_5

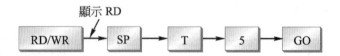

顯示一：程式從步序0開始往下尋找，只要找到 T_5 者，以該行為首行列出。
顯示二：若再按 GO 鍵，則程式再往下尋找有關 T_5 的內容。

5. 基本指令寫入

操作模式	PLC 狀態	可執行的記憶體
ONLINE	STOP	RAM EEPROM(保護開關 OFF)
OFFLINE		

操作流程：

寫入狀態 → 指令 → 元件代號 → 元件號碼 → GO

例：鍵入 MCR

顯示 WR

寫入狀態 → MCR → N 號碼 → GO

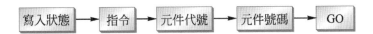

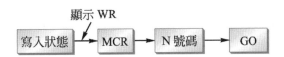

當輸入MCR後，其右邊會自動出現“N”，再輸入N號碼按“GO”鍵，即輸入完成。

6. 計時器、計數器及設定值的寫入

操作模式	PLC 狀態	可執行的記憶體
ONLINE	STOP	RAM EEPROM(保護開關 OFF)
OFFLINE		

操作流程：

寫入狀態 → 指令 → 元件代號 → 元件號碼 → SP → 元件代號 → 元件號碼 → GO

例：輸入 OUT C_2 K100

顯示 WR

寫入狀態 → OUT → C → 2 → SP → K → 1 → 0 → 0 → GO

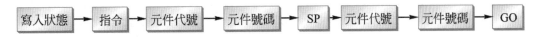

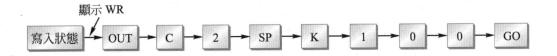

7. 應用指令的寫入

操作模式	PLC 狀態	可執行的記憶體
ONLINE	STOP	RAM EEPROM(保護開關 OFF)
OFFLINE		

操作流程：

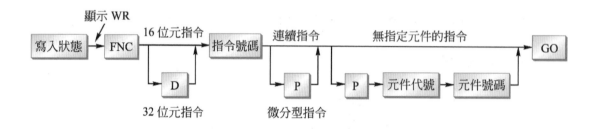

例：輸入 DMOVP K_5 X_0 D_{100}

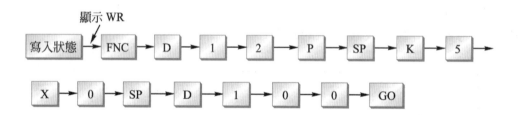

※若忘記或不清楚應用指令的代號時，可用 "HELP" 鍵，協助尋找指令代
  號。

8. 程式部分清除或完全清除

操作模式	PLC 狀態	可執行的記憶體
ONLINE	STOP	RAM EEPROM(保護開關 OFF)
OFFLINE		

於PLC的執行過程中把NOP看成 "無處理"，所以清除動作無非是把
NOP指令覆蓋所有的命令集。

操作流程：

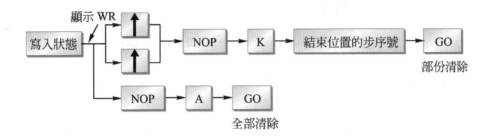

例：將步序號 100 到 200 之間的命令清除

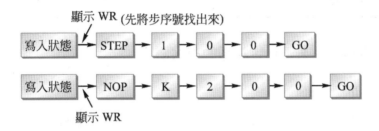

9. 程式插入

操作模式	PLC 狀態	可執行的記憶體
ONLINE	STOP	RAM
OFFLINE		EEPROM(保護開關 OFF)

操作流程：

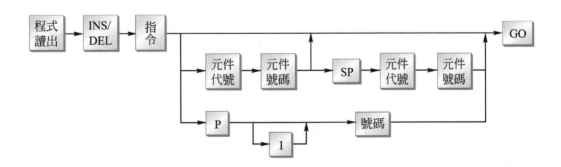

例：插入 AND T0

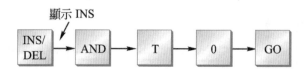

10. 指定範圍的刪除

操作模式	PLC 狀態	可執行的記憶體
ONLINE	STOP	RAM
OFFLINE		EEPROM(保護開關 OFF)

此操作流程可將某一指定範圍的程式刪除。

操作流程：

問題與討論

1. 請試著將下列 LD 圖轉換爲 IL，並透過書寫器鍵入程式至 PLC。

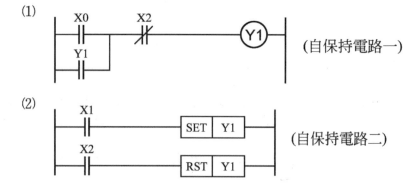

(1) (自保持電路一)

(2) (自保持電路二)

(3)

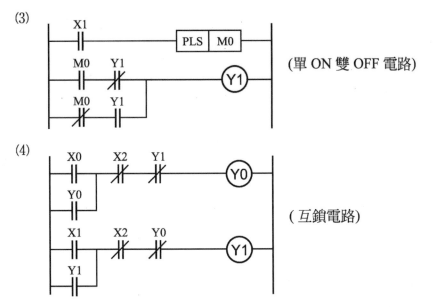

(單 ON 雙 OFF 電路)

(4)

(互鎖電路)

2. 請問下載程式到 PLC 時，是否必須將 PLC 的 RUN 開關撥至 OFF 處？請實際操作一次。

3. 參考"4-4 一般功能"，請試著將儲存於PLC的舊資料全部清除掉。(注意：操作時，必須在主機停止狀態下)

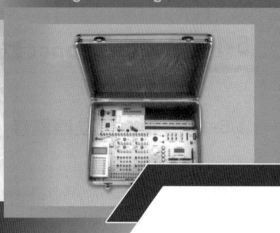

Chapter 5

軟體介紹

　　本章將使用三菱 PLC 的視窗軟體編輯器 GX Developer 及 GX work 2 為範例說明 PLC 程式編輯方法。GX Developer 及 GX work 2 為三菱 PLC 系列專用的 WINDOWS 版軟體，適用於 XP/Win7/Win10 的 WINDOWS 作業系統環境，設計人員可依自己習慣的程式設計軟體加以選擇安裝。兩個 PLC 程式開發環境除提供一般程式規劃及 WINDOW 視窗的一般操作功能外，亦提供 PLC 與 PC 的即時線上 I/O 測試功能及檢視。此外，編輯軟體也有提供中文元件註解功能、SFC 編輯模式、LD 編輯模式、程式上傳/下載及其它特殊功能。

　　在本章將區分為兩個部份，分別介紹兩程軟體的操作方式，期望讓讀者可以在短時間內了解如何利用視窗軟體去編輯 FX2/FX2N 可程式控制器程式，以達成各種控制應用目的。

5-1 GX Developer 軟體之操作

5-1-1 檔案建立與儲存

1. 建立新檔案

步驟1: 下述任一操作，可以顯示專案的新專案畫面。選擇[Project(專案)] [New(新專案)]功能表，或是點擊 (新專案)。

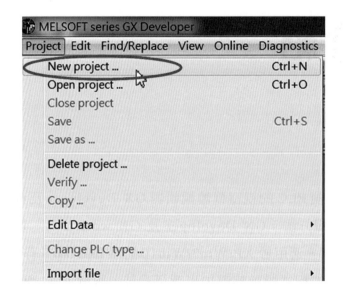

步驟2: 從清單方塊中選擇新專案的 "PLC Series(可程式控制器系列)"、 "PLC Type(可程式控制器類型)"、 "Program type(程式型式)"。然後勾選 Setup project name ，即可指定專案路徑及名稱。

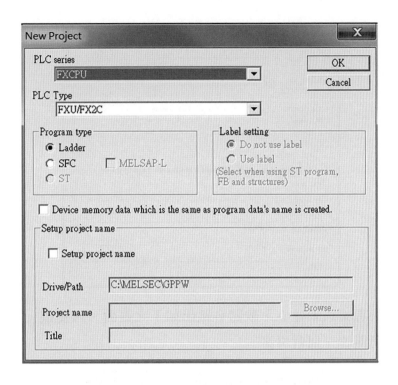

步驟 3：本範例爲 E:/FX2N/Ch05_01，按 Create new 按鈕。

步驟 4：按 OK 按鈕。

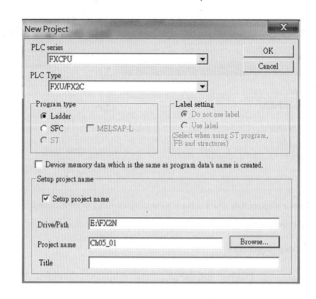

步驟5： 如果專案為新建立，軟體會跳出如下之畫面。只要按 [是(Y)] 按鈕，
即可開啓一個新專案。

步驟6： 完成新建立如下畫面。

2.　開啓舊檔案

　　若欲開啓舊檔案工作請依下列步驟操作。

步驟 1 ：選擇[Project (專案)] [Open(開啓)] 功能表，或(2)點擊工具列上的 按鈕

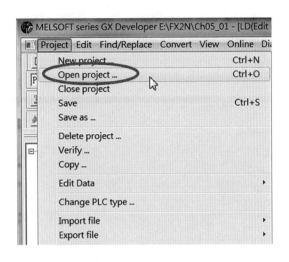

步驟 2： 選擇裕開啓的檔案名稱，然後點擊 Open 按鈕，即可完成開啓舊專案的工作。

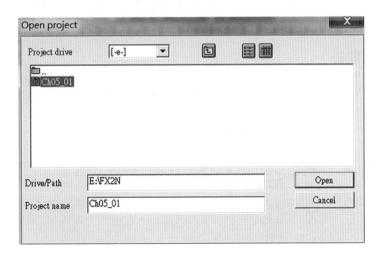

步驟 3： 如果目前已開啓一個專案中，軟體會跳出如下之畫面，提醒使用者儲存目前之專案，然後再開啓舊專案工作。

步驟4： 結果如下圖所示。

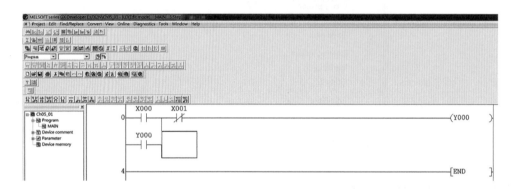

3. 儲存編輯好的檔案：

程式編輯好之後，若欲做儲存檔案工作請依下列步驟操作。

步驟1： (1) 選擇[Project (專案)] [Save(儲存)] 功能表。或(2) 點擊工具列上的 💾 按鈕。

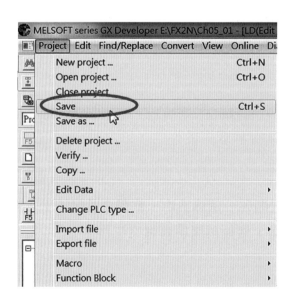

步驟2: 輸入儲存的檔案名稱,然後點擊 Save 按鈕,即可完成檔案儲存的工作。

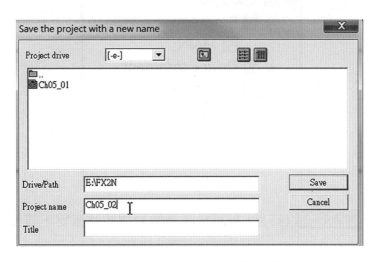

步驟3: 如果儲存檔案名稱尚不存在,軟體將出顯示如下之警告畫面。請點擊 是(Y) 按鈕,即可完成檔案儲存的工作。

5-1-2 參數的設置

對可程式控制器參數進行設置。

步驟1: 如果對專案視窗的"Parameter(參數)"→"PLC Parameter(可程式控制器參數)"進行雙擊,將顯示FX2參數設置畫面。

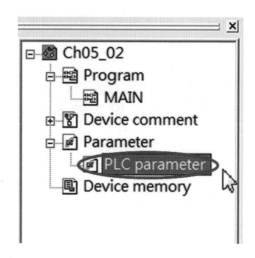

步驟 2：點擊 ｜ End ｜ (結束) 按鈕後，參數設置將被確定，畫面將被關閉。

5-1-3　設計一個簡單的階梯圖

步驟 1：在工具列點擊 按鈕，如下圖所示。

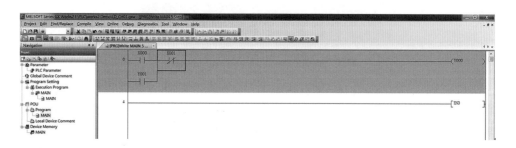

步驟 2：選用階梯圖的程式設計工具列功能，如下圖所示。

常開接點	![F5]	豎線輸入	![sF9]
常閉接點	![F6]	橫線輸入	![F9]
常開觸點 OR	![sF5]	豎線刪除	![cF10]
常閉觸點 OR	![sF6]	橫線刪除	![cF9]
線圈	![F7]	應用指令	![F8]

步驟 3： 本範例設計一個自保持及解保持的簡單程式，如下圖所示。

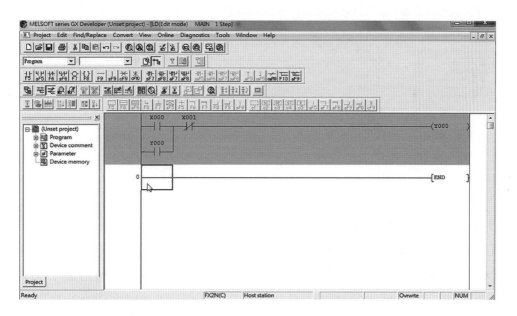

步驟 4： 階梯圖編輯好之後，請務必做一個很重要的動作 Rebuild All(全部編譯)]功能，如下三種方式之一去編譯程式。

(1) 選擇[Convert(轉換)] [Convert(轉換)] 功能表。

(2) 鍵盤上按下快速鍵 [F4]。

(3) 顯示工具列中，按下 ![icon] 或 ![icon] (全部編譯) 也可執行。

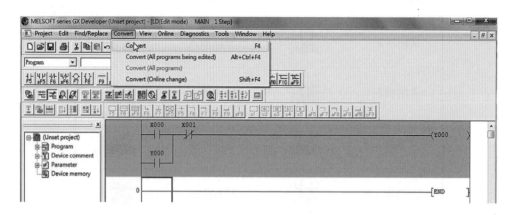

步驟5： 轉換完成。

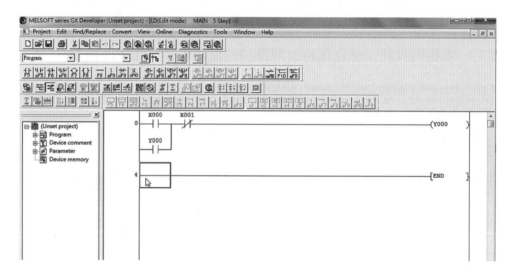

　　切記這個動作。因為只要階梯圖有做修改，所修改過之迴路在畫面上的底色會變的較深，完成轉換動作後，顏色才會恢復正常。如果使用者是在程式執行中且為PLC-PC連線狀態(即時監控狀態)時，如對階梯圖作部分程式之修改時，盡量不要做轉換的動作，不僅無法將修改後的程式載入 PLC，而且好不容易修改完的程式也有可能付之一炬。最好在修改時，能夠先在離線狀態下修改並存檔，再將修改後之程式載入PLC內。

5-1-4 在 PC 上離線模擬 PLC 程式

步驟1： 專案視窗[Tool]→[End ladder logic test]功能，或在工具列點擊▣按
鈕時，可啟動程式之模擬功能。

步驟2： 軟體將跳出如下圖所示之模擬啟動畫面。

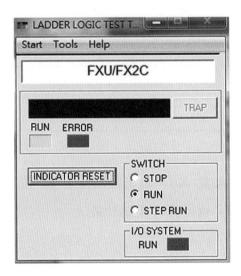

步驟 3： 確認程式進入模擬模式。

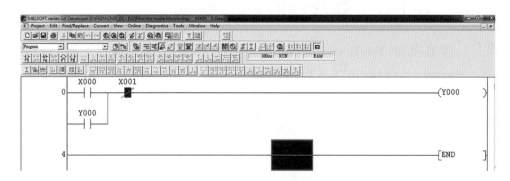

步驟 4： 觸點的強制ON/OFF。將監視畫面的觸點X0進行 [Shift] + 雙擊[Enter]
時，可程式控制器CPU 內的元件的X0的ON/OFF 狀態將被強制切換。

步驟 5： 再觸點的X0，進行 [Shift] + 雙擊[Enter] 時，可將X0的狀態強制改為
OFF。

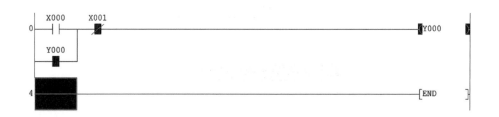

另外，步驟 4 也可以觸點 X0，然後按滑鼠右鍵，即可打開 POP UP(彈出)畫
面，點擊 Device test ... 功能即可執行元件測試功能。

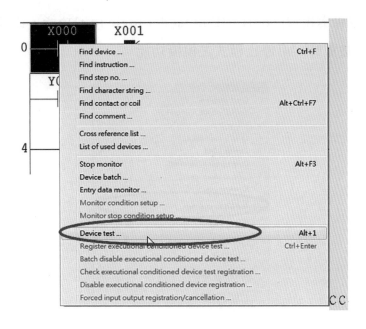

然後直接修改 X0 的值，也可以達到相同之功能。

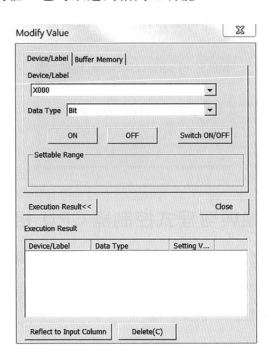

步驟6： 點擊專案視窗[Tool]→[End ladder logic test]功能，或是點擊工具列的

🔲 按鈕時，可停止程式之模擬功能。

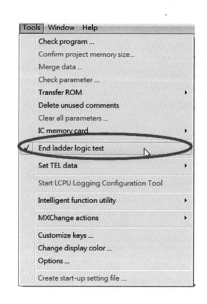

步驟7： 按下 [OK] 按鈕且即可停止程式之模擬功能

🔲 5-1-5 將電腦與可程式控制器 CPU 相連接

對將電腦通過 USB 電纜與 FX2/FX2N/FX3U 相連接的路徑進行設置

步驟1： 專案視窗[Online]→[Transfer setup]功能，或是點擊工具列的🖳按鈕
時，可啟動程式之模擬功能

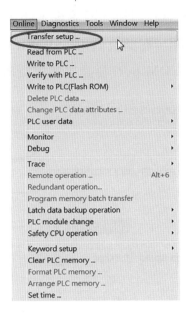

步驟 2 : 如果對"PC side I/F"的"(Serial USB(串列USB))"進行雙擊,將顯
示電腦側 I/F 串列詳細設置畫面。

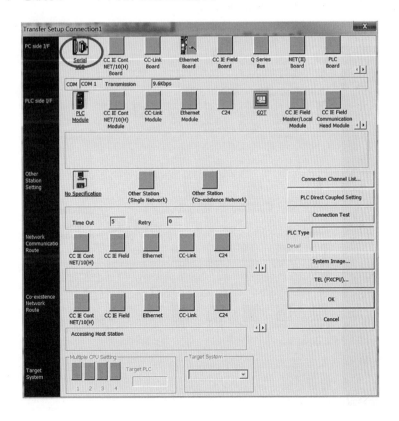

步驟3： 對個人電腦側I/F 進行設置。設置後，如果點擊 ＯＫ 按鈕，設置將結束，畫面將關閉。在此我們用USB轉RS-232 之虛擬串列埠，設定方式如下圖，注意COM port 要設置如虛擬串列埠之編號。

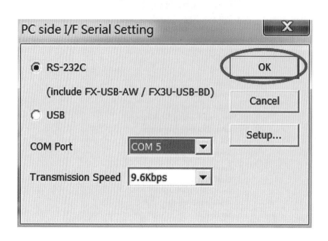

步驟4： 點擊 Connection Test (連線測試)按鈕時,將以設置的連接路徑執行與可程式控制器 CPU 的通信測試。

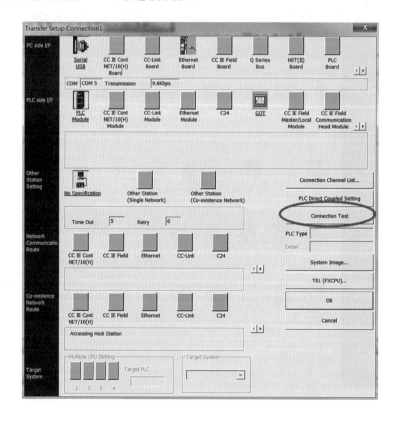

步驟5： 如果通信測試成功將顯示如下圖所示的畫面，將顯示可程式控制器CPU

的型號。然後如果點擊 確定 按鈕，畫面將關閉。

步驟6： 如果點擊 OK 按鈕，連接目標設置將結束，畫面將關閉。

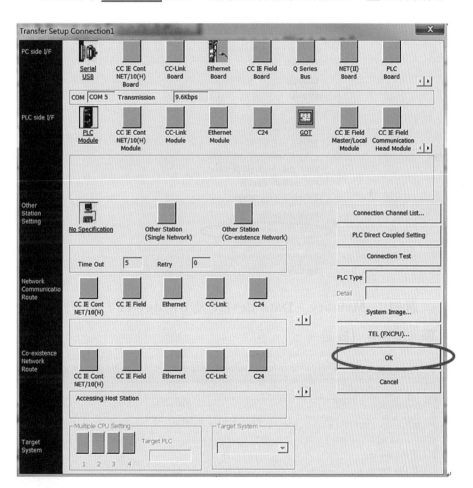

■ 5-1-6 將 PLC 上的程式清除

當 PLC 有 Program Error 時,可以應用將 PLC 上的程式清除的功能,將 PLC 重置可以寫入的模式。

步驟 1: 點擊專案視窗[Online]→[Clear PLC Memory]功能可啓動清除 PLC 程式功能。

步驟 2: 勾選 PLC Memory、Data device 及 Bit device,如下圖所示。然後點擊 [Execution] 按鈕。

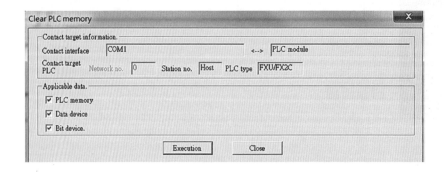

步驟3： 點擊 是(Y) 按鈕啟動清除 PLC 程式功能。

步驟4： PLC 程式清除完成如下圖所示。點擊 確定 按鈕完成清除程序。

■ 5-1-7　將程式寫入 PLC

步驟1： 專案視窗[Online]→[Write to PLC]功能，或是點擊工具列的 按鈕
時，可啟動程式寫入功能。

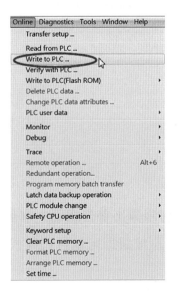

步驟 2： 軟體將跳出如下 Write to PLC 之畫面，一般只要點擊 ▢ Param+Prog ▢ 按鈕即可選定程式及參數設定。

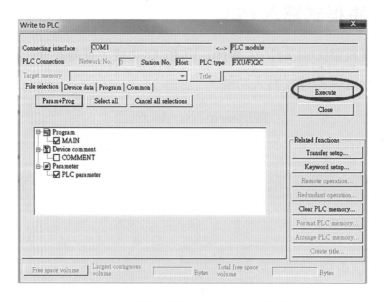

步驟 3： Write to PLC 之畫面顯示如下圖。只要點擊 ▢ Execute ▢ 按鈕即可執行將程式寫入 PLC 的程序。

步驟 4： Write to PLC 的程序彈出警告畫面，準備將程式寫入 PLC 中。因此只要再點擊 ▢ 是(Y) ▢ 按鈕即可執行將程式寫入 PLC 的程序。

步驟5： 寫入程序如下圖所示

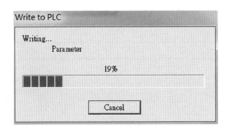

步驟6： 寫入完成如下圖所示。點擊 確定 按鈕時即可

步驟7： 寫入完成如下圖所示。點擊 Close 按鈕即完成寫入程序。

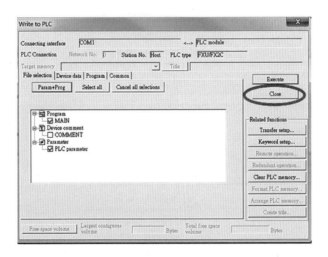

步驟8： 將 PLC 切換至 RUN 模式，即可執行程式及檢查程式的功能。

■ 5-1-8　PC 上監視 PLC 的狀態

使用者要在 PC 畫面上監視 PLC 的狀態的話，首先須將階梯圖畫面呈現於 PC 上，如下圖，再將滑鼠移到【監視/測試】選擇開始監控(M)，那麼使用者就可以從 PC 畫面上看到 PLC 的一舉一動。

步驟1： 首先須將階梯圖畫面呈現於 PC 上，如下圖所示。

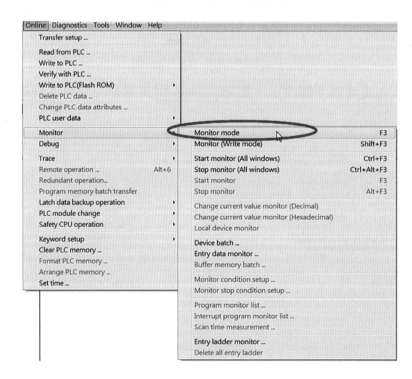

步驟2： 將 PLC 切換至 RUN 模式。

步驟3： 如果選擇[Online(在線)] [Monitor(監視)][Start Monitoring(監視開始)] 功能表,[PRG]MAIN 畫面將變為監視狀態。

步驟4： 程式已經在 Monitoring 模式。

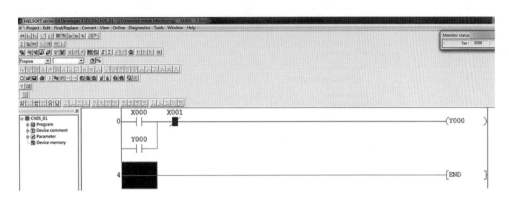

步驟5： 觸點的強制 ON/OFF。將監視畫面的觸點進行 [Shift] + 雙擊[Enter] 時，可程式控制器CPU 內的元件的ON/OFF 狀態將被強制切換。再觸點的 X0 進行 [Shift] + 雙擊[Enter]可將 Y0 自保持為 ON。

```
   X000    X001                                    (Y000
0
   Y000

4                                                  [END
```

步驟6： 再觸點的 X1，進行 [Shift] + 雙擊[Enter] 時，可將 Y0 即可解保持為 OFF。

```
   X000    X001                                    (Y000  )
0
   Y000

4                                                  [END  ]
```

另外，步驟4也可以觸點X0，然後按滑鼠右鍵，即可打開POP UP(彈出)畫面。

Find device ...	Ctrl+F
Find instruction ...	
Find step no. ...	
Find character string ...	
Find contact or coil	Alt+Ctrl+F7
Find comment ...	
Cross reference list ...	
List of used devices ...	
Stop monitor	Alt+F3
Device batch ...	
Entry data monitor ...	
Monitor condition setup ...	
Monitor stop condition setup ...	
Device test ...	Alt+1
Register executional conditioned device test ...	Ctrl+Enter
Batch disable executional conditioned device test ...	
Check executional conditioned device test registration ...	
Disable executional conditioned device registration ...	
Forced input output registration/cancellation ...	

然後直接修改 X0 的值，也可以達到相同之功能。

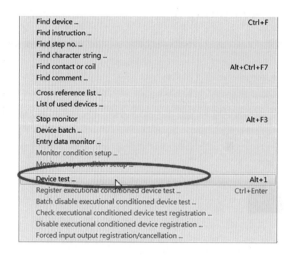

步驟 7 ： 點擊工具列之專案視窗[Online]→[Mointor/Stop Mointoring]功能可停
止程式之 Monitering 功能。

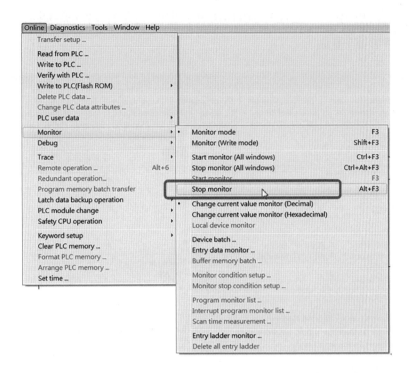

▣ 5-1-9　程式列印功能

步驟1： 對程式進行顯示。

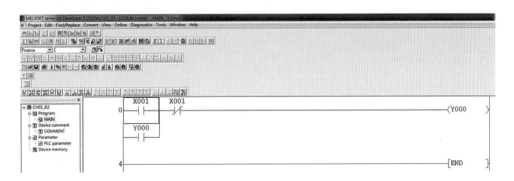

步驟 2： 選擇[Project(工程)] [Print(顯示畫面列印)] 時，將顯示顯示畫面列印
(梯形圖)畫面。

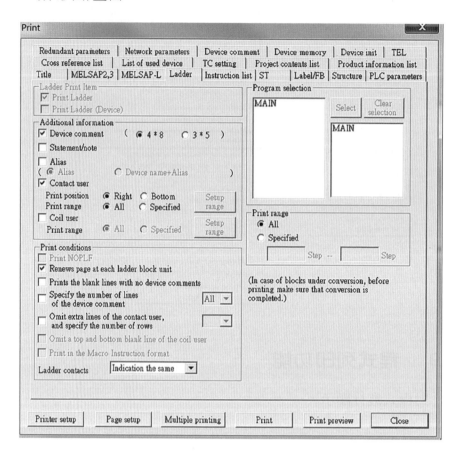

5-2 GX Works2 PLC 編輯軟體之操作

5-2-1 檔案建立與儲存

1. 建立新檔案

步驟1: 1.通過下述任一操作,可以顯示專案的新專案畫面。

◆選擇[Project(專案)] [New(新專案)]功能表。

◆點擊🗋(新專案)。

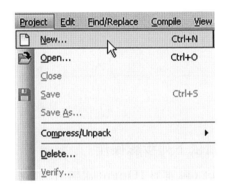

步驟2: 從清單方塊中選擇新專案的"Project Type(專案類型)"、"PLC Series (可程式控制器系列)"、"PLC Type(可程式控制器類型)"、"Language (程式語言)"。然後設置後,對 OK 按鈕進行點擊。

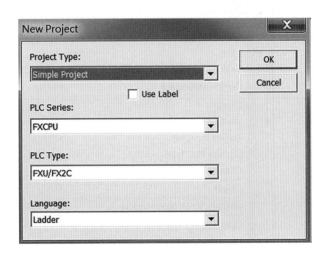

步驟3： 開啓的新專案如下圖所示。

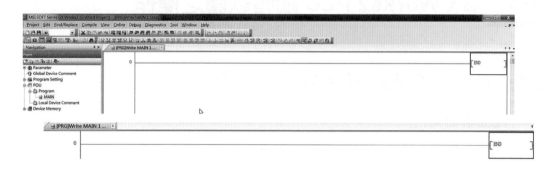

步驟4： 假設我們輸入如下之簡單的程式。

2. 開啓舊檔案

若欲開啓舊檔案工作請依下列步驟操作

步驟1 ：(1) 選擇[Project (專案)] [Open(開啓)] 功能表，或(2) 點擊工具列上的
　　　　　按鈕。

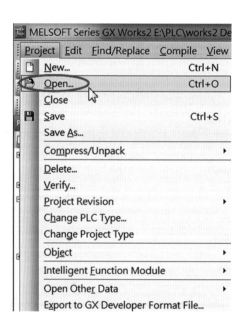

步驟 2： 選擇裕開啟的檔案名稱，然後點擊 開啟舊檔(O) 按鈕，即可完成開啟舊專案的工作。

步驟 3 ：如果目前已開啟一個專案中，軟體會跳出如下之畫面，提醒使用者儲存目前之專案，然後再開啟舊專案工作。

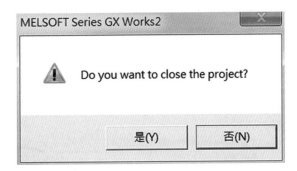

3. 儲存編輯好的檔案：

程式編輯好之後，若欲做儲存檔案工作請依下列步驟操作。

步驟 1 ：(1) 選擇[Project (專案)] [Save(儲存)] 功能表。或(2) 點擊工具列上的 🖫 按鈕。

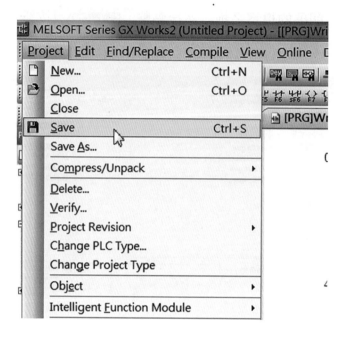

步驟 2 : 輸入欲儲存的檔案名稱，然後點擊 存檔(S) 按鈕，即可完成檔案儲存的工作。

步驟 3 : 如果儲存檔案名稱尚不存在，軟體將出顯示如下之警告畫面。請點擊 是(Y) 按鈕，即可完成檔案儲存的工作。

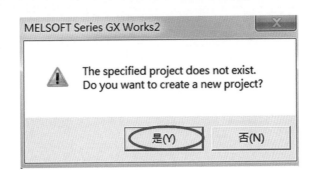

5-2-2　參數的設置

對可程式控制器參數進行設置。

步驟 1 : 如果對專案視窗的 "Parameter(參數)" → "PLC Parameter(可程式控制器參數)" 進行雙擊，將顯示 FX2 參數設置畫面。

步驟 2： 點擊 [End] (結束)按鈕後，參數設置將被確定，畫面將被關閉。

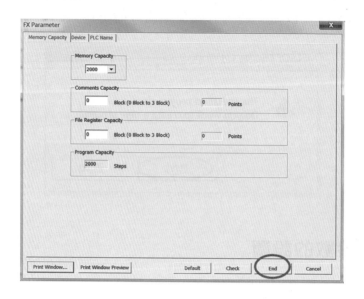

5-2-3 標籤的設置

對可程式控制器的全域變數進行標籤設置。全域變數大部份是指實體I/O變數。值得注意的是，FX2/FX2N/FX3U系列 PLC 沒有提供這一個功能設定，因為這是支援1131-3程式語言的功能。

步驟 1： 對專案視窗的 "Global Label (全域標籤)" "Global1" 進行雙擊時，將顯示全域標籤設置畫面。

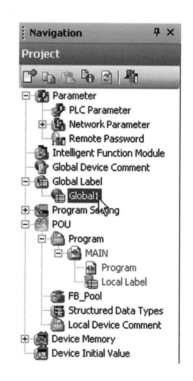

步驟2： 從列表框中選擇全域標籤設置畫面的"Class（類）"。例如：類別：VAR_GLOBAL

步驟3： 對全域標籤設置畫面的"Label Name(標籤名)"進行直接輸入。例如：VAR1

步驟4： 對全域標籤設置畫面的"Date Type(資料類型)"進行直接輸入。例如：資料類型：Word[Signed](字[帶符號])。

步驟5： 對全域標籤設置畫面的"Device(元件)"進行直接輸入。例如：設置內
容為Device(軟元件)：D0

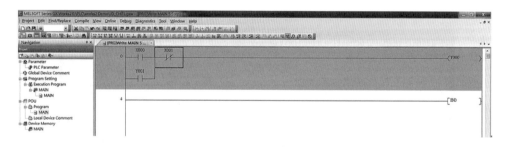

步驟6： 對全域標籤設置畫面的"Constant(常數值)"、"Comment(注釋)"、
"Remark(備註)"進行設置。

5-2-4 設計一個簡單的階梯圖

步驟1： 在工具列點擊 按鈕，如下圖所示。

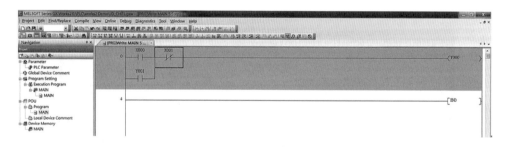

步驟2： 選用階梯圖的程式設計工具列功能，如下圖所示。

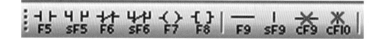

常開接點入點入點 OR 除點 OR 除

常開接點	⊣⊢ F5	豎線輸入	│ sF9
常閉接點	⊣⊁⊢ F6	橫線輸入	─ F9
常開觸點 OR	⎣╵⎦ sF5	豎線刪除	✕ CF10
常閉觸點 OR	⎣╱⎦ sF6	橫線刪除	✕ CF9
線圈	⟨⟩ F7	應用指令	[ ] F8

步驟 3： 本範例設計一個自保持及解保持的簡單程式，如下圖所示。

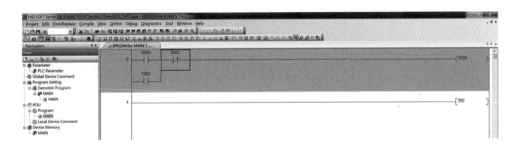

步驟 4： 階梯圖編輯好之後，請務必做一個很重要的動作 Rebuild All(全部編
譯)]功能，如下三種方式之一去編譯程式。

(1) 選擇[Compile(編譯)] [Rebuild All(全部編譯)] 功能表。

(2) 鍵盤上按下 1 快速鍵 [Shift+Alt+F4]。

(3) 顯示工具列中，按下 🔄 (全部編譯) 也可執行。

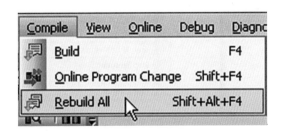

步驟5： 轉換完成，畫面顯示如下圖所示。

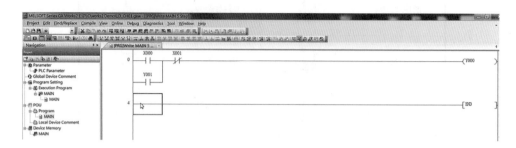

如果專案尚未進行編譯，畫面將顯示如下圖所示。

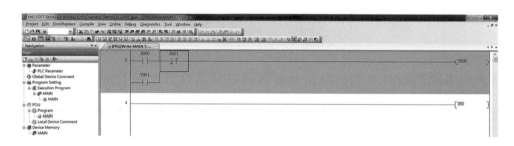

有關設計一個SFC(順序流程)圖程式，我們將在第七章再加以說明。

■ 5-2-5 在PC上離線模擬PLC程式

步驟1： 專案視窗[Debug]→[Start/Stop Simulation]功能，或是點擊工具列的
按鈕時，可啟動程式之模擬功能。

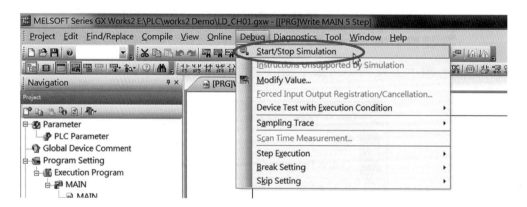

步驟 2： 軟體將跳出如下 GX Simulation 及 Write to PLC 之畫面，只要點擊 Close 按鈕時，即可進入模擬畫面。

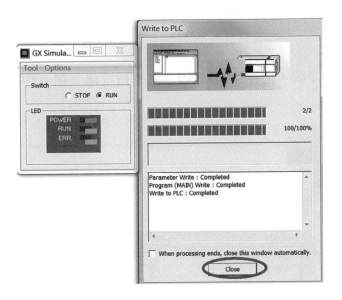

步驟 3： 點擊工具列的 按鈕時，即可進入模擬之程式修改(Write mode)模式。

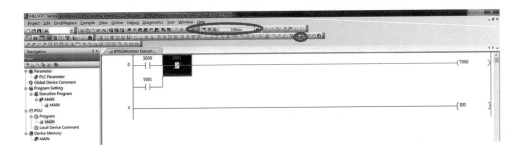

步驟 4： 觸點的強制 ON/OFF。將監視畫面的觸點進行 [Shift] + 雙擊[Enter] 時，可程式控制器 CPU 內的元件的 ON/OFF 狀態將被強制切換。

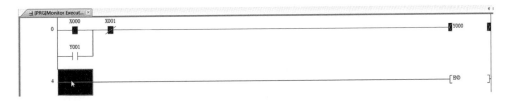

步驟 5： 再觸點的X0，進行 [Shift] + 雙擊[Enter] 時，可將X0的狀態強制改為 OFF。

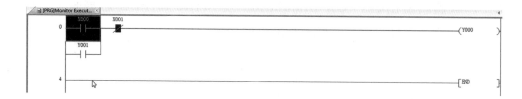

另外，步驟4也可以觸點X0，然後按滑鼠右鍵，即可打開POP UP(彈出)畫面

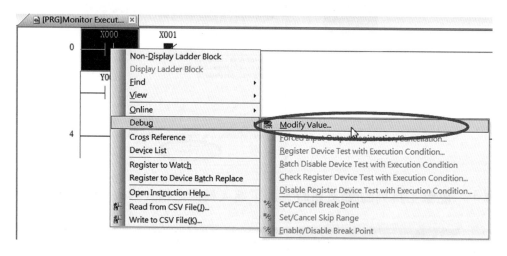

然後直接修改X0的值，也可以達到相同之功能。

步驟6： 點擊工具列之專案視窗[Debug]→[Start/Stop Simulation]功能，或是
點擊工具列的 🖳 按鈕時，可停止程式之模擬功能。

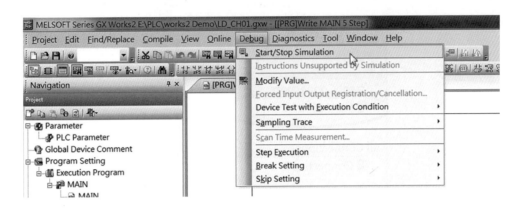

5-2-6　將電腦與可程式控制器 CPU 相連接

對將電腦通過 USB 電纜與 FX2/FX2N/FX3U 相連接的路徑進行設置

步驟1： 在導航視窗的視窗選擇區域中點擊 "Connection Destination(連接目
標)" 時，將顯示連接目標視窗。

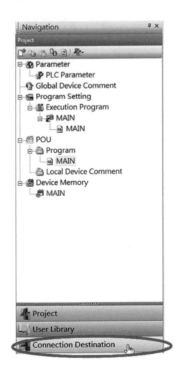

步驟 2 : 連接目標視窗的當前連接目標對 "Connection1" 進行雙擊時,將顯示
連接目標設置畫面。

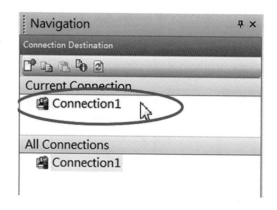

步驟 3 : 如果對 "PC side I/F" 的 "(Serial USB(串列 USB))" 進行雙擊,將顯
示電腦側 I/F 串列詳細設置畫面。

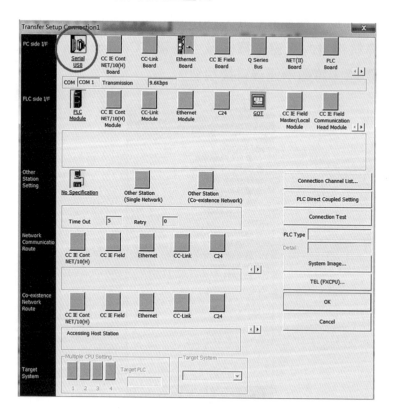

步驟4： 對個人電腦側I/F進行設置。設置後，如果點擊 OK 按鈕，設置將
　　　　結束，畫面將關閉。在此我們用USB轉RS-232之虛擬串列埠，設定方
　　　　式如下圖，注意COM port要設置如虛擬串列埠之編號。

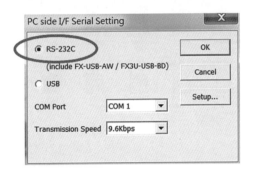

步驟5： 對"PLC side I/F(可程式控制器側 I/F)"的" (PLC Module(PLC 模
　　　　組))"進行點擊，對使用的介面進行選擇。本例內定為 FX2/FX2N/
　　　　FX3U，不需進行點擊設定。

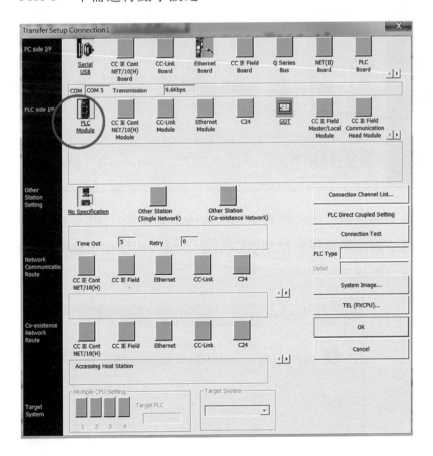

步驟6： 點擊 [Connection Test] (連線測試) 按鈕時,將以設置的連接路徑執行與可程式控制器CPU 的通信測試。

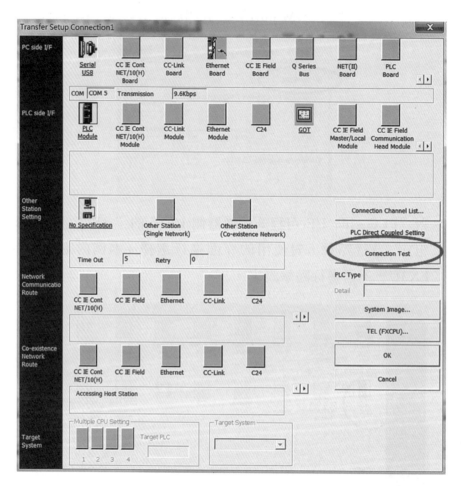

步驟7： 如果通信測試成功將顯示如下圖所示的畫面,"PLC Type(CPU 型號)"欄中將顯示可程式控制器CPU 的型號。然後如果點擊 [確定] 按鈕,畫面將關閉。

步驟 8： 如果點擊 ［ OK ］ 按鈕，連接目標設置將結束，畫面將關閉。

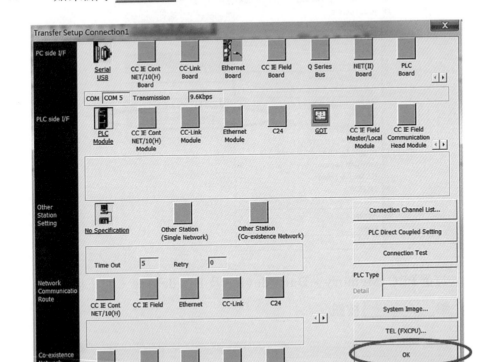

5-2-7　將 PLC 上的程式清除

當 PLC 有 Program Error 時，可以應用將 PLC 上的程式清除的功能，將 PLC 重置可以寫入的模式。

步驟 1： 點擊專案視窗[Online]→[PLC Memory Operation/Clear PLC Memory] 功能可啓動清除 PLC 程式功能。

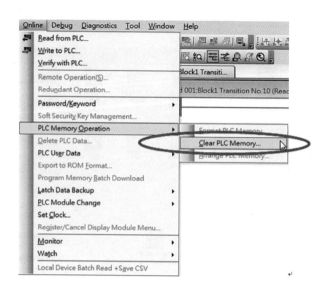

步驟2： 勾選 PLC Memory、Data device 及 Bit device，如下圖所示。然後點
擊 ▭Execute▭ 按鈕。

步驟3： 點擊 ▭是(Y)▭ 按鈕啓動清除 PLC 程式功能。

步驟 4： PLC程式清除完成如下圖所示。點擊 ▢ 確定 ▢ 按鈕完成清除程序。

📭 5-2-8　將程式寫入 PLC

步驟 1： 專案視窗[Online]→[Write to PLC]功能，或是點擊工具列的 🖰 按鈕時，可啟動程式寫入功能。

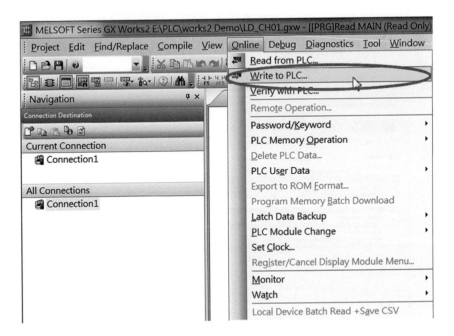

步驟2： 軟體將跳出如下 Write to PLC 之畫面，勾選要寫入的部份。一般只要

點擊 Parameter+Program 按鈕時即可。進入模擬畫面。

步驟3： 如下圖，再 Execute 按鈕時即可將程式寫入 PLC。

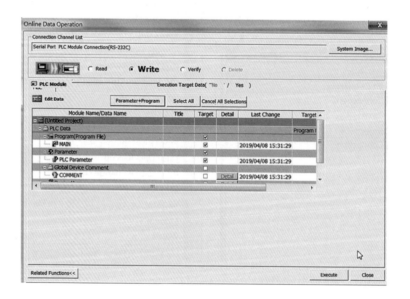

步驟4： 寫入程序如下圖所示。

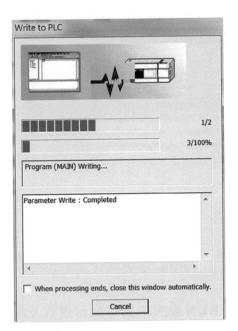

步驟5： 寫入完成如下圖所示。點擊 Close 按鈕時即可

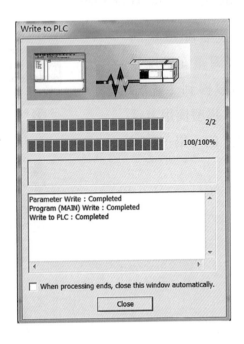

步驟6： 寫入完成如下圖所示。點擊 ［ Close ］ 按鈕即完成寫入程序。

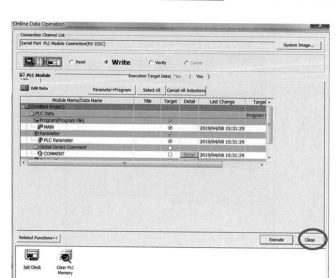

步驟7： 將PLC切換至RUN模式，即可執行程式及檢查程式的功能。

5-2-9　PC 上監視 PLC 的狀態

　　使用者要在 PC 畫面上監視 PLC 的
狀態的話，首先須將階梯圖畫面呈現於
PC 上，如下圖，再將滑鼠移到【監視/
測試】選擇開始監控(M)，那麼使用者就
可以從 PC 畫面上看到 PLC 的一舉一動。

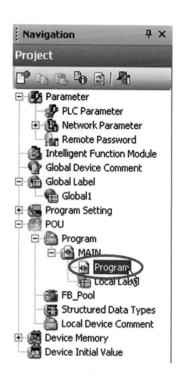

步驟1： 首先須將階梯圖畫面呈現於 PC 上，如下圖所示。

步驟2： 將 PLC 切換至 RUN 模式。

步驟3： 如果選擇[Online(在線)] [Monitor(監視)][Start Monitoring(監視開始)]
功能表,[PRG]MAIN 畫面將變為監視狀態。

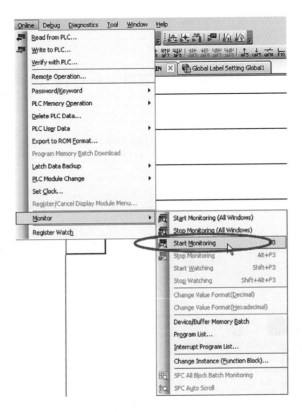

步驟4： 在 Monitor 模式如下圖所示。

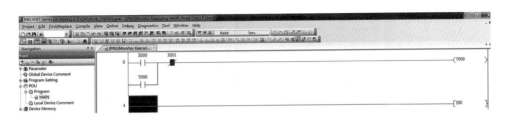

步驟 5 : 觸點的強制 ON/OFF。將監視畫面的觸點進行 [Shift] + 雙擊[Enter]
時，可程式控制器 CPU 內的元件的 ON/OFF 狀態將被強制切換。

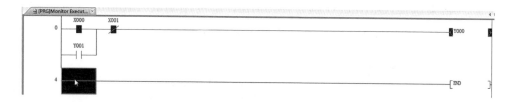

步驟 6 : 再觸點的X0，進行 [Shift] + 雙擊[Enter] 時，可將X0的狀態強制改為
OFF。

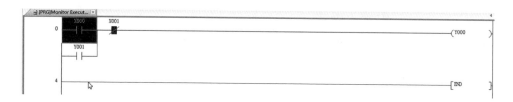

另外，步驟 5 也可以觸點 X0，然後按滑鼠右鍵，即可打開 POP UP(彈
出)畫面

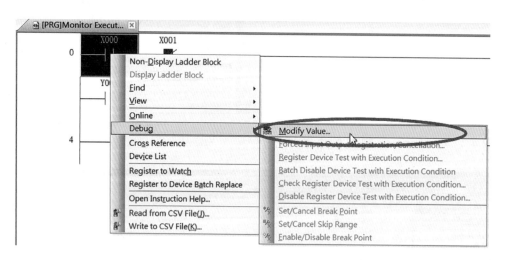

然後直接修改 X0 的值，也可以達到相同之功能。

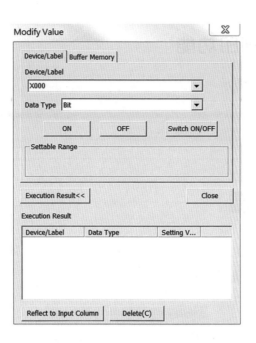

步驟 7： 點擊工具列之專案視窗[Online]→[Monitor/Stop Monitoring]功能，可
停止程式之 Monitoring 功能。

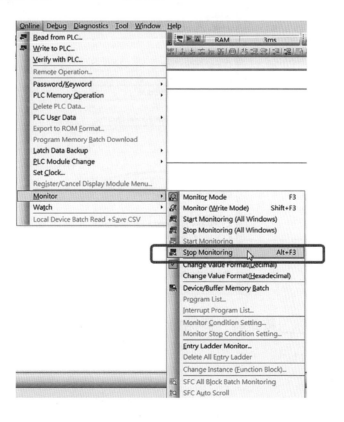

5-2-9　程式列印功能

步驟1：　對程式進行顯示。

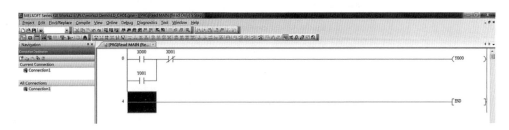

步驟2：　選擇[Project(工程)] [Print Window(顯示畫面列印)] 時，將顯示顯示畫面列印(梯形圖)畫面。

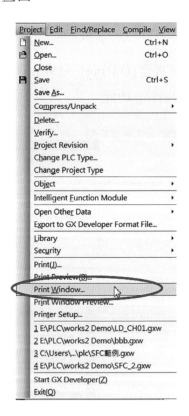

步驟3：　點擊 OK 按鈕時，將開始列印程式階梯圖。

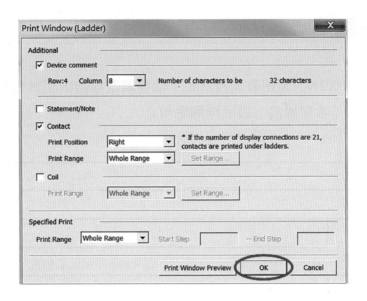

步驟4： 對內容進行確認後執行列印時，點擊 ▢確定▢ 按鈕，即可將程式由指定印表機輸出。

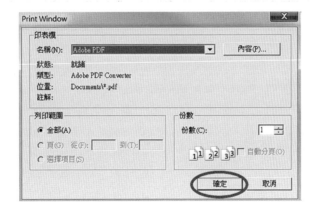

步驟5： 程式輸出結果如下圖所示。

問題與討論

1. 請用FX2/FX2N的編輯軟體設計如下階梯圖及描繪出相對應的指令(IL)程式碼？(提示：本習題為三段式開關應用)

2. 請用FX2/FX2N的編輯軟體設計如下階梯圖及描繪出相對應的指令(IL)程式碼？(提示：本習題為X0來控制4個燈號依序亮滅的跑馬燈應用)

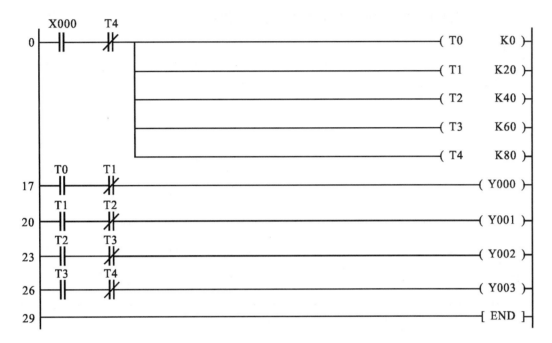

3. 請用FX2/FX2N的編輯軟體設計如下階梯圖及描繪出相對應的指令(IL)程式碼?(提示:本習題為X0來控制紅綠燈應用,其中(Y0, Y1, Y2)及(Y6, Y5, Y4)分別為兩個方向的(綠、黃及紅色)燈號)

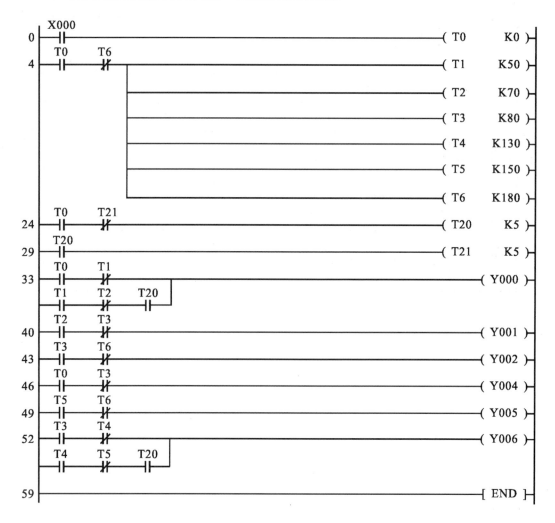

Chapter 6

計時器與計數器

6-1 計數器

6-1-1 計數器(Counter)的種類

　　FX2/FX2N提供了235個內部計數器，規格如表6-1所示。因為計數器本體也是一個記憶體，所以是以位元方式儲存，可區分為16與32位元。16位元都是向上計數，有一般與停電保持用。另一類32位元高速計數器(C235~C255)，這些高速計數器與傳統工業用計數器完全不同，其運用方式與電子電路的計數方式非常相近，此型計數器可專用在馬達轉速多段控制。

表6-1　PLC可用計數器編號

編號	計數範圍	位元	功能	
C0～C99 共100點	0～32767	16	上數	內部計數
C100～C199 共100點	0～32767	16	上數停電保持	
C200～C219 共20點	$-2,147,483,648$ $+2,147,483,647$	32	上/下數	
C220～C234 共15點	$-2,147,483,648$ $+2,147,483,647$	32	上/下數 停電保持	
C235～C255 共21點	$-2,147,483,648$ $+2,147,483,647$	32	上/下數	外部計數

1. 向上計數(Up Counter)：計數脈波由0開始往上遞增，一直到設定值爲止，計數器接點動作並停止計數，此型也稱累加計數器。

2. 向下計數(Down Counter)：計數脈波由預設值開始往下遞減直到0爲止，計數器接點動作並停止計數，此型也稱遞減計數器。

3. 環型計數(Ring Counter)：是計數脈波由0開始往上計數，當到達設定值後計數器接點動作，計數器又從0開始往上計數，如此反覆循環。

　　內部計數係由PLC執行程式時，由程式中的接點控制計數脈波與復置。外部計數乃由外部輸入計數脈波(有專屬輸入點)，並採中斷方式復置與啓動與程式無關，高速計數器就是屬於此類。在此值得一提的是，新型的FX2N系列，已有內部高速計數器，分配於輸入接點X000～X007(或X000～X003)，一次佔用8(或4)個接點，當使用此高速計數接點時，使用者需避免重複使用X000～X007。

■ 6-1-2　內部信號用計數器

1. C0～C99爲16位元一般用上數計時器：

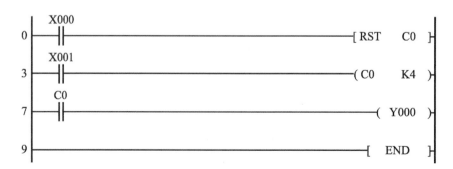

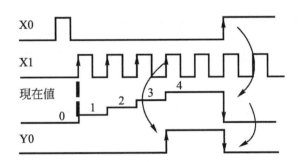

　　計數脈波輸入是往上遞增,而計數器卻是由0往上遞增。當X1 → ON/OFF一次,則計數器值加1,X1 → ON/OFF共4次,計數器值變為4,當計數值大於或等於預設值時計數器就動作,也就是 C0 接點 ON 且令 Y0 動作。X0 → ON 則 C0 復置(回復設定值,Y0 不導通)。值得注意的是,此型計數器,如果計數途中若遇斷電則計數器復置。

2.　C100~C199為16位元上數停電保持:

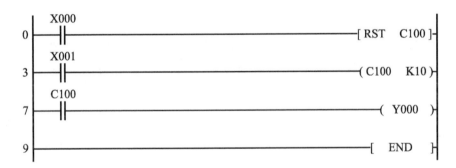

　　C100是停電保持型。計數脈波X1 → ON/OFF十次,則C100接點ON且命 Y0 動作。斷電時,C100 接點保持 ON 狀態,當 X0 → ON 時才復置。若計數中途斷電,則保持中途值,復電後繼續計數到設定值,接點才動作。

3.　C200~C219為32位元上/下數一般用計數器

　　C220~C234為32位元上/下數停電保持計數器

　　此類型不論是一般用或停電保持用,其功能與C0~C199相同(前兩型),差別在於上/下數與計數範圍。上/下數是由特殊輔助電驛 M8200~M8234指定,其中的 M8200 對應計數器 C200,M8201 對應 C201,依此類推。當 M8200 為 ON 時,C200 是下數,M8200 為 OFF 時,C200 為上數。上數是由 2,147,483,647,若再加 1 則為−2147483648。例如下數由 2147483648若再減 1,則計數值變為 2,147,483,647。

■ 6-1-3　計數值的設定與程式寫法

1. 以上三型計數器，其計數值可直接用常數K設定，或由暫存器D間接設定，用法與計時器相同。

2. 32位元計數器設定值，可以設定為負數。假設計數器 C200 設定為-10，則計數現值由−11→−10時，C200 輸出接點為 ON(上數)，由−10→−11時，C200 輸出接點變成 OFF，而輸出接點的 ON/OFF 不會影響 C200 之計數現值；亦即輸出接點因到達設定值而動作，但計數器本身只要計數脈波繼續輸入，它也繼續計數不停止。

3. 計數器除了計數脈波輸入外，在開始計數前必須先將計數器歸零。換言之，**必須要有復置信號，計數完成需要有復置信號將計數器歸零，才能繼續下一次計數**。此部份與計時器不同，計時器是自動復置，請特別注意此差異。

4. 若是 32位元計數器(C200～C234)，尚需指定上/下數，由 M8200～M8234 決定，ON時為下數，OFF時為上數。

> **範例**　用輸入(X0)作復置信號與X1撥動開關多次作脈波輸入9而X3是規劃計數器的上下數功能，這個範例目的是方便測試計數器功能。

- X3→OFF 時表示上數，計數脈波 X1→ON/OFF 共 10 次，則 C201→ON 且令 Y0 動作。
- X3→ON 時表示下數，當X1→ON/OFF動作 1 次後，計數器的值會被減 1，只要 C201計數器的值小於 10 則 Y0 會被取消激磁。

範例　　高速計數器應用

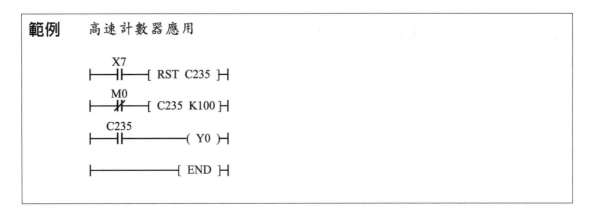

6-2　計時器

　　計時器的動作方式可分為2種，通電計時器與斷電計時器。當加算計數可程式控制器內的時鐘脈波(1ms、10ms、100ms)計數值達到預設的設定值時，其輸出接點即動作。其設定值可使用程式記憶體內的常數 K 直接設定或使用儲存於資料暫存器(D)中的數值間接設定。

6-2-1　計時器的種類

編號	時基	設定值	備註
T0～T199 共 200 點	100ms	0.1～3276.7 秒	T192～T199 副程式用
T200～T245 共 46 點	10ms	0.01～327.67 秒	
T246～T249 共 4 點	1ms	0.001～32.767 秒	停電保持
T250～T255 共 6 點	100ms	0.1～3276.7 秒	停電保持

　　計時器T0～T255 以功能區可分一般用型與停電保持型，使用時要注意其設定值範圍。接點的動作時序為計時器線圈驅動後，計時器開始計時，當到達計時值(設定值)後，程式執行該計時器線圈激磁命令，計時器輸出接點動作。

■ 6-2-2　計時器的基本用法

1.　T0～T245：一般型計時器

　　(1)　階梯圖表示：

```
      X000
0     ┤├─────────────────────────────( T100    K10  )
      T100
4     ┤├─────────────────────────────(  Y000 )
6     ────────────────────────────────[  END  ]
```

　　(2)　程式寫法：

```
0   LD    X0
1   OUT   T100  K10
4   LD    T100
5   OUT   Y0
6   END
```

　　(3)　測定方式：

　　　①　當 X0→ON，T100計時器開始計時，當計時至 1 秒(100ms*10 ＝ 1 秒)時，則 T100 電驛動作且 Y0 動作。

　　　②　當X0→OFF，則Y0回復沒有激磁狀態。X0→ON，1 秒後Y0又動作。但是如果控制器斷電後，計時器的值將復置，並且從頭開始計時。

2.　T246～T255 停電保持

　　(1)　階梯圖：

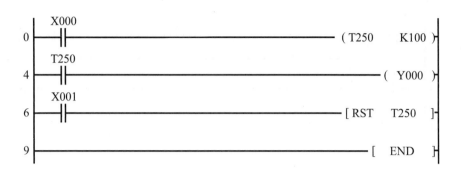

(2)　程式寫法：

```
0   LD    X0
1   OUT   T250  K100
4   LD    T250
5   OUT   Y0
6   LD    X1
7   RST   T250
8   END
```

(3)　測定方式：

①　當X0→ON，T250動作，10秒後Y0動作。如將X0→OFF，Y0還是亮。此時將電源關閉，適當時間後再送入電源，Y0還是亮，這就是停電保持。

②　將 X1→ON，則 Y0回復沒有激磁狀態，表示 T250 被復置。故停電保持型需另加電路才能復置。

③　若將設定值改為10秒，計時到6秒後即關電源，適當時間再送入電源，則計時器繼續計時4秒後接點動作，這是所謂的保持型**積算動作**。

　　而上述所使用的方法皆為直接設定，我們也可以利用間接的方式來設定計時時間，如下圖的範例說明，將常數值12傳送到D0暫存器，計時器 T100 使用 D0 暫存器內容計時，若 PLC 另外接上類似人機介面的輸入裝置，使用者或作業人員可透過此類輸入裝置去設定D0的數值，不必再透過PLC的書寫器或PC連線去修改T100的時間值。

```
        X000
0       ├┤├─────┬──────────────────────────[ MOVP  K12   DO ]┤
                │
                └──────────────────────────( T100  DO )┤
        X001
9       ├┤├──────────────────────────────────────( Y000 )┤

11      ─────────────────────────────────────────[  END ]┤
```

■ 6-2-3　精選範例

1. ON-Timer(通電延時)

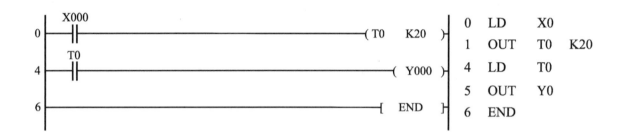

```
        X000
0       ├┤├──────────────────────────────( T0    K20 )       0  LD    X0
        T0                                                    1  OUT   T0   K20
4       ├┤├──────────────────────────────( Y000 )            4  LD    T0
                                                              5  OUT   Y0
6       ──────────────────────────────────[ END ]            6  END
```

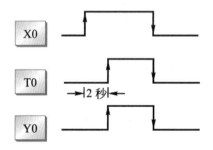

(1) 首先查出 T0 計時器的時基是 100ms，100ms*10 ＝ 1s。

(2) 當 X0→ON 時，兩秒後 Y0 指示燈亮。

2. OFF-Timer(斷電延時)

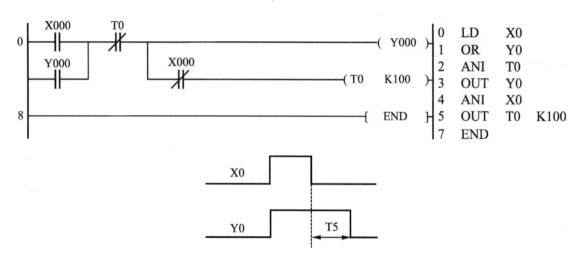

(1) 當 X0→ON，則 Y0→ON。

(2) 當 X0 由 ON→OFF 時，Y0 由計時器控制而延後 OFF。

3. 停電保持計時器

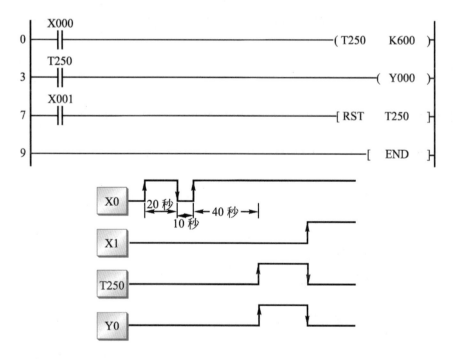

(1) 先將 X0→ON，待 20 秒後將 X0→OFF(10 秒)(或將 PLC 電源開閉 10 秒)，然後再將 X0→ON，會發覺 T250 原先計時的 20 秒會保留，且會從 20 秒開始計算，一直到 60 秒後才會動作。

6-3 範例操作

1. 單點閃爍迴路

以 T1 和 T2 設計一閃爍電路，控制 Y0 閃爍。

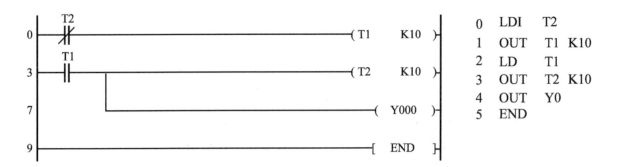

```
0   LDI   T2
1   OUT   T1 K10
2   LD    T1
3   OUT   T2 K10
4   OUT   Y0
5   END
```

2. 兩燈互閃迴路

以 M8013 之特殊電驛的 a、b 接點，控制 Y1 和 Y2 交互閃爍。

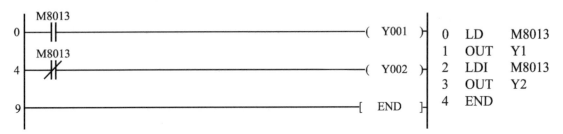

```
0   LD    M8013
1   OUT   Y1
2   LDI   M8013
3   OUT   Y2
4   END
```

以 T2 和 T3 設計一閃爍迴路，控制 Y2 及 Y3 互閃。

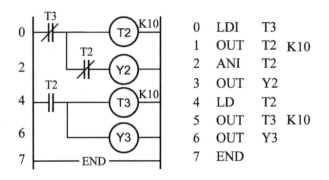

```
0   LDI   T3
1   OUT   T2 K10
2   ANI   T2
3   OUT   Y2
4   LD    T2
5   OUT   T3 K10
6   OUT   Y3
7   END
```

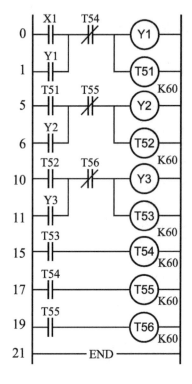

3. 延遲啟動＋延遲停止計時器應用

以計時器控制 Y1，使其延遲啟動及延遲停止。

0	LD	X1	
1	ANI	T2	
2	OUT	T1	K10
3	LD	T1	
4	OR	M2	
5	ANI	T2	
6	OUT	M2	
7	LD	M2	
8	ANI	X1	
9	OUT	T2	K10
10	LD	M2	
11	OUT	Y1	
12	END		

4. 停電保持計時器

以範例說明，何謂停電保持計時器及使用方法。

0	LD	X1	
1	OUT	T251	K60
2	LD	T251	
3	OUT	T252	K60
4	LD	T252	
5	OUT	Y1	
6	LD	X2	
7	RST	T251	
8	RST	T252	
9	END		

5. 順序啟動，順序停止

計時器的接點依序在前一迴路上，使形成斷路。

0	LD	X1	11	OR	Y3
1	OR	Y1	12	ANI	T56
2	ANI	T54	13	OUT	T53 K60
3	OUT	Y1	14	OUT	Y3
4	OUT	T51 K60	15	LD	T53
5	LD	T51	16	OUT	T54 K60
6	OR	Y2	17	LD	T54
7	ANI	T55	18	OUT	T55 K60
8	OUT	Y2	19	LD	T55
9	OUT	T52 K60	20	OUT	T56 K60
10	LD	T52	21	END	

6. 以計數器代替計時器用法

　　M8013是脈波產生器(1sec)，它是接點型，只要 PLC → ON，就產生脈波。本範例是 M8013 的 1 秒脈波產生 60 次之後 Y1 啟動，也就是延遲一分鐘後 Y1 動作。

7. 計數器的相加

　　以兩個計數器串聯輸出達到AND效果。

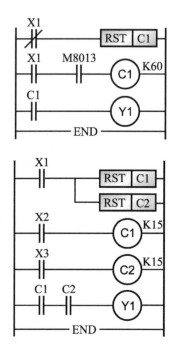

8. 計時器＋計數器(Delay 12 hour)

以每一分鐘(100ms × 600 = 60 sec = 1 min)輸入一脈波到計數器C1，C1的設定值為720，故為12 hour後Y1動作。

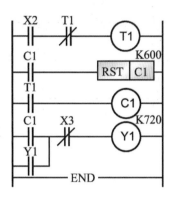

9. 24 hour定時器

以一系列計數器，達到定時24 hour的要求。C1計數器K = 60，共60 sec；C2的K = 60，共60 min；C3的K = 24，這表示計時24小時後Y1動作。

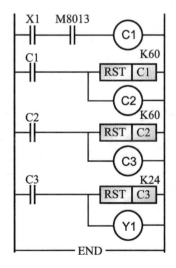

問題與討論

1. 試分析下圖電路動作與程式指令,並繪出 T0 之時序圖。

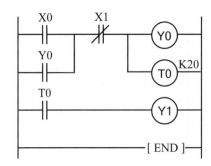

2. 試將階梯圖電路以指令語言寫出。

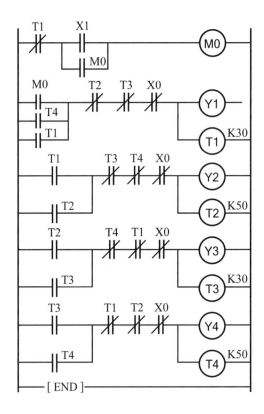

3. 試分析計數器之狀態時序動作。

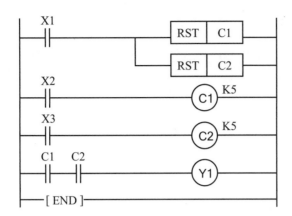

4. 試說明計時器與計數器之整合電路,並繪出時序狀態。

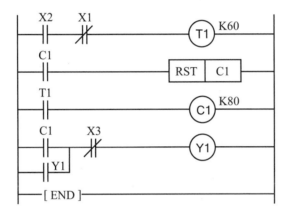

5. 試描述下圖之動作流程。

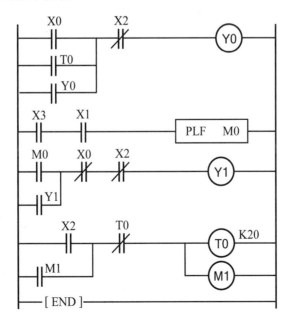

Chapter 7

步進階梯

7-1 步進階梯指令介紹

7-1-1 步進階梯命令

步進階梯命令是依據順序控制流程而產生的一種指令,讓使用者對於設計複雜控制電路能輕而易舉的達成。步進命令是以順序功能圖(Sequence Function Chart)或步進階梯圖(Step Ladder)兩者方式來表示,但不論使用何者,程式需依對負載的驅動方式,採用移行處理的順序來書寫。當然對於無負載的狀態,則負載的驅動處理是必要。狀態遷移圖中使用 S0～S899 合計 900 點的狀態繼電器,其中 S0～S19 為特殊目的使用,而狀態 S500～S899 具有停電保持功能,機械運轉中若發生停電復電後欲由停電前的工程繼續運轉,則可使用這些狀態。其使用說明如下:

1. 初始狀態用狀態點(S 0～S9……10點)

2. 原點復歸用狀態點(S10～S19……10點)

3. 一般用狀態點(S20～S499……480點)

4. 停電保持用狀態點(S500～S899……400點)

　　SFC 圖與 STL 圖之間的互換方式如下圖(a)(b)所示。而(c)所示的命令即為前述順序功能圖或步進階梯圖之可程式指令集。STL 命令為連接於左電力線的常開接點命令，接在 STL 接點後可以直接驅動線圈，亦可經由其他接點之組合應用於驅動線圈上，將接點與副母線連接時需使用 LD(LDI)命令，副母線欲回到主母線時需使用 RET(Return)命令。經STL 接點所驅動的狀態繼電器於其移行以後，前一個狀態會自動的被設定為OFF。

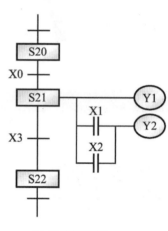

(a) 狀態遷移圖

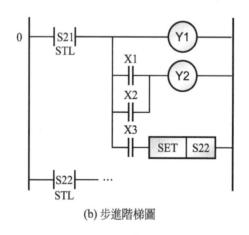

(b) 步進階梯圖

0. STL	S21
1. OUT	Y1
2. LD	X1
3. OR	X2
4. OUT	Y2
5. LD	X3
6. SET	S22
8. STL	S22

(c) 程式

▣ 7-1-2　步進命令應用說明

　　在步進階梯使用上，其又可分為(1)單一流程、(2)選擇性分歧、合流狀態、(3)並進分歧、合流狀態。以下我們將分別作一簡介。

1. **單一流程**

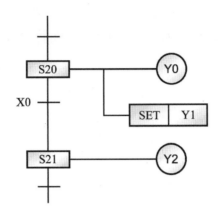

動作說明：

　　當狀態繼電器 S20 動作時，輸出 Y0、Y1 亦動作，等待轉移條件 X0 成立後，程式即跳至下一個步階狀態執行。換句話說，當 X0 成為 ON 動作狀態時，則步階狀態執行由 S20 變更為 S21(此時狀態繼電器 S20 變為 OFF)，此時狀態已經轉移至 S21，因此 Y0 不動作，而換成 Y2 動作，但因 Y1 由 SET 命令驅動，故仍保持動作。

2. **選擇性分歧、合流狀態**

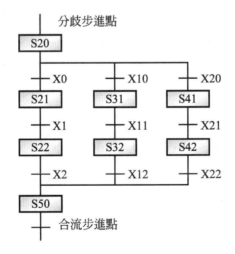

動作說明：

　　當多個流程當中只可選擇一個流程作步進動作時，我們稱之為選擇性分歧。如上圖的例子，X0、X10、X20 不可同時動作(ON)。例如：S20 正在

執行中,當 X0=ON 時,步進點移至 S21 動作,S20 變成不動作,因此與
X10 及 X20 有相關聯之步進點全部不動作。值得注意的是,選則條件 X0、
X10 和 X20 必需要具有互斥(XOR),否則將會導致程式產生多次執行的錯
誤狀態。

3. 並進分歧、合流狀態

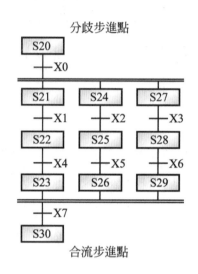

動作說明:

當多數個流程可以同時並行動作時,我們稱之為並進式分歧。如上圖所
示的例子,在S20運轉當中若X0=ON時,S21、S24 及 S27 全部同時動作。
當各流程的動作全被執行完成後,只要X7=ON一動作,則整個程序合流狀
態會進入步進點 S30=ON,前面的 S23、S26、S29 則全部不動作。

▣ 7-1-3 步進階梯程式設計注意事項

介紹基本的步進流程圖之使用架構後,接著將為各位做進一步步進流程圖之應
用說明以及使用規則,如選擇分歧合流(單發散、單收斂)與並進合流(多發散、多
收斂)的串並聯使用規則,其應用注意事項說明如下:

1. 兩組單發散(分支)之串聯結構

在作分支串聯結構中,為了讓程式指令集寫法更為通順,我們可以更改
順序流程圖之畫法,如下圖所示,我們將a分支與b分支之間串聯一個狀態

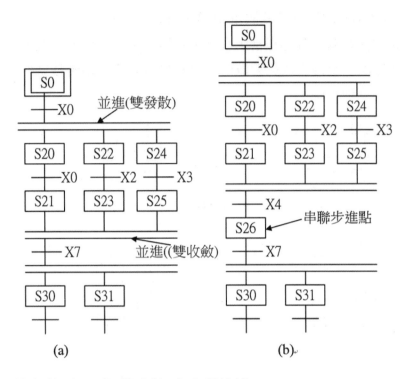

(a)   (b)

2.　並進(雙收斂)與並進(雙發散)之串聯結構

如下圖所示，在收斂與發散的串聯結構中，為了要使收斂與發散有明確性分別，我們會在收斂與發散的串聯結構之間串聯加入一個狀態點，這個步驟讓我們在程式的編寫上，使步驟與步驟之間的轉換更加明確。

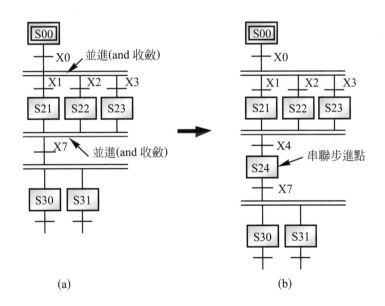

(a)   (b)

3. 分支(單收斂)與並進(雙發散)的串聯結構

如前面的圖形敘述相當，我們會在單收斂之後與雙發散前會在中間加入一個狀態點，使得收斂與發散的串聯結構有著明顯的轉移條件，以利於程式編寫上的條理清晰。

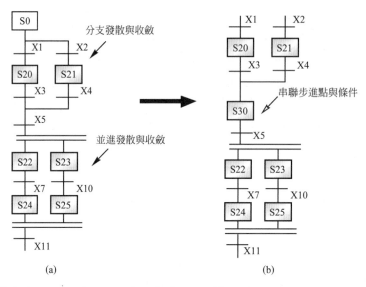

(a)　　　　　　　　(b)

4. 並進(雙收斂)與分支(單發散)之串聯結構

在雙收斂之後如果直接進入條件 X3，在進入單分支程式的流程控制，感覺上使得控制的流程順序不明確，因此我們可以在條件X3之後加入一個狀態點，使得控制流程與轉移條件更能突顯。

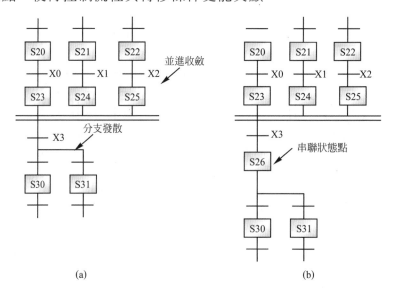

(a)　　　　　　　　(b)

5. 分支與分支的並聯結構

　　在單分支的並聯結構上如下圖(a)所示較不明確，若改爲下圖(b)的流程畫法則較爲簡明，而且當 X00、X01、X04、X10、X11、X14 之轉移條件整合在一起時，亦即形成各個獨立的分支判斷轉移條件，編輯程式上會更爲清楚明白。其中 X0 與 X01、X0 與 X4、X10 與 X11，X10 與 X14…等分別是執行 AND 動作。

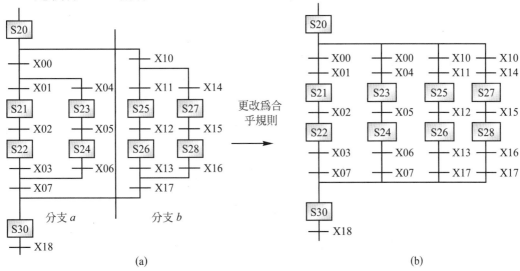

(a)　　　　　　　　　　　　　　　　　　　(b)

6. 收斂與發散的並聯結構

　　收斂與發散的並聯方式，我們將下圖(a)的順序調換，改爲下圖(b)以提出公因數一般，將收斂與發散的順序流程圖改爲更明確的畫法。

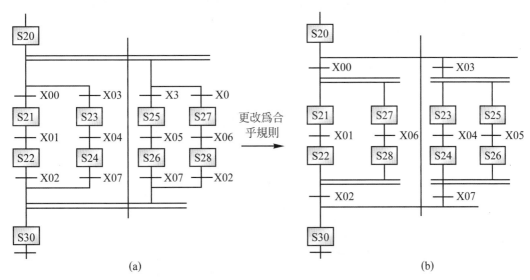

(a)　　　　　　　　　　　　　　　　　　　(b)

7-2 順序流程圖(SFC)程式設計方式

這裡我們以一個簡單閃爍電路為範例，介紹如何建立一個 SFC 程式專案及應用測試。

■ 7-2-1 GX Developer 軟體

1. 建立一個 SFC 專案

步驟1： 選擇[Project(專案)] [New(新專案)]功能表，或是點擊 ▯(新專案)。

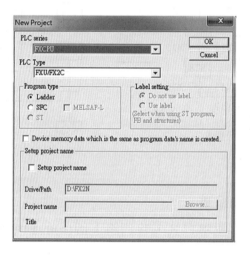

步驟2： 勾選SFC及Setup project name二個選項，然後指定專案名稱及路徑，最後按下[OK]按鈕。

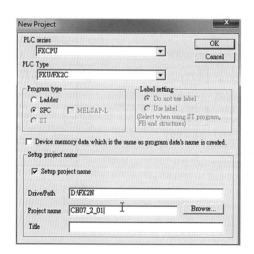

步驟 3： 如果專案為新建立，軟體會跳出如下之畫面。只要按 [是(Y)] 按鈕，即可開啟一個新專案。

步驟 4： 完成新建立如下畫面，此時程式內容都是空的。然後雙擊第 0 個 Block，如下圖所示。

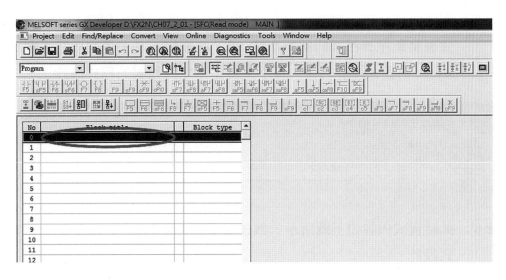

步驟 5： Block type 勾選為 [Ladder block] 及輸入 Block title 為 [LD Start]。然後點雙擊 [Execute] 按鈕。

步驟6： 程式畫面如下圖所示，區分為左側的LD Block區及右側的相對應階梯
圖程式設計區。因為本範例只展示一個開始順序流程圖啟始狀態，也就
是只有一個啟始狀態取得權杖。我們只要在右側的相對應階梯圖程式設
計區輸入如步驟7之程式即可。

步驟7： 程式內容只有一個迴路，當LD程式執行時，馬上[SET S0]。其表示程
式啟動順序流程圖的初始狀態 S0。然後按下左上角之按鈕去關閉 LD
Block的程式設計視窗，接下來就是順序流程圖的程式設計了。

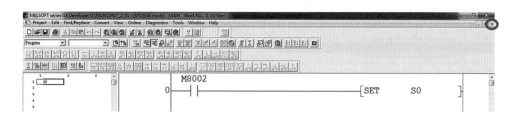

步驟8： 此時程式內容如下圖所示，然後雙擊第1個Block，開啟Block 1的程
式設計。

步驟9： 此時在Block type勾選為[SFC block]及在Block title欄位輸入[Main
SFC]。然後點雙擊[Execute]按鈕。

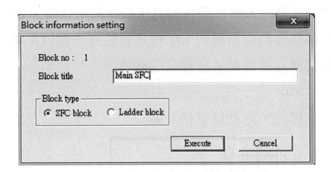

步驟 10：這時Main SFC的程式設計畫如下圖所。左側為SFC程式設計區，其依據7-1節介紹的順序流程圖設計技巧，也就是狀態及轉移條件之工作模式。而右側則是左側SFC程式的狀態及轉移條件之相對應LD程式設計區。這裡左側 SFC 程式的狀態及轉移條件都是[?]，表示其相對應的程式尚未設計。

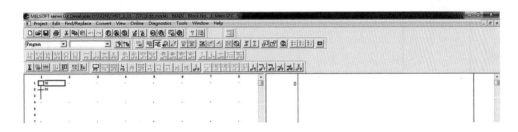

步驟 11：在 SFC 的程式區，設計如下之狀態流程圖。注意這裡的設計方式是依據 7-1 節所介紹的程式設計技巧。由一個狀態轉移至另一個狀態的方式，狀態轉移條件是由轉移條件的狀態控制。

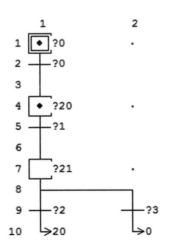

步驟12：然後再設計狀態及轉移條件相對應的右側階梯圖，如下圖所示。注意這
裡的轉移條件的相對應的 LD 程式只能有一個[TRAN]輸出線圈，因為
其狀態的真或假控制狀態權杖的轉移。

狀態 0：(S0)

不用設計程式，也就是空指令區

轉移條件 0：

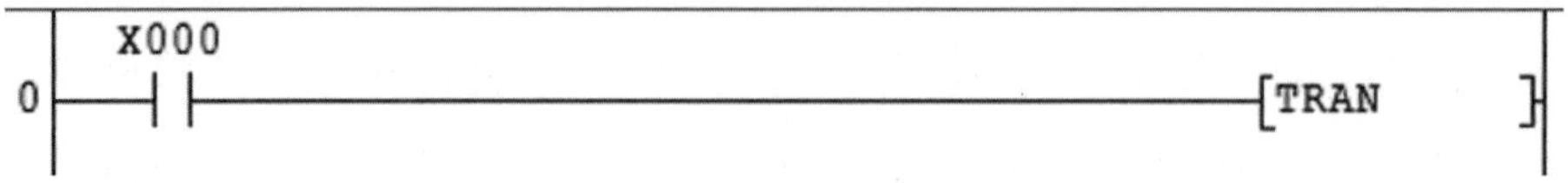

狀態 20：(S20)

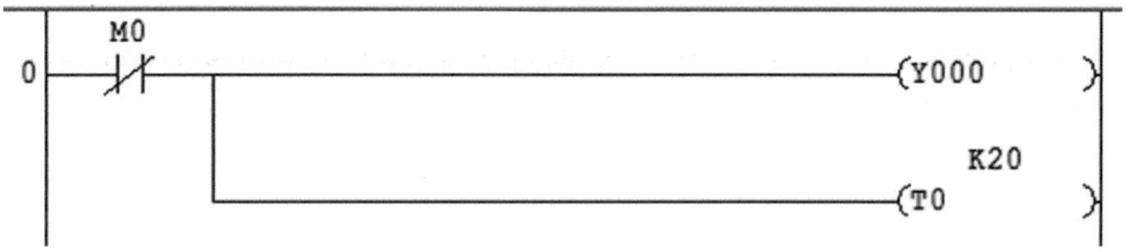

轉移條件 1：

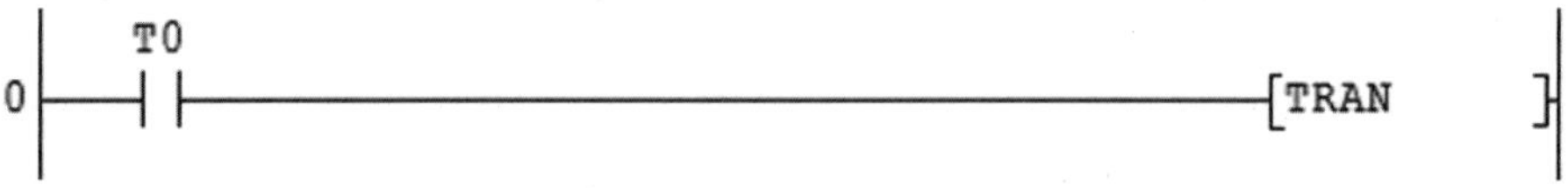

狀態 21：(S21)

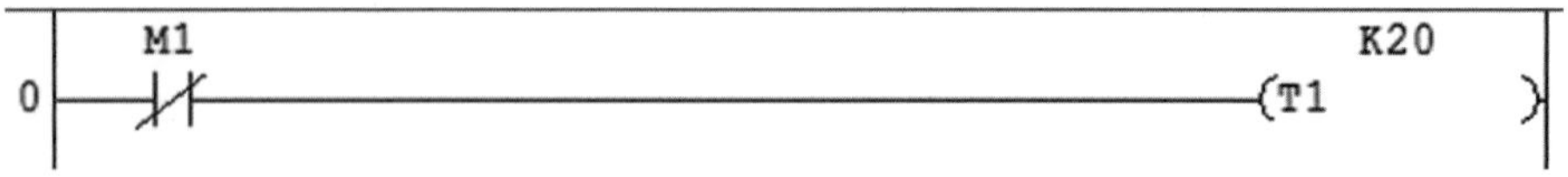

轉移條件 2：

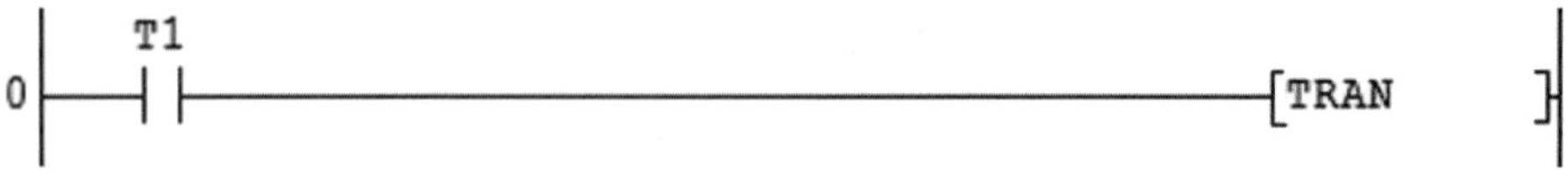

轉移條件3：

```
     X001
0 ├──┤ ├────────────────────────[TRAN    ]
```

步驟13：完成順序流程圖程式設計如下圖所示。當X0為ON時，狀態S0將權杖轉移給狀態S20，此時 Y0為 ON 且 T0開始計時。當 T0 計時到，轉移條件1將S20的權杖轉移給S21，此時S21的程式開始執行，也就是T1開始計時且 Y0為 OFF。S21 狀態下有一個分支，當轉移條件2為真時則強制程式跳至狀態S20，而如果當轉移條件3為為真時則強制程式跳至狀態S0。值得注意的是，轉移條件2及轉移條件3不能同時為真，不然程式會產生不可控現象。當 T1 計時到時，則程式跳至狀態 S20，重複 Y0 的閃爍控制。但是，當 X1 為真時，則程式跳至狀態 S0，進入初如等待狀態。

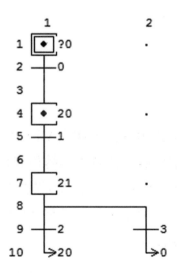

步驟14：注意要按一下[Convert all Block]如下圖所示。

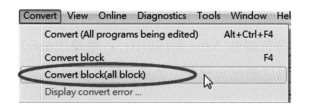

步驟15：注意，在進入程式模擬應用之前，記得要先儲存程式。然後，請在工具
列按下按鈕。程式動作如下圖所示，權杖進入S0狀態。

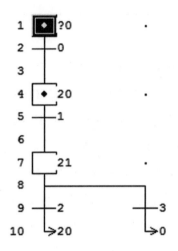

步驟16：點擊轉移條件0，此時相對應的LD程式區會展開如下圖所示。

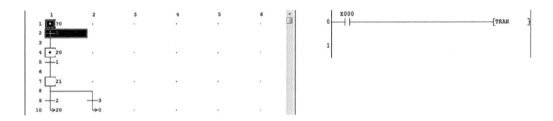

步驟17：模擬畫面的轉移條件0程式區觸點X0，然後[Shift] + 雙擊[Enter] 時，
可強制改變 X0 的狀態。此時因為轉移條件0已經改變至真，所以強制
將狀態S0轉移至狀態S20。開始Y0閃爍控制動作。注意，記得再觸點
X0，再[Shift] + 雙擊[Enter]，改變 X0 的狀態為 OFF，因為這個程式
只要一個觸發脈波即可。

步驟18：注意，記得再觸點 X0，再[Shift] + 雙擊[Enter]，改變 X0 的狀態為
OFF，因為這個程式只要一個觸發脈波即可。

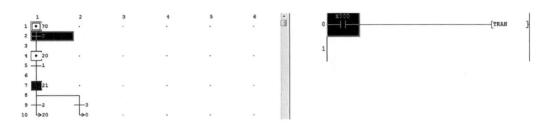

步驟 19：當要停止 Y0 閃爍控制動作，只要強制 X1 的狀態為真一次即可強制程
式回到狀態 S0。

缺圖

步驟 20：點擊專案視窗[Tool]　[End ladder logic test]功能，或是點擊工具列的
按鈕時，可停止程式之模擬功能。　值得注意的是，當完成程式設計
的測試模擬，且設計程式整體功能沒有問題時，讀者可參考第 5 章介紹
的軟體操作方式，直接將程式寫入 PLC 中其進行 Monitor 監測工作。

2.　將 SFC 專案轉換至步進階梯圖

　　SFC 的程式設計方式是非常有系統設計概念，且不是每一個狀態及轉移條件
都有在執行中，因此程式的執行非常有效率。其具系統程式設計概念及執行效率優
點，值得大力採用。是可針對有些程式設計者，他們還是習慣在階梯圖設計方式。
在此，我們將展示如何將 SFC 程式轉換至階梯圖的步驟。

步驟 1：　針對上例的範例程式如下圖所示。

　　　　LD Start：

Main SFC：

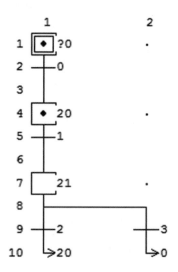

步驟 2： 點擊專案視窗[Project] [Edit Data/Change program type …]功能，
可將 SFC 程式轉換至 Ladder 程式。

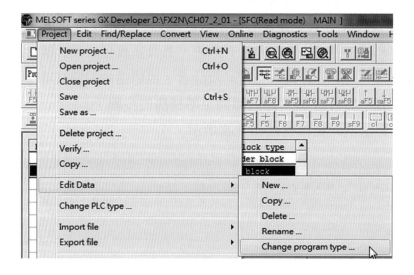

步驟 3： 勾選 Program type 為[Ladder]如下圖所示。然後點擊按鈕即可執行程
式轉換的工作。

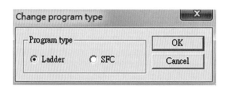

步驟4：轉換完成如下圖所示。

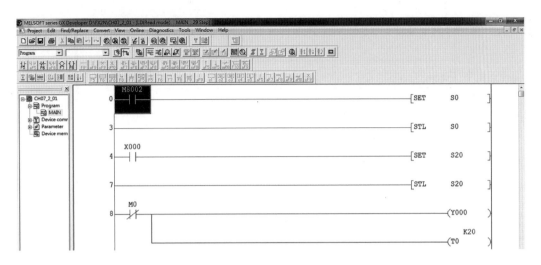

步驟5：如果沒有出現如上圖所示之轉換完成之階梯圖。只要點擊專案視窗
[View] [Project data list]功能即會出現。

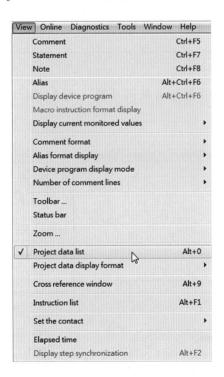

步驟6：最後完成轉換的階梯圖程式如下圖所示，其是完全附合步進階梯圖程式
設計技巧。但是如果讀者的程式沒有依據 SFC 程式設計要求，則轉換

出的 Ladder 程式可能會不附合要求或是欲期結果。

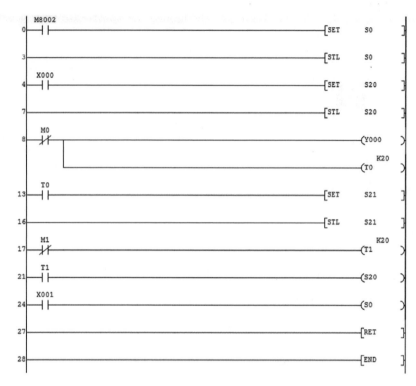

根據以上之步驟,使用者也可依同步驟,從 Ladder 程式轉換至 SFC 程式。
步驟1:

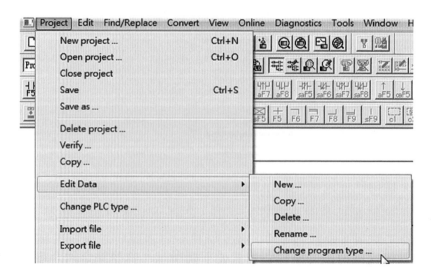

步驟 2：

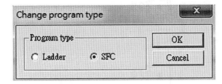

步驟 3：

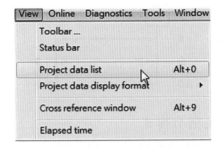

步驟 4：

步驟 5：

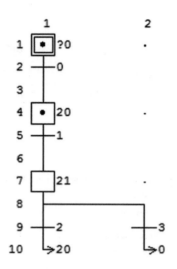

3. 將步進階梯圖轉換至指令程式

步驟1 : 假設已經將SFC程式轉換至Ladder程式後,只要點擊專案視窗[View]
[Instrument list]功能,或是按下工具列的按鈕,即會將Ladder程式轉
換至指令畫面。

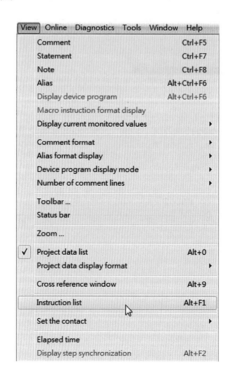

步驟2： 將Ladder程式轉換至指令的結果畫面如下圖所示。

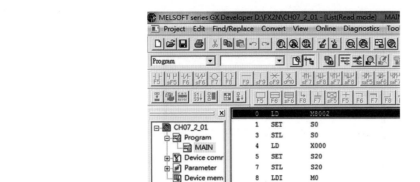

7-2-2　GX work2

依據7-2-1的範例程式，我們將再用GX work2編輯軟體示範一下SFC程式設計步驟及技巧。

1. 建立一個SFC專案

步驟1： 選擇[Project(專案)] [New(新專案)]功能表，或是點擊(新專案)。設定Series為FXCPU, Type炭FXU/FX2C, Project type為Simple Project, Language為SFC，如下圖所示，然後按下[OK]按鈕。

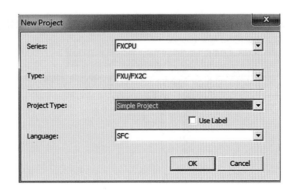

步驟2： 設定Title爲LD Start, Block Type爲Ladder Block，然後按下[Execute]
按鈕

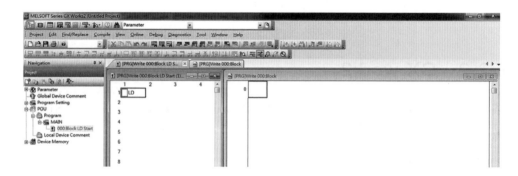

步驟3： 程式畫面如下圖所示，區分爲左側的 LD Block 區及右側的相對應階梯
圖程式設計區。因爲本範例只展示一個開始順序流程圖啓始狀態，也就
是只有一個啓始狀態取得權杖。我們只要在右側的相對應階梯圖程式設
計區輸入如步驟7之程式即可。

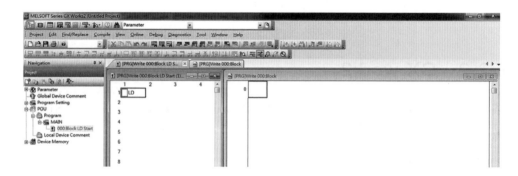

步驟4： 程式內容只有一個迴路，當LD程式執行時，馬上[SET S0]。其表示程
式啓動順序流程圖的初始狀態 S0。然後按下左上角之按鈕去關閉 LD
Block的程式設計視窗，接下來就是順序流程圖的程式設計了。

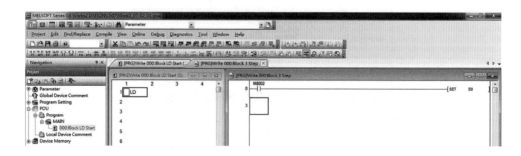

步驟 5 : 在專案區，觸點[MAIN]，然後按滑鼠右鍵，即可開啟新增程式的畫面。

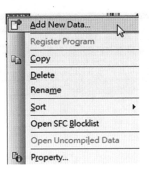

步驟 6 : 然後按下[OK]按鈕即可新增 Block 1 程式。

步驟 7 : 在 Block 1 的 Data Name 中，將 Title 改為 Main SFC 及 Block Type 是
SFC Block。然後按下[Execute]按鈕即可新增 Main SFC 程式。

步驟8： 完成專案畫面如下，Main SFC 的程式內容都是空的。

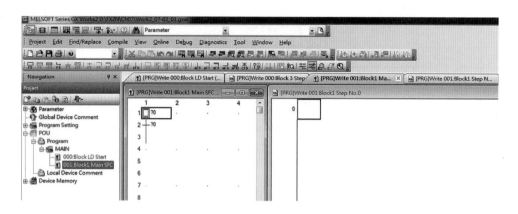

步驟9： 按下[Save]按鈕去儲存程式如下畫面。

步驟10：這時Main SFC的程式設計畫如下圖所。左側為SFC程式設計區，其依
　　　　據7-1節介紹的順序流程圖設計技巧，也就是狀態及轉移條件之工作模
　　　　式。而右側則是左側SFC程式的狀態及轉移條件之相對應LD程式設計
　　　　區。這裡左側SFC程式的狀態及轉移條件都是[?]，表示其相對應的程
　　　　式尚未設計。

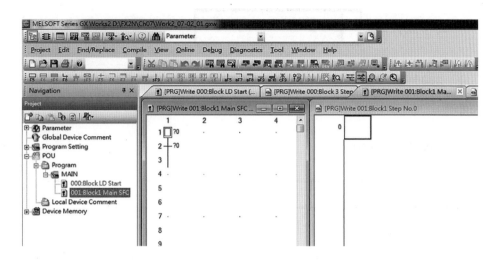

步驟 11：在 SFC 的程式區，設計如下之狀態流程圖。注意這裡的設計方式是依
據 7-1 節所介紹的程式設計技巧。由一個狀態轉移至另一個狀態的方
式，狀態轉移條件是由轉移條件的狀態控制。

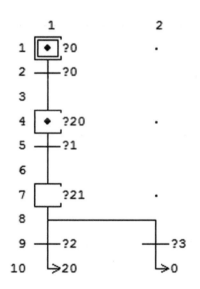

步驟 12：然後再設計狀態及轉移條件相對應的右側階梯圖，如下圖所示。注意這
裡的轉移條件的相對應的 LD 程式只能有一個[TRAN]輸出線圈，因為
其狀態的真或假控制狀態權杖的轉移。

狀態 0：(S0)

不用設計程式，也就是空指令區

轉移條件 0：

```
      X000
0 ────┤ ├─────────────────────────[TRAN  ]
```

狀態 20：(S20)

```
      M0
0 ────┤/├────┬────────────────────(Y000  )
             │                      K20
             └────────────────────(T0    )
```

轉移條件 1：

```
      T0
0 ────┤ ├─────────────────────────[TRAN  ]
```

狀態 21：(S21)

```
      M1                            K20
0 ────┤/├─────────────────────────(T1    )
```

轉移條件 2：

```
      T1
0 ────┤ ├─────────────────────────[TRAN  ]
```

轉移條件 3：

```
      X001
0 ────┤ ├─────────────────────────[TRAN  ]
```

步驟13：完成順序流程圖程式設計如下圖所示。當X0為ON時，狀態S0將權杖轉移給狀態S20，此時Y0為ON且T0開始計時。當T0計時到，轉移條件1將S20的權杖轉移給S21，此時S21的程式開始執行，也就是T1開始計時且Y0為OFF。S21狀態下有一個分支，當轉移條件2為真時則強制程式跳至狀態S20，而如果當轉移條件3為為真時則強制程式跳至狀態S0。值得注意的是，轉移條件2及轉移條件3不能同時為真，不然程式會產生不可控現象。當T1計時到時，則程式跳至狀態S20，重複Y0的閃爍控制。但是，當X1為真時，則程式跳至狀態S0，進入初如等待狀態。

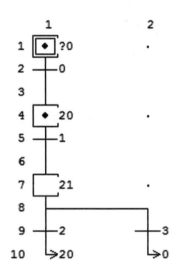

步驟14：注意要按一下[Convert Block]及[Build]如下圖所示。

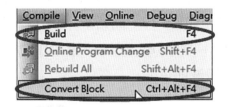

步驟15：注意，在進入程式模擬應用之前，記得要先儲存程式。然後，點擊專案
視窗[Debug]→[Start/Stop Simulation]功能，或是點擊工具列的 🖳 按
鈕時，可啟動程式之模擬功能。程式動作如下圖所示，權杖進入S0狀態。

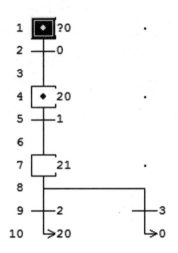

步驟16：點擊轉移條件0，此時相對應的LD程式區會展開，如下圖所示。

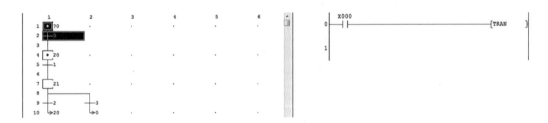

步驟17：模擬畫面的轉移條件0程式區觸點X0，然後[Shift] + 雙擊[Enter] 時，
可強制改變 X0 的狀態。此時因為轉移條件0已經改變至真，所以強制
將狀態S0轉移至狀態S20。開始Y0閃爍控制動作。注意，記得再觸點
X0，再[Shift] + 雙擊[Enter]，改變X0的狀態為 OFF，因為這個程式
只要一個觸發脈波即可。

步驟 18：注意，記得再觸點 X0，再[Shift] ＋ 雙擊[Enter]，改變 X0 的狀態為
OFF，因為這個程式只要一個觸發脈波即可。

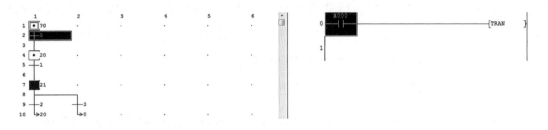

步驟 19：當要停止 Y0 閃爍控制動作，只要強制 X1 的狀態為真一次即可強制程
式回到狀態 S0。

缺圖

步驟 20：點擊專案視窗[Debug]→[Start/Stop Simulation]功能，或是點擊工具
列的按鈕時，可停止程式之模擬功能。

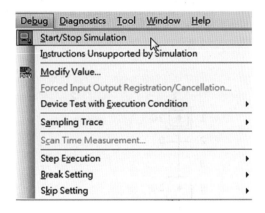

　　值得注意的是，當完成程式設計的測試模擬，且設計程式整體功能沒有問題
時，讀者可參考第 5 章介紹的軟體操作方式，直接將程式寫入PLC中其進行Monitor
監測工作。

2. 將SFC專案轉換至步進階梯圖

SFC 的程式設計方式是非常有系統設計概念,且不是每一個狀態及轉移條件都有在執行中,因此程式的執行非常有效率。其具系統程式設計概念及執行效率優點,值得大力採用。是可針對有些程式設計者,他們還是習慣在階梯圖設計方式。在此,我們將展示如何將SFC程式轉換至階梯圖的步驟。

步驟1: 針對上例的範例程式如下圖所示。

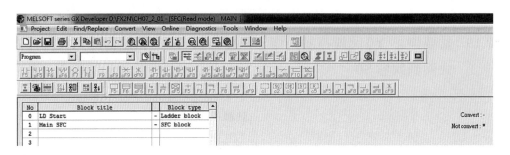

LD Start :

Main SFC :

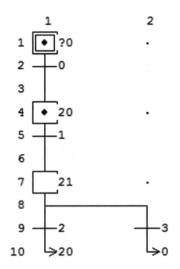

步驟 2： 點擊專案視窗[Project]→[Change Project Type]功能，可將 SFC 程式
轉換至 Ladder 程式。

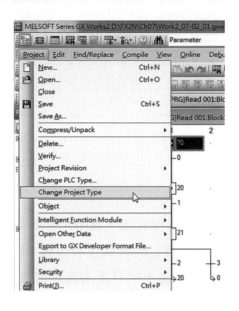

步驟 3： 在 Change Tyep 內勾選[Change program Language type]，如下圖所
示。然後點擊 ▨ OK ▨ 按鈕即可執行程式轉換的工作。

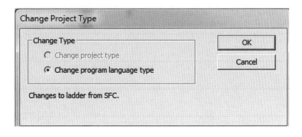

步驟 4： 出現轉換提示，按下[確定]按鈕即可進行轉換。

步驟5： 轉換完成如下圖所示。

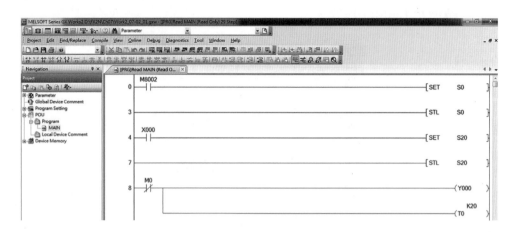

步驟6： 最後完成轉換的階梯圖程式如下圖所示，其是完全附合步進階梯圖程式
設計技巧。但是如果讀者的程式沒有依據 SFC 程式設計要求，則轉換
出的 Ladder 程式可能會不附合要求或是欲期結果。

```
       M8002
 0 ────┤├──────────────────────────────────[SET    S0  ]

 3 ──────────────────────────────────────────[STL    S0  ]

       X000
 4 ────┤├──────────────────────────────────[SET    S20 ]

 7 ──────────────────────────────────────────[STL    S20 ]

       M0
 8 ────┤╱├──────────────────────────────────(Y000    )
                                                  K20
                                              (T0     )

       T0
13 ────┤├──────────────────────────────────[SET    S21 ]

16 ──────────────────────────────────────────[STL    S21 ]
                                                  K20
       M1
17 ────┤╱├──────────────────────────────────(T1     )

       T1
21 ────┤├──────────────────────────────────(S20    )

       X001
24 ────┤├──────────────────────────────────(S0     )

27 ──────────────────────────────────────────[RET    ]

28 ──────────────────────────────────────────[END    ]
```

根據以上之步驟，使用者也可依同步驟，從 Ladder 程式轉換至 SFC 程式。

步驟 1：

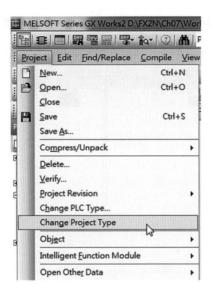

步驟 2：

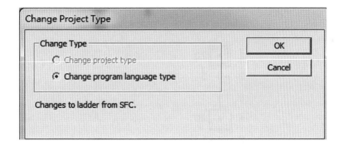

步驟 3：

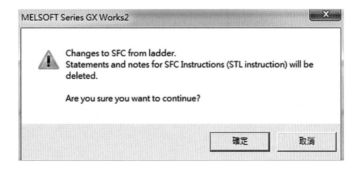

步驟 4：

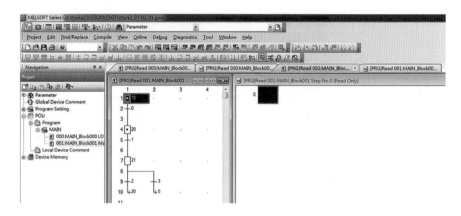

步驟 5：

```
     M8002
0 ───┤├──────────────────────────────[SET    S0    ]──┤
```

步驟 6：

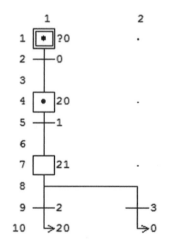

3. 將步進階梯圖轉換至指令程式

步驟1： 假設已經將SFC程式轉換至Ladder程式後，只要點擊專案視窗[Edit]→
[Write to CSV file]功能，即會將 Ladder 程式轉換至指令的程式輸出
至 CSV 檔案中。

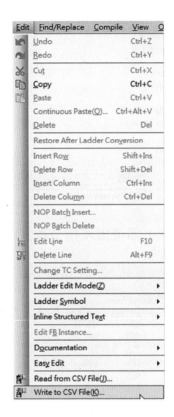

步驟2： 出現輸出檔案的提示視窗，按下[是(Y)]按鈕。

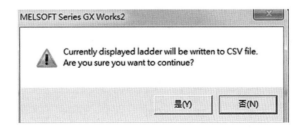

步驟3： 指定路徑及檔案名稱，然後按下[存檔(S)]按鈕即可。

步驟4： 開啟Main.csv檔案，即可出現指令程式內容了。

	A	B	C	D	E	F	G
1	Work2_07-02_01						
2	PLC Infor	FXCPU FXU/FX2C					
3	Step No.	Line State	Instruction	I/O(Device	Blank	PI Stateme	Note
4	0		LD	M8002			
5	1		SET	S0			
6	3		STL	S0			
7	4		LD	X000			
8	5		SET	S20			
9	7		STL	S20			
10	8		LDI	M0			
11	9		OUT	Y000			
12	10		OUT	T0			
13				K20			
14	13		LD	T0			
15	14		SET	S21			
16	16		STL	S21			
17	17		LDI	M1			
18	18		OUT	T1			
19				K20			
20	21		LD	T1			
21	22		OUT	S20			
22	24		LD	X001			
23	25		OUT	S0			
24	27		RET				
25	28		END				

7-3 順序流程圖(SFC)或步進階梯圖應用範例

7-3-1 應用一：紅綠燈

X4	閃爍按鈕
X5	啓動按鈕
Y0	東西向紅燈
Y1	東西向黃燈
Y2	東西向綠燈
Y3	南北向綠燈
Y4	南北向黃燈
Y5	南北向紅燈

1. 動作說明

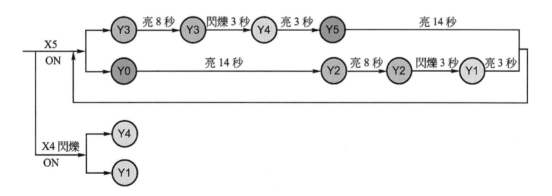

　　當按鈕 X5 啓動(ON)之後，程式開始順序作動，南北向綠燈(Y3)亮，東西向紅燈(Y0)亮，Y3 經過 8 秒後開始閃爍，3 秒之後亮黃燈(Y4)，再 3 秒後 Y5 紅燈亮，同時(東西向紅燈Y0)經過 14 秒等待的東西向紅燈(Y0)滅，同時換爲綠燈(Y2)亮，Y2 經過 8 秒後開始閃爍，3秒之後亮黃燈(Y1)，3秒後Y0紅燈亮，持續循環。

當按鈕 X4 啓動，則南北向黃燈 Y4 和東西向黃燈 Y1 持續閃爍。

2. 順序流程圖(SFC)

Main：

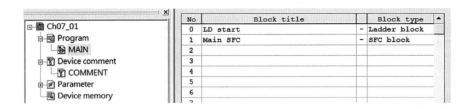

LD start：

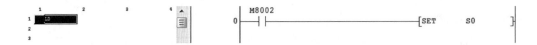

Main SFC：

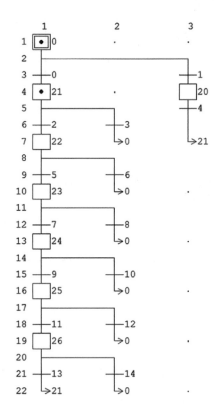

S0：

轉移條件 0

轉移條件 1：

S20：

轉移條件 4：

S21：

```
    M0
0 ──┤/├──┬──────────────────────────────(Y000    )
        │
        ├─────────────────────[SET    Y000    ]
        │
        ├─────────────────────[RST    Y005    ]
        │                                  K80
        └──────────────────────────────(T1      )
```

轉移條件 2：

```
    T1
0 ──┤├──────────────────────────────[TRAN    ]
```

轉移條件 3：

```
    X004
0 ──┤├──────────────────────────────[TRAN    ]
```

S22：

```
    M0                                     K30
0 ──┤/├─────────────────────────────(T2      )
    M8013
4 ──┤├──────────────────────────────(Y003    )
```

轉移條件 5：

```
    T2
0 ──┤├──────────────────────────────[TRAN    ]
```

轉移條件 6：

```
    X004
0 ──┤├──────────────────────────────[TRAN    ]
```

S23：

```
    M0
0───┤/├──────────────────────────────────(Y004  )
                    │
                    │                        K30
                    └───────────────────────(T3    )
```

轉移條件 7：

```
    T3
0───┤ ├──────────────────────────────────[TRAN  ]
```

轉移條件 8：

```
    X004
0───┤ ├──────────────────────────────────[TRAN  ]
```

S24：

```
    M0
0───┤/├──────────────────────────────────(Y002  )
        │
        ├─────────────────────────[SET    Y005  ]
        │
        ├─────────────────────────[RST    Y000  ]
        │                          K80
        └─────────────────────────(T4    )
```

轉移條件 9：

```
    T4
0───┤ ├──────────────────────────────────[TRAN  ]
```

轉移條件 10：

```
    X004
0───┤ ├──────────────────────────────────[TRAN  ]
```

S25：

```
       M0                                          K30
0 ─────┤/├──────────────────────────────────────(T5    )

       M8013
4 ─────┤ ├──────────────────────────────────────(Y002  )
```

轉移條件 11：

```
       T5
0 ─────┤ ├──────────────────────────────────────[TRAN  ]
```

轉移條件 12：

```
       X004
0 ─────┤ ├──────────────────────────────────────[TRAN  ]
```

S26：

```
       M0
0 ─────┤/├──────────────────────────────────────(Y001  )
             │
             │                                    K30
             └──────────────────────────────────(T6    )
```

轉移條件 13：

```
       T6
0 ─────┤ ├──────────────────────────────────────[TRAN  ]
```

轉移條件 14：

```
       X004
0 ─────┤ ├──────────────────────────────────────[TRAN  ]
```

3. 步進階梯圖(LD)

```
0  ┤M8002├──────────────────────────────[SET    S0 ]

3  ├──────────────────────────────────────[STL    S0 ]

     M0
4  ┤/├─┬───────────────────────────────[RST   Y000 ]
      │
      ├───────────────────────────────[RST   Y002 ]
      │
      └───────────────────────────────[RST   Y003 ]

     X005
8  ┤├─────────────────────────────────[SET   S21 ]

     X004
11 ┤├─────────────────────────────────[SET   S20 ]

14 ├──────────────────────────────────────[STL   S21 ]

     M0
15 ┤/├─┬──────────────────────────────────(Y000 )
      │
      ├──────────────────────────────[SET   Y000 ]
      │
      ├──────────────────────────────[RST   Y005 ]
      │                                      K80
      └──────────────────────────────────(T1  )

     T1
22 ┤├─────────────────────────────────[SET   S22 ]

     X004
28 ├──────────────────────────────────────[STL   S20 ]

     M8013
29 ┤├─┬────────────────────────────────(Y001 )
      │
      └────────────────────────────────(Y004 )

     X005
32 ┤├────────────────────────────────────(S21 )

35 ├──────────────────────────────────────[STL   S22 ]

     M0                                     K30
36 ┤/├────────────────────────────────────(T2  )

     M8013
40 ┤├────────────────────────────────────(Y003 )

     T2
42 ┤├─────────────────────────────────[SET   S23 ]
```

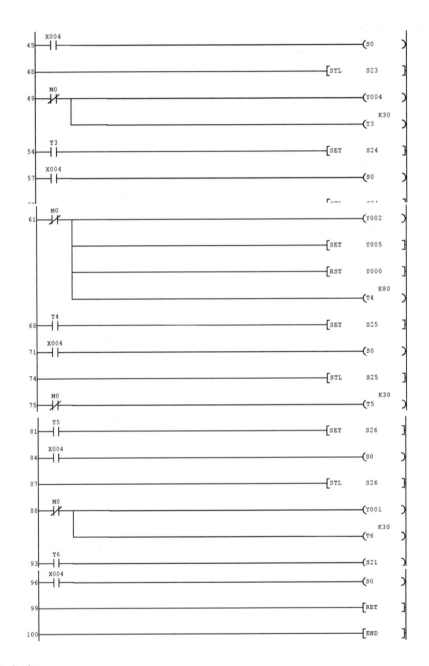

4. 指令表

0	LD	M8002	6	RST	Y002
1	SET	S0	7	RST	Y003
3	STL	S0	8	LD	X005
4	LDI	M0	9	SET	S21
5	RST	Y000	11	LD	X004

12	SET	S20			57	LD	X004	
14	STL	S21			58	OUT	S0	
15	LDI	M0			60	STL	S24	
16	OUT	Y000			61	LDI	M0	
17	SET	Y000			62	OUT	Y002	
18	RST	Y005			63	SET	Y005	
19	OUT	T1	K80		64	RST	Y000	
22	LD	T1			65	OUT	T4	K80
23	SET	S22			68	LD	T4	
25	LD	X004			69	SET	S25	
26	OUT	S0			71	LD	X004	
28	STL	S20			72	OUT	S0	
29	LD	M8013			74	STL	S25	
30	OUT	Y001			75	LDI	M0	
31	OUT	Y004			76	OUT	T5	K30
32	LD	X005			79	LD	M8013	
33	OUT	S21			80	OUT	Y002	
35	STL	S22			81	LD	T5	
36	LDI	M0			82	SET	S26	
37	OUT	T2	K30		84	LD	X004	
40	LD	M8013			85	OUT	S0	
41	OUT	Y003			87	STL	S26	
42	LD	T2			88	LDI	M0	
43	SET	S23			89	OUT	Y001	
45	LD	X004			90	OUT	T6	K30
46	OUT	S0			93	LD	T6	
48	STL	S23			94	OUT	S21	
49	LDI	M0			96	LD	X004	
50	OUT	Y004			97	OUT	S0	
51	OUT	T3	K30		99	RET		
54	LD	T3			100	END		
55	SET	S24						

7-3-2　大小鋼珠判別(分支與合流應用)

1. 示意圖

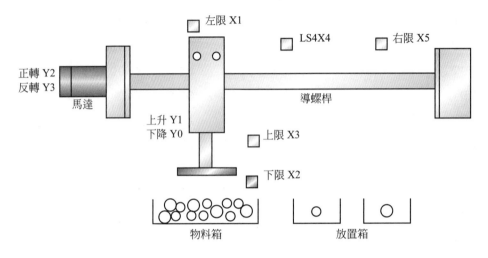

左限 X1
LS4X4
右限 X5
正轉 Y2
反轉 Y3
馬達
導螺桿
上升 Y1
下降 Y0
上限 X3
下限 X2
物料箱
放置箱

2. 動作流程

(1)　以氣壓缸加吸盤做大小鋼珠判別,並搬運到箱內。

(2)　原點→下降→吸盤→上升→右移→下降→釋放→上升→左移→原點。

(3)　機械手臂的吸盤碰到大鋼珠則下限(X2)不動作,但吸盤碰到小鋼珠時下限(X2)動作。故由 X2 的 ON 與 OFF 作分之選擇,安裝 X2 時請小心調整其位置。

(4)　分支共兩支,一為大鋼珠,另為小鋼珠。

(5)　吸盤可以是氣壓式吸盤,或線圈式電磁鐵,以後者為佳。

名稱	備註	I/O	名稱	備註	I/O
X0	啓動按鈕	輸入	Y0	下降	輸出
X1	左極限	輸入	Y1	上升	輸出
X2	下限	輸入	Y2	正轉	輸出
X3	上限	輸入	Y3	反轉	輸出
X4	LS	輸入	Y4	吸盤	輸出
X5	右極限	輸入			

3. 流程圖

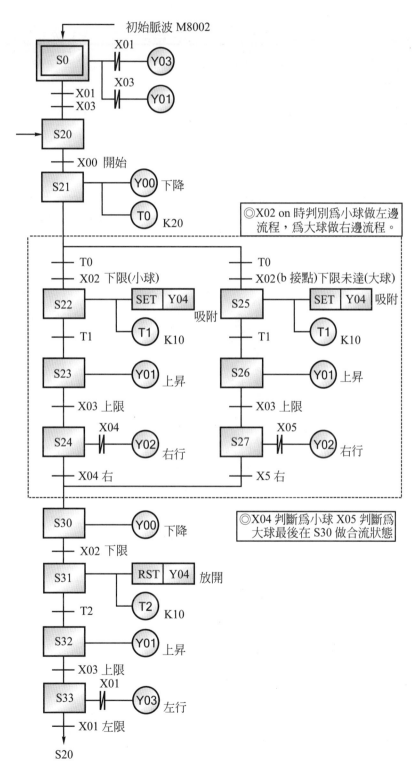

4. 順序流程圖(SFC)

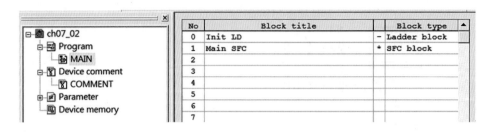

Init LD：

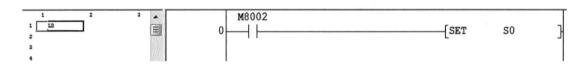

Main SFC：

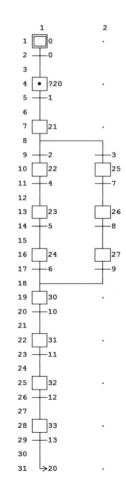

S0：

```
      X001
  0───┤/├──────────────────────────────────(Y003  )

      X003
  2───┤/├──────────────────────────────────(Y001  )
```

轉移條件 0

```
      X001    X003
  0───┤ ├─────┤ ├───────────────────────────[TRAN  ]
```

S20：

空的 LD 程式

轉移條件 1：

```
      X000
  0───┤ ├───────────────────────────────────[TRAN  ]
```

S21：

```
      M0
  0───┤/├──────┬────────────────────────────(Y000  )
               │
               │                          K20
               └────────────────────────(T0     )
```

轉移條件 2：（分支 1）

```
      T0      X002
  0───┤ ├─────┤ ├───────────────────────────[TRAN  ]
```

S22：

```
      M0
  0───┤/├──────┬─────────────────[SET     Y004  ]
               │
               │                       K10
               └───────────────────(T1     )
```

轉移條件 4：

```
    T1
0 ──┤├──────────────────────────────────────[TRAN   ]
```

S23：

```
    M0
0 ──┤/├──────────────────────────────────────(Y001  )
```

轉移條件 5：

```
    X003
0 ──┤├──────────────────────────────────────[TRAN   ]
```

S24：

```
    X004
0 ──┤/├──────────────────────────────────────(Y002  )
```

轉移條件 6：(分支 1 合流)

```
    X004
0 ──┤├──────────────────────────────────────[TRAN   ]
```

轉移條件 3：(分支 2)

```
    T0    X002
0 ──┤├───┤/├────────────────────────────────[TRAN   ]
```

S25：

```
    M0
0 ──┤/├──┬───────────────────────────[SET    Y004  ]
         │                                    K10
         └───────────────────────────────(T1      )
```

轉移條件7：

```
    T1                                    ┌
0├──┤ ├──────────────────────────────────[TRAN    ┤├
                                          └
```

S26：

```
    M0
0├──┤/├──────────────────────────────────(Y001   )┤├
```

轉移條件8：

```
    X003                                  ┌
0├──┤ ├──────────────────────────────────[TRAN    ┤├
                                          └
```

S27：

```
    X005
0├──┤/├──────────────────────────────────(Y002   )┤├
```

轉移條件9：(分支2合流)

```
    X005                                  ┌
0├──┤ ├──────────────────────────────────[TRAN    ┤├
                                          └
```

S30：

```
    M0
0├──┤/├──────────────────────────────────(Y000   )┤├
```

轉移條件10：

```
    X002                                  ┌
0├──┤ ├──────────────────────────────────[TRAN    ┤├
                                          └
```

S31：

```
        M0
  0 ────/├──┬──────────────────────[RST    Y004 ]
           │
           │                               K10
           └───────────────────────────(T2       )
```

轉移條件 11：

```
        T2
  0 ────┤├───────────────────────────────[TRAN ]
```

S32：

```
        M0
  0 ────/├───────────────────────────────(Y001  )
```

轉移條件 12：

```
        X003
  0 ────┤├───────────────────────────────[TRAN ]
```

S33：

```
        X001
  0 ────/├───────────────────────────────(Y003  )
```

轉移條件 13：

```
        X001
  0 ────┤├───────────────────────────────[TRAN ]
```

5. 步進階梯圖(LD)

```
0    M8002
     ─┤├─────────────────────────────────────────[SET    S0    ]

3    ─────────────────────────────────────────────[STL    S0    ]

4    X001
     ─┤/├─────────────────────────────────────────(Y003  )

6    X003
     ─┤/├─────────────────────────────────────────(Y001  )

8    X001    X003
     ─┤├──────┤├──────────────────────────────────[SET    S20   ]

12   ─────────────────────────────────────────────[STL    S20   ]

13   X000
     ─┤├──────────────────────────────────────────[SET    S21   ]

16   ─────────────────────────────────────────────[STL    S21   ]

17   M0
     ─┤/├─────────────────────────────────────────(Y000  )
                                                              K20
     ────────────────────────────────────────────(T0    )


22   T0      X002
     ─┤├──────┤├──────────────────────────────────[SET    S22   ]

26   T0      X002
     ─┤├──────┤/├─────────────────────────────────[SET    S25   ]

30   ─────────────────────────────────────────────[STL    S22   ]

31   M0
     ─┤/├─────────────────────────────────────────[SET    Y004  ]
                                                              K10
     ────────────────────────────────────────────(T1    )

36   T1
     ─┤├──────────────────────────────────────────[SET    S23   ]

39   ─────────────────────────────────────────────[STL    S25   ]

40   M0
     ─┤/├─────────────────────────────────────────[SET    Y004  ]
                                                              K10
     ────────────────────────────────────────────(T1    )
```

```
          T1
45       ─┤├─                                        ─[ SET    S26  ]

48       ─────────────────────────────────────────  ─[ STL    S23  ]

          M0
49       ─┤/├─                                        ─( Y001  )

          X003
51       ─┤├─                                        ─[ SET    S24  ]

54       ─────────────────────────────────────────  ─[ STL    S26  ]

          M0
55       ─┤/├─                                        ─( Y001  )

          X003
57       ─┤├─                                        ─[ SET    S27  ]

60       ─────────────────────────────────────────  ─[ STL    S24  ]

          X004
61       ─┤/├─                                        ─( Y002  )


63       ─────────────────────────────────────────  ─[ STL    S27  ]

          X005
64       ─┤/├─                                        ─( Y002  )

66       ─────────────────────────────────────────  ─[ STL    S24  ]

          X004
67       ─┤├─                                        ─[ SET    S30  ]


70       ─────────────────────────────────────────  ─[ STL    S27  ]

          X005
71       ─┤├─                                        ─[ SET    S30  ]

74       ─────────────────────────────────────────  ─[ STL    S30  ]

          M0
75       ─┤/├─                                        ─( Y000  )

          X002
77       ─┤├─                                        ─[ SET    S31  ]

80       ─────────────────────────────────────────  ─[ STL    S31  ]

          M0
81       ─┤/├─┬─                                      ─[ RST    Y004 ]
              │                                          K10
              └──────────────────────────────────     ─( T2    )

          T2
86       ─┤├─                                        ─[ SET    S32  ]

89       ─────────────────────────────────────────  ─[ STL    S32  ]
```

6. 指令表

0	LD	M8002		23	AND	X002	
1	SET	S0		24	SET	S22	
3	STL	S0		26	LD	T0	
4	LDI	X001		27	ANI	X002	
5	OUT	Y003		28	SET	S25	
6	LDI	X003		30	STL	S22	
7	OUT	Y001		31	LDI	M0	
8	LD	X001		32	SET	Y004	
9	AND	X003		33	OUT	T1	K10
10	SET	S20		36	LD	T1	
12	STL	S20		37	SET	S23	
13	LD	X000		39	STL	S25	
14	SET	S21		40	LDI	M0	
16	STL	S21		41	SET	Y004	
17	LDI	M0		42	OUT	T1	K10
18	OUT	Y000		45	LD	T1	
19	OUT	T0	K20	46	SET	S26	
22	LD	T0		48	STL	S23	

49	LDI	M0		75	LDI	M0
50	OUT	Y001		76	OUT	Y000
51	LD	X003		77	LD	X002
52	SET	S24		78	SET	S31
54	STL	S26		80	STL	S31
55	LDI	M0		81	LDI	M0
56	OUT	Y001		82	RST	Y004
57	LD	X003		83	OUT	T2	K10
58	SET	S27		86	LD	T2
60	STL	S24		87	SET	S32
61	LDI	X004		89	STL	S32
62	OUT	Y002		90	LDI	M0
63	STL	S27		91	OUT	Y001
64	LDI	X005		92	LD	X003
65	OUT	Y002		93	SET	S33
66	STL	S24		95	STL	S33
67	LD	X004		96	LDI	X001
68	SET	S30		97	OUT	Y003
70	STL	S27		98	LD	X001
71	LD	X005		99	OUT	S20
72	SET	S30		101	RET	
74	STL	S30		102	END	

■ 7-3-3 手控人行道(並進與合流應用)

1. 示意圖

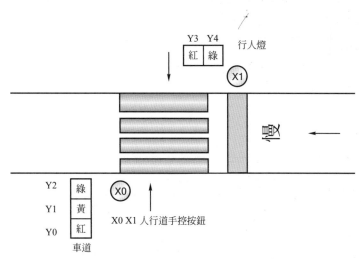

2. 動作流程

(1) 我們將 PLC 由 STOP 撥到 RUN 的起始動作如下,初始狀態由 S0 開始作動,車道狀態為綠燈(Y2 動作),步道狀態為紅燈(Y3 動作)。

(2) 當按鈕開關 X0 或 X01 被按下啟動時,進入狀態點 S21 和狀態點 S30,分支 S21 狀態點做車道號誌控制,此車道狀態為綠燈(Y2 動作),分支 S30 狀態點做步道之號誌控制,此行人號誌狀態為紅燈(Y3 動作)。

(3) 在喧囂繁雜的車陣經過後與漫長的 30 秒(T0 動作)等待下,車道號誌狀態進入 S22 狀態點作黃燈指示(Y1 動作),在經過 10 秒(T1 動作)啟動下一個狀態點 S23,此時車道號誌變為紅燈狀態(Y0 動作)。

(4) 在車道紅燈啟動同時,T2 開始計時 5 秒鐘後,控制狀態點由 S30 轉移至 S31 此時步道由紅燈切換為綠燈(Y4 動作),同時 T3 開始計時的秒後進入狀態點 S32。

(5) 由狀態點 S32 設定計時器(T4)為 0.5 秒,計時時間到進入狀態點 S33 設定計數器(CO)之值為 5 次,同時設定 T5 為 0.5 秒,由狀態點 S32 和 S33 之間循環 5 次,步道綠燈(Y4)作閃爍,當計數器設定時 5 次後,進入狀態點 S34 , 5 秒後回覆到初始狀態。回到起始狀態車道是綠燈,而行人道是紅燈。

⑹ 動作中任意按下 X0 或 X01 都是無效的狀態。

3. 流程圖

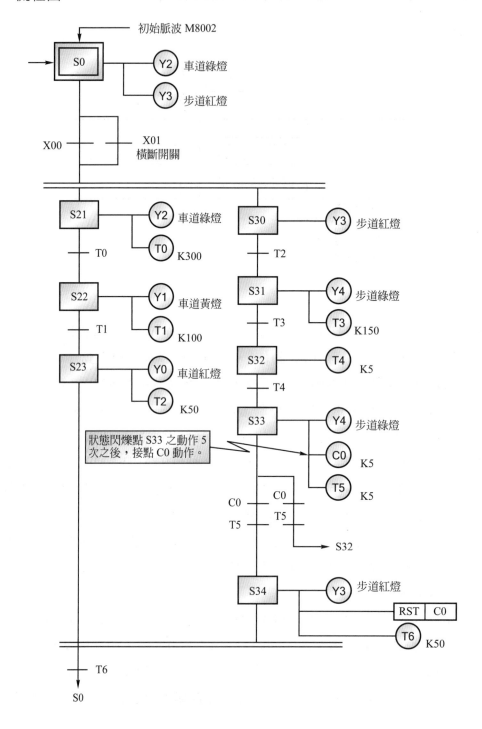

4.　順序流程圖(SFC)

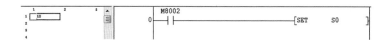

LD start：

Main SFC：

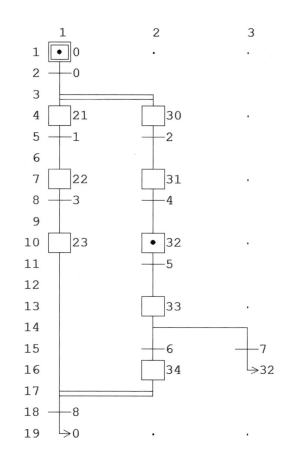

S0：

```
        MO
0 ─────┤/├──────────────────────────────(Y002)─┤
              └──────────────────────────(Y003)─┤
```

轉移條件 0

```
        X000
0 ─────┤ ├──────────────────────────────[TRAN ]
        X001
   ─────┤ ├──┘
```

S21：(並進狀態)

```
        MO
0 ─────┤/├──────────────────────────────(Y002)─┤
                                          K300
              └──────────────────────────(T0)──┤
```

轉移條件 1：

```
        T0
0 ─────┤ ├──────────────────────────────[TRAN ]
```

S22：

```
        MO
0 ─────┤/├──────────────────────────────(Y001)─┤
                                          K100
              └──────────────────────────(T1)──┤
```

轉移條件 3：

```
        T1
0 ─────┤ ├──────────────────────────────[TRAN ]
```

S23：

```
    M0
0 ──┤/├──┬─────────────────────────(Y000    )
         │                            K50
         └────────────────────────(T2       )
```

S30：(並進狀態)

```
    M0
0 ──┤/├───────────────────────────(Y003    )
```

轉移條件 2：

```
    T2
0 ──┤├─────────────────────────────[TRAN    ]
```

S31：

```
    M0
0 ──┤/├──┬─────────────────────────(Y004    )
         │                           K150
         └────────────────────────(T3       )
```

轉移條件 4：

```
    T3
0 ──┤├─────────────────────────────[TRAN    ]
```

S32：

```
    M0                               K5
0 ──┤/├────────────────────────────(T4      )
```

轉移條件 5：

```
    T4
0 ──┤├─────────────────────────────[TRAN    ]
```

S33：

```
        M0
0 ─────┤/├─────┬──────────────────────────(Y004  )┤
               │                              K5
               ├──────────────────────────(C0    )┤
               │                              K5
               └──────────────────────────(T5    )┤
```

轉移條件 6：(分支條件 1)

```
        C0      T5
0 ─────┤ ├─────┤ ├──────────────────────[TRAN   ]
```

轉移條件 7：(分支條件 2)

```
        C0      T5
0 ─────┤/├─────┤ ├──────────────────────[TRAN   ]
```

S34：

```
        M0
0 ─────┤/├─────┬──────────────────────────(Y003  )┤
               │
               ├────────────────────[RST    C0   ]
               │                              K50
               └──────────────────────────(T6    )┤
```

轉移條件 3：(並進之合流條件)

```
        T6
0 ─────┤ ├────────────────────────────────[TRAN   ]
```

5. 步進階梯圖(LD)

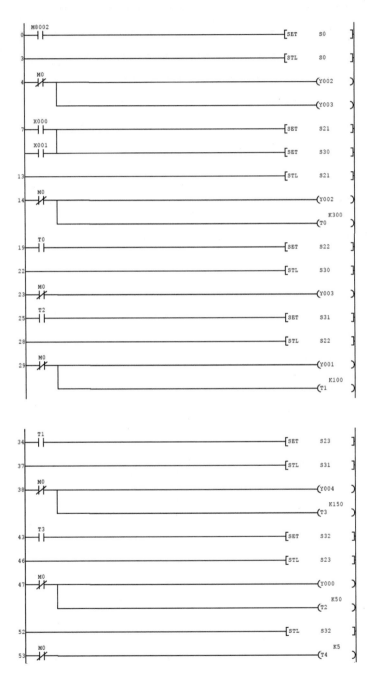

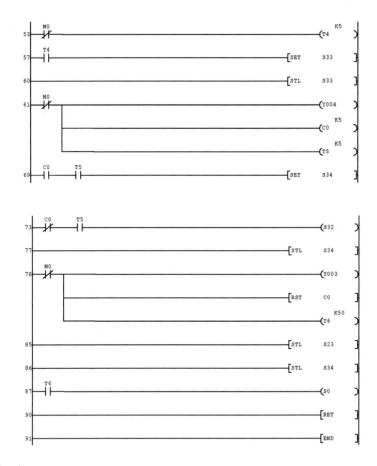

6. 指令程式

0	LD	M8002		14	LDI	M0	
1	SET	S0		15	OUT	Y002	
3	STL	S0		16	OUT	T0	K300
4	LDI	M0		19	LD	T0	
5	OUT	Y002		20	SET	S22	
6	OUT	Y003		22	STL	S30	
7	LD	X000		23	LDI	M0	
8	OR	X001		24	OUT	Y003	
9	SET	S21		25	LD	T2	
11	SET	S30		26	SET	S31	
13	STL	S21		28	STL	S22	

29	LDI	M0		61	LDI	M0	
30	OUT	Y001		62	OUT	Y004	
31	OUT	T1	K100	63	OUT	C0	K5
34	LD	T1		66	OUT	T5	K5
35	SET	S23		69	LD	C0	
37	STL	S31		70	AND	T5	
38	LDI	M0		71	SET	S34	
39	OUT	Y004		73	LDI	C0	
40	OUT	T3	K150	74	AND	T5	
43	LD	T3		75	OUT	S32	
44	SET	S32		77	STL	S34	
46	STL	S23		78	LDI	M0	
47	LDI	M0		79	OUT	Y003	
48	OUT	Y000		80	RST	C0	
49	OUT	T2	K50	82	OUT	T6	K50
52	STL	S32		85	STL	S23	
53	LDI	M0		86	STL	S34	
54	OUT	T4	K5	87	LD	T6	
57	LD	T4		88	OUT	S0	
58	SET	S33		90	RET		
60	STL	S33					

■ 7-3-4 利用跳躍與分支合流設計馬達之順序控制

1. 動作流程

  (1) 啟動：MC1→MC2→MC3→ MC4

  (2) 停止：MC4→MC3→ MC2→MC1

2. I/O 定義與連結

3. 程式說明

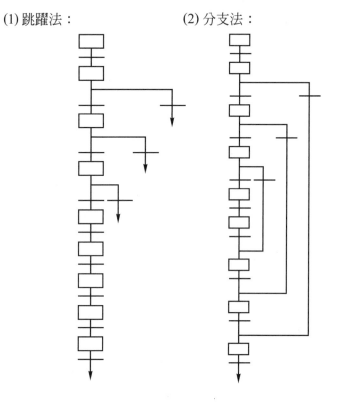

(1) 跳躍法：   (2) 分支法：

(1a)跳躍法。示意圖所示，將程式以 SFC 流程完整畫出其動作程序。

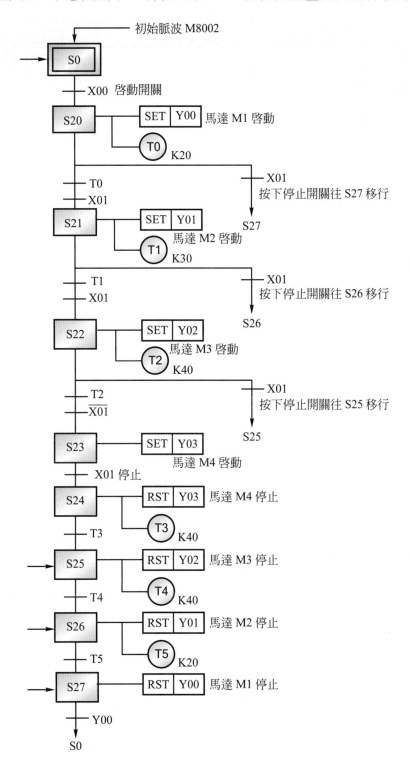

(1b)跳躍法的 SFC 程式。

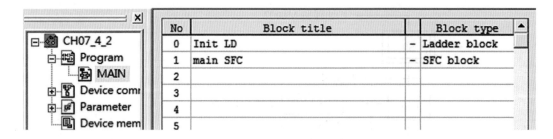

Init LD：

Main SFC：

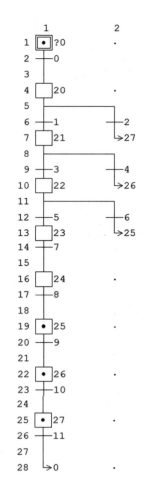

S0：

空的程式

轉移條件 0

```
     X000
0 ──┤├────────────────────────────────[TRAN   ]
```

S20：

```
     M0
0 ──┤╱├──────┬──────────────────────[SET    Y000  ]
            │
            │                                 K20
            └────────────────────────────(T0      )
```

轉移條件 1：(分支)

```
     T0    X001
0 ──┤├───┤╱├─────────────────────────[TRAN   ]
```

轉移條件 2：(分支跳躍至步驟 27)

```
     X001
0 ──┤├───────────────────────────────[TRAN   ]
```

S21：

```
     M0
0 ──┤╱├──────┬──────────────────────[SET    Y001  ]
            │
            │                                 K30
            └────────────────────────────(T1      )
```

轉移條件 3：(分支)

```
     T1    X001
0 ──┤├───┤╱├─────────────────────────[TRAN   ]
```

轉移條件 4：(分支跳躍至步驟 26)

```
     X001
0 ──┤├───────────────────────────────[TRAN   ]
```

S22 :

```
      M0
0 ─────┤/├──────────────────────────────[SET    Y002 ]
                                                  K30
                                              ───(T2   )
```

```
      M0
0 ─────┤/├──────────────────────────────[SET    Y001 ]
                                                  K30
                                              ───(T1   )
```

轉移條件5 :(分支)

```
      T2      X001
0 ────┤ ├─────┤/├────────────────────────────[TRAN ]
```

轉移條件6 :(分支跳躍至步驟25)

```
      X001
0 ────┤ ├────────────────────────────────────[TRAN ]
```

S23 :

```
      M0
0 ────┤/├─────────────────────────────[SET    Y003 ]
```

轉移條件7 :

```
      X001
0 ────┤ ├────────────────────────────────────[TRAN ]
```

S24 :

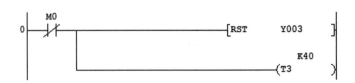

```
      M0
0 ────┤/├──────────────────────────────[RST    Y003 ]
                                                 K40
                                             ───(T3   )
```

轉移條件 8：

```
    T3
0 ──┤├────────────────────────[TRAN  ]
```

S25：

```
    M0
0 ──┤/├──────────────────[RST    Y002 ]
         │                          K40
         └───────────────────────(T4   )
```

轉移條件 9：

```
    T4
0 ──┤├────────────────────────[TRAN  ]
```

S26：

```
    M0
0 ──┤/├──────────────────[RST    Y001 ]
         │                          K20
         └───────────────────────(T5   )
```

轉移條件 10：

```
    T5
0 ──┤├────────────────────────[TRAN  ]
```

S27：

```
    M0
0 ──┤/├──────────────────[RST    Y000 ]
```

轉移條件 11：(跳至步驟 S0)

```
    Y000
0 ──┤/├────────────────────────[TRAN  ]
```

(1c)階梯圖程式

```
0    M8002
     ─┤ ├─────────────────────────────────────────[SET    S0   ]

3    ─────────────────────────────────────────────[STL    S0   ]

4    X000
     ─┤ ├─────────────────────────────────────────[SET    S20  ]

7    ─────────────────────────────────────────────[STL    S20  ]

8    M0
     ─┤/├─────────────────────────────────────────[SET    Y000 ]
                                                           K20
       └──────────────────────────────────────────(T0        )

13   T0    X001
     ─┤ ├──┤/├────────────────────────────────────[SET    S21  ]

17   X001
     ─┤ ├─────────────────────────────────────────(S27      )


20   ─────────────────────────────────────────────[STL    S21  ]

21   M0
     ─┤/├─────────────────────────────────────────[SET    Y001 ]
                                                           K30
       └──────────────────────────────────────────(T1        )

26   T1    X001
     ─┤ ├──┤/├────────────────────────────────────[SET    S22  ]

30   X001
     ─┤ ├─────────────────────────────────────────(S26      )

33   ─────────────────────────────────────────────[STL    S22  ]

34   M0
     ─┤/├─────────────────────────────────────────[SET    Y002 ]
                                                           K30
       └──────────────────────────────────────────(T2        )
```

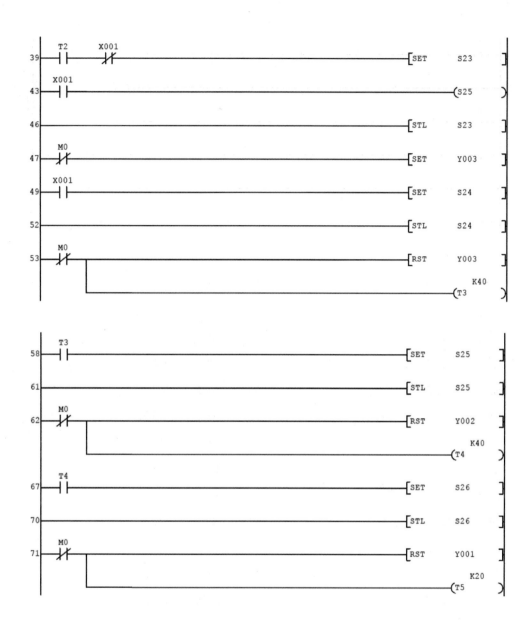

(1d)指令程式

0	LD	M8002		28	SET	S22	
1	SET	S0		30	LD	X001	
3	STL	S0		31	OUT	S26	
4	LD	X000		33	STL	S22	
5	SET	S20		34	LDI	M0	
7	STL	S20		35	SET	Y002	
8	LDI	M0		36	OUT	T2	K30
9	SET	Y000		39	LD	T2	
10	OUT	T0	K20	40	ANI	X001	
13	LD	T0		41	SET	S23	
14	ANI	X001		43	LD	X001	
15	SET	S21		44	OUT	S25	
17	LD	X001		46	STL	S23	
18	OUT	S27		47	LDI	M0	
20	STL	S21		48	SET	Y003	
21	LDI	M0		49	LD	X001	
22	SET	Y001		50	SET	S24	
23	OUT	T1	K30	52	STL	S24	
26	LD	T1		53	LDI	M0	
27	ANI	X001		54	RST	Y003	

55	OUT	T3	K40
58	LD	T3	
59	SET	S25	
61	STL	S25	
62	LDI	M0	
63	RST	Y002	
64	OUT	T4	K40
67	LD	T4	
68	SET	S26	
70	STL	S26	
71	LDI	M0	

72	RST	Y001	
73	OUT	T5	K20
76	LD	T5	
77	SET	S27	
79	STL	S27	
80	LDI	M0	
81	RST	Y000	
82	LDI	Y000	
83	OUT	S0	
85	RET		
86	END		

(2a)分支法。示意圖所示,將程式以SFC流程完整畫出其動作程序。

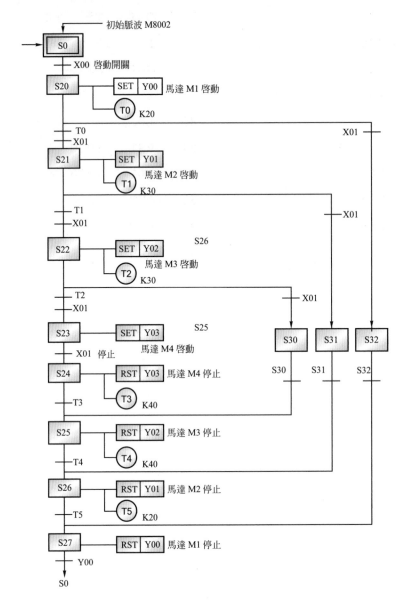

(2b)分支法的 SFC 程式。

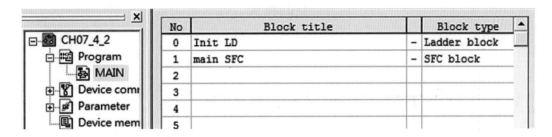

Init LD：

Main SFC：

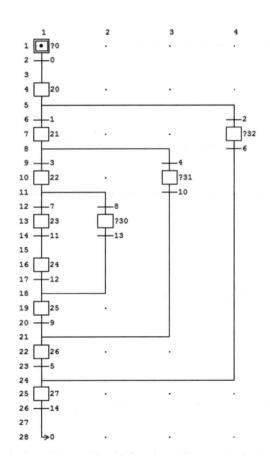

S0：

空的程式

S20：

```
     M0
0 ───┤/├──────────────────────────────[ SET    Y000 ]
                        │
                        │                       K20
                        └──────────────────────( T0  )
```

S21：

```
     M0
0 ───┤/├──────────────────────────────[ SET    Y001 ]
                        │
                        │                       K30
                        └──────────────────────( T1  )
```

S22：

```
     M0
0 ───┤/├──────────────────────────────[ SET    Y002 ]
                        │
                        │                       K30
                        └──────────────────────( T2  )
```

S23：

```
     M0
0 ───┤/├──────────────────────────────[ SET    Y003 ]
```

S24：

```
     M0
0 ───┤/├──────────────────────────────[ RST    Y003 ]
                        │
                        │                       K40
                        └──────────────────────( T3  )
```

S25：

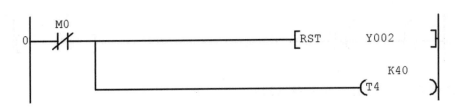

S26：

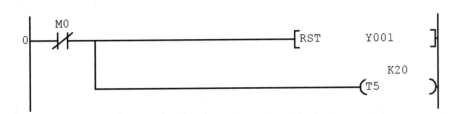

S27：

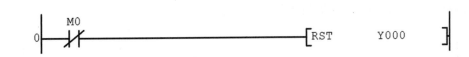

S30：

空的程式

S31：

空的程式

S32：

空的程式

轉移條件0：

轉移條件 1：(分支至步驟 S21)

```
        T0       X001
0 ──┤ ├──────┤/├──────────────────────────[TRAN ]
```

轉移條件 2：(分支至步驟 S21)

```
        X001
0 ──┤ ├───────────────────────────────────[TRAN ]
```

轉移條件 3：(分支至步驟 S21)

```
        T1       X001
0 ──┤ ├──────┤/├──────────────────────────[TRAN ]
```

轉移條件 4：(分支至步驟 S21)

```
        X001
0 ──┤ ├───────────────────────────────────[TRAN ]
```

轉移條件 5：(分支至步驟 S21)

```
        T5
0 ──┤ ├───────────────────────────────────[TRAN ]
```

轉移條件 6：(分支至步驟 S21)

```
        S32
0 ──┤ ├───────────────────────────────────[TRAN ]
```

轉移條件 7：(分支至步驟 S21)

```
        T2       X001
0 ──┤ ├──────┤/├──────────────────────────[TRAN ]
```

轉移條件 8：(分支至步驟 S21)

```
       X001
0  ─┤├─────────────────────[TRAN  ]
```

轉移條件 9：(分支至步驟 S21)

```
       T4
0  ─┤├─────────────────────[TRAN  ]
```

轉移條件 10：(分支至步驟 S21)

```
       S31
0  ─┤├─────────────────────[TRAN  ]
```

轉移條件 11：(分支至步驟 S21)

```
       X001
0  ─┤├─────────────────────[TRAN  ]
```

轉移條件 12：

```
       T3
0  ─┤├─────────────────────[TRAN  ]
```

轉移條件 13：

```
       S30
0  ─┤├─────────────────────[TRAN  ]
```

轉移條件 14：

```
       Y000
0  ─┤/├─────────────────────[TRAN  ]
```

(2c)階梯圖程式

```
   M8002
0 ──┤├──────────────────────────────────────[SET  S0 ]

3 ─────────────────────────────────────────[STL  S0 ]

   X000
4 ──┤├──────────────────────────────────────[SET  S20 ]

7 ─────────────────────────────────────────[STL  S20 ]

   M0
8 ──┤/├─────────────────────────────────────[SET  Y000 ]
      │                                          K20
      └───────────────────────────────────────(T0    )

   T0   X001
13 ─┤├──┤/├─────────────────────────────────[SET  S21 ]

   X001
17 ─┤├──────────────────────────────────────[SET  S32 ]

20 ─────────────────────────────────────────[STL  S21 ]

   M0
21 ─┤/├─────────────────────────────────────[SET  Y001 ]
      │                                          K30
      └───────────────────────────────────────(T1    )


   T1   X001
26 ─┤├──┤/├─────────────────────────────────[SET  S22 ]

   X001
30 ─┤├──────────────────────────────────────[SET  S31 ]

33 ─────────────────────────────────────────[STL  S26 ]

   M0
34 ─┤/├─────────────────────────────────────[RST  Y001 ]
      │                                          K20
      └───────────────────────────────────────(T5    )

39 ─────────────────────────────────────────[STL  S26 ]

   T5
40 ─┤├──────────────────────────────────────[SET  S27 ]

43 ─────────────────────────────────────────[STL  S32 ]

   S32
44 ─┤├──────────────────────────────────────[SET  S27 ]

47 ─────────────────────────────────────────[STL  S22 ]

   M0
48 ─┤/├─────────────────────────────────────[SET  Y002 ]
      │                                          K30
      └───────────────────────────────────────(T2    )
```

7-82

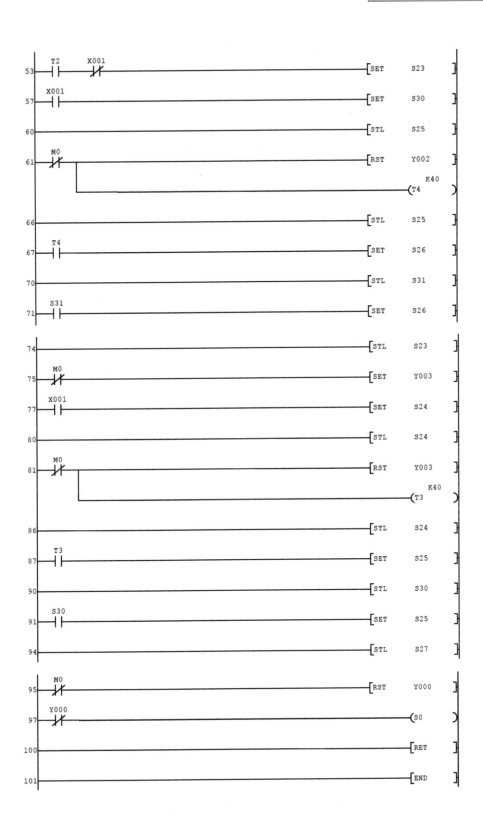

(2d)指令程式

0	LD	M8002		41	SET	S27		
1	SET	S0		43	STL	S32		
3	STL	S0		44	LD	S32		
4	LD	X000		45	SET	S27		
5	SET	S20		47	STL	S22		
7	STL	S20		48	LDI	M0		
8	LDI	M0		49	SET	Y002		
9	SET	Y000		50	OUT	T2	K30	
10	OUT	T0	K20	53	LD	T2		
13	LD	T0		54	ANI	X001		
14	ANI	X001		55	SET	S23		
15	SET	S21		57	LD	X001		
17	LD	X001		58	SET	S30		
18	SET	S32		60	STL	S25		
20	STL	S21		61	LDI	M0		
21	LDI	M0		62	RST	Y002		
22	SET	Y001		63	OUT	T4	K40	
23	OUT	T1	K30	66	STL	S25		
26	LD	T1		67	LD	T4		
27	ANI	X001		68	SET	S26		
28	SET	S22		70	STL	S31		
30	LD	X001		71	LD	S31		
31	SET	S31		72	SET	S26		
33	STL	S26		74	STL	S23		
34	LDI	M0		75	LDI	M0		
35	RST	Y001		76	SET	Y003		
36	OUT	T5	K20	77	LD	X001		
39	STL	S26		78	SET	S24		
40	LD	T5		80	STL	S24		

81	LDI	M0		92	SET	S25
82	RST	Y003		94	STL	S27
83	OUT	T3	K40	95	LDI	M0
86	STL	S24		96	RST	Y000
87	LD	T3		97	LDI	Y000
88	SET	S25		98	OUT	S0
90	STL	S30		100	RET	
91	LD	S30		101	END	

問題與討論

1. 試將以下馬達電路用順序流程圖語言編輯 PLC 控制程式。

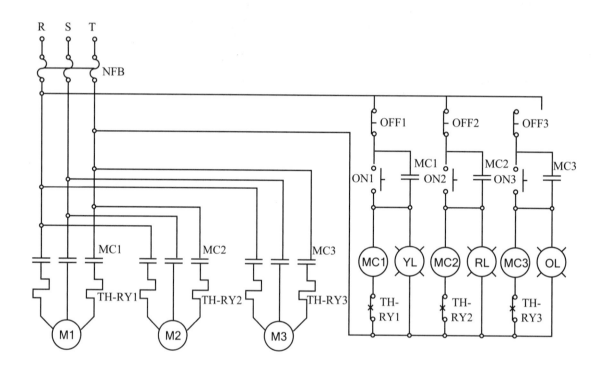

2. 試用順序流程圖語言編輯 PLC 作出跑馬燈位移控制動作。

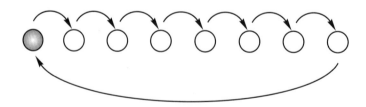

3. 試將馬達正反轉啓動控制以順序流程圖語言編輯 PLC 程式。

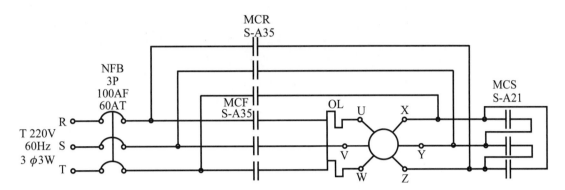

Chapter 8

副程式

8-1 副程式說明

FX2 及 FX2N 系列的副程式應用指令如下列所示：

1. FEND(FNC 6)：主程式結束。

2. CALL(FNC 1)：呼叫副程式。

3. SRET(FNC 2)：副程式返回。

4. P0~P63：運算元指標。

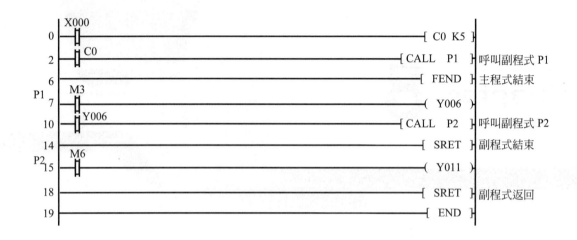

※ 說明：

1. 副程式所按排位置必須在FEND之後，主程式的結束指令是用FEND，而不是使用 END，指標 P 也一定要在 FEND 之後的一步序。副程式結束必須用 SRET，表示返回主程式的意思。此外，副程式所使用的指標不可與 CJ(跳躍)指令使用的指標重覆。但是副程式中可以再構成另一個副程式，在副程式應用上最多只可允許五層，其中包含副程式本身。

8-2 副程式運用

■ 應用一

動作說明：

以 3 個按鈕開關來選擇 3 個不同的程式，當按下PB1 開關時，則就會執行自保電路，若按下 PB2 開關則會執行閃爍電路，若按下 PB3 關關則會執行電氣連鎖電路，若想換另一個程式則需按PB0 開關停止動作及復歸。

1. 接線圖

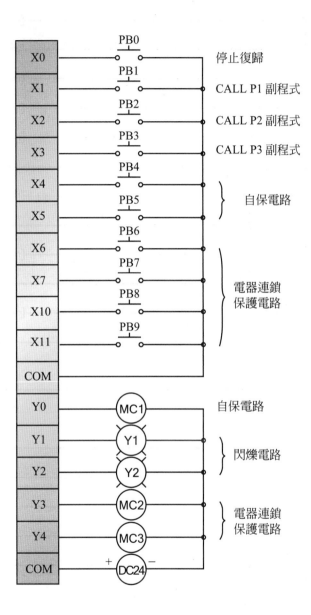

2. 階梯圖

3. 指令表

0	LD	X000	33	OUT	M3
1	RST	Y000	34	CALL	P3
2	RST	Y001	37	FEND	
3	RST	Y002	38	P1	
4	RST	Y003	39	LD	X004
5	RST	Y004	40	OR	Y000
6	LDI	X000	41	ANI	X005
7	MPS		42	OUT	Y000
8	LD	X001	43	SRET	
9	OR	M1	44	P2	
10	ANB		45	LD	M8013
11	ANI	M2	46	OUT	Y001
12	ANI	M3	47	LDI	M8013
13	OUT	M1	48	OUT	Y002
14	CALL	P1	49	SRET	
17	MRD		50	P3	
18	LD	X002	51	LD	X006
19	OR	M2	52	OR	Y003
20	ANB		53	ANI	X007
21	ANI	M1	54	ANI	Y004
22	ANI	M3	55	OUT	Y003
23	OUT	M2	56	LD	X010
24	CALL	P2	57	OR	Y004
27	MPP		58	ANI	X001
28	LD	X003	59	ANI	Y003
29	OR	M3	60	OUT	Y004
30	ANB		61	SRET	
31	ANI	M1	62	END	
32	ANI	M2			

■ 應用二

動作說明：

　　此程式是以左右移跑馬燈為主程式，雙向跑馬燈為副程式，當左右移跑馬燈來回 3 次之後，呼叫副程式雙向跑馬燈，副程式來回 3 次之後返主副程式，動作依此循環。

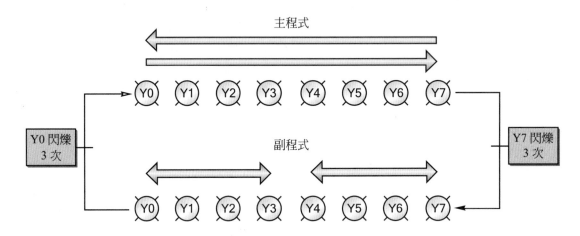

1. **外部接線圖**

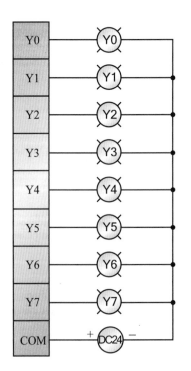

2. 階梯圖

```
         C0     C1
0      --| |----| |--------------------------------------[RST    C0  ]

         M0
4      --| |--------------------------------------------[RST    C1  ]

         T0                                                     K5
7      --|/|-------------------------------------------------(T0      )

         C0
11     --|/|-------------------------------------------[PLS    M31 ]

         M31
14     --| |--------------------------------------------[SET    M10 ]

         M32    T0
16     --| |----| |------------[SFTR    M10    M0    K8    K1  ]

         M32    T0
27     --|/|----| |------------[SFTL    M10    M0    K8    K1  ]

         M0
38     --| |----+------------------------------------------(Y000   )
                 |
                 +-------------------------------------[RST    M10 ]
                 |
                 +-------------------------------------[RST    M32 ]

         M1
42     --| |--------------------------------------------(Y001   )

         M2
44     --| |--------------------------------------------(Y002   )

         M3
46     --| |--------------------------------------------(Y003   )

         M4
48     --| |--------------------------------------------(Y004   )

         M5
50     --| |--------------------------------------------(Y005   )

         M6
52     --| |--------------------------------------------(Y006   )

         M7
54     --| |----+------------------------------------------(Y007   )
                 |
                 +-------------------------------------[SET    M32 ]
                 |
                 +-------------------------------------[RST    M10 ]
```

```
         C0
58      ─┤├──────────────────────────────────────────────[ZRST    M0       M7   ]

         M0                                                                    K4
64      ─┤/├─────────────────────────────────────────────────────────────────(C0  )

         C0
69      ─┤├──────────────────────────────────────────────[CALL    P1        ]

73      ────────────────────────────────────────────────────────────────────[FEND    ]

P1       M61      M62      M63      M64      M65
74      ─┤/├─────┤/├─────┤/├─────┤/├─────┤/├───────────────────────────────(M60 )

         T10                                                                   K5
81      ─┤/├─────────────────────────────────────────────────────────────────(T10 )

         T10
85      ─┤├─────────────────────────────[SFTL    M60      M61      K6       K1   ]

         M60
95      ─┤├──────┬────────────────────────────────────────────────────────(Y000 )
         M66     │
        ─┤├──────┘──────────────────────────────────────────────────────────(Y007 )

         M61
99      ─┤├──────┬────────────────────────────────────────────────────────(Y001 )
         M65     │
        ─┤├──────┘──────────────────────────────────────────────────────────(Y006 )

         M62
103     ─┤├──────┬────────────────────────────────────────────────────────(Y002 )
         M64     │
        ─┤├──────┘──────────────────────────────────────────────────────────(Y005 )

         M63
107     ─┤├──────┬────────────────────────────────────────────────────────(Y003 )
                 │
                 └──────────────────────────────────────────────────────────(Y004 )

         M66                                                                   K3
110     ─┤/├─────────────────────────────────────────────────────────────────(C1  )

         C1
115     ─┤├──────┬──────────────────────────────────────[ZRST    M60      M66  ]
                 │
                 └──────────────────────────────────────[RST     M32       ]

122     ────────────────────────────────────────────────────────────────────[SRET    ]

123     ────────────────────────────────────────────────────────────────────[END     ]
```

3. 指令表

0	LD	C0				47	OUT	Y003		
1	AND	C1				48	LD	M4		
2	RST	C0				49	OUT	Y004		
4	LD	M0				50	LD	M5		
5	RST	C1				51	OUT	Y005		
7	LDI	T0				52	LD	M6		
8	OUT	T0	K5			53	OUT	Y006		
11	LDI	C0				54	LD	M7		
12	PLS	M31				55	OUT	Y007		
14	LD	M31				56	SET	M32		
15	SET	M10				57	RST	M10		
16	LD	M32				58	LD	C0		
17	AND	T0				59	ZRST	M0	M7	
18	SFTR	M10	M0	K8	K1	64	LDF	M0		
27	LDI	M32				66	OUT	C0	K4	
28	AND	T0				69	LD	C0		
29	SFTL	M10	M0	K8	K1	70	CALL	P1		
38	LD	M0				73	FEND			
39	OUT	Y000				74	P1			
40	RST	M10				75	LDI	M61		
41	RST	M32				76	ANI	M62		
42	LD	M1				77	ANI	M63		
43	OUT	Y001				78	ANI	M64		
44	LD	M2				79	ANI	M65		
45	OUT	Y002				80	OUT	M60		
46	LD	M3				81	LDI	T10		

82	OUT	T10	K5		105	OUT	Y002	
85	LD	T10			106	OUT	Y005	
86	SFTL	M60	M61	K6 K1	107	LD	M63	
95	LD	M60			108	OUT	Y003	
96	OR	M66			109	OUT	Y004	
97	OUT	Y000			110	LDF	M66	
98	OUT	Y007			112	OUT	C1	K3
99	LD	M61			115	LD	C1	
100	OR	M65			116	ZRST	M60	M66
101	OUT	Y001			121	RST	M32	
102	OUT	Y006			122	SRET		
103	LD	M62			123	END		
104	OR	M64						

■ 應用三

動作說明：

此程式是以四個不同的程式為副程式，並透過四個選擇開關做動作選擇。

(1) **第一個副程式動作說明**：當 SW1 On 時， Y00～Y07 以 1 Sec 時間閃爍。

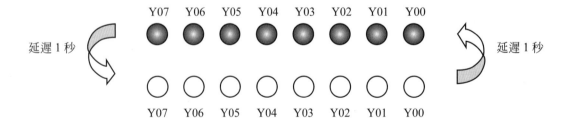

(2) **第二個副程式動作說明**：當 SW2 On 時， Y00～Y17 以 1 Sec 時間右移 1 個位元。

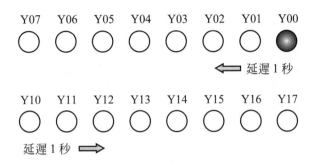

(3) **第三個副程式動作說明**：當 SW3 On 時，Y00～Y17 以 1 Sec 時間左移 1 個位元。

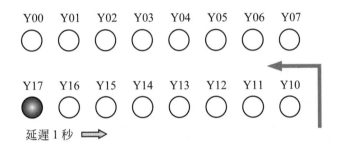

(4) **第四個副程式動作說明**：當 SW4 On 時，Y00～Y03ON，並以 1 Sec 時間左移 1 個位元。

補充說明：⑴初始 Y07～Y00 = 00001111

⑵利用內部提供 1 秒時脈 (M8013) 做位元 左/右移。

⑶先令 M0 = Y07，因 Y07～Y00 左移會使 Y07 溢位出，Y10 當來源 Y07～Y00 左移，再將 M0 當來源 Y17～Y10 右移。

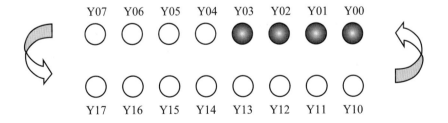

1. 外部接線圖

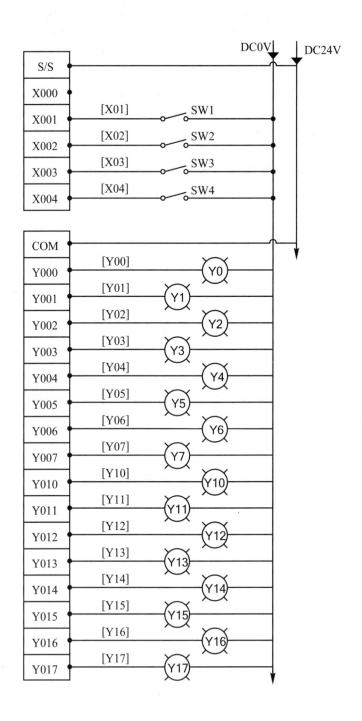

2. 階梯圖

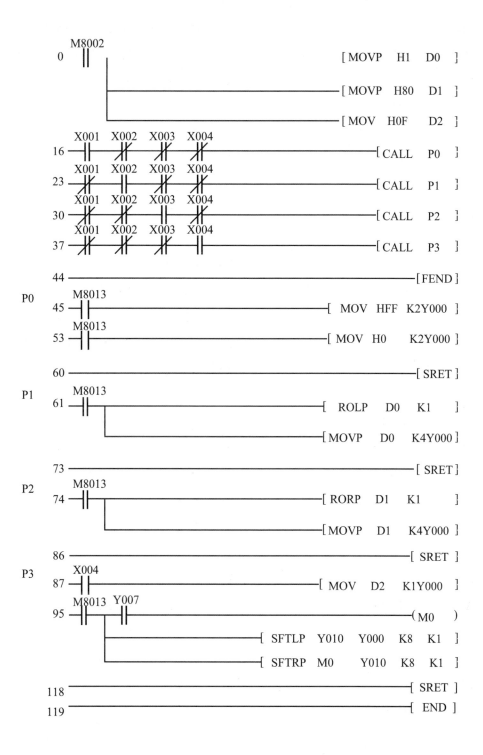

3. 指令表

0	LD	M8002		48	MOV	H0FF	K2Y000			
1	MOVP	H1	D0	53	LDF	M8013				
6	MOVP	H80	D1	55	MOV	H0	K2Y000			
11	MOV	H0F	D2	60	SRET					
16	LD	X001		61	P1					
17	ANI	X002		62	LD	M8013				
18	ANI	X003		63	ROLP	D0	K1			
19	ANI	X004		68	MOVP	DO	K4Y000			
20	CALL	P0		73	SRET					
23	LDI	X001		74	P2					
24	AND	X002		75	LD	M8013				
25	ANI	X003		76	RORP	D1	K1			
26	ANI	X004		81	MOVP	D1	K4Y000			
27	CALL	P1		86	SRET					
30	LDI	X001		87	P3					
31	ANI	X002		88	LDP	X004				
32	AND	X003		90	MOV	D2	K1Y000			
33	ANI	X004		95	LD	M8013				
34	CALL	P2		96	MPS					
37	LDI	X001		97	AND	Y007				
38	ANI	X002		98	OUT	M0				
39	ANI	X003		99	MPP					
40	AND	X004		100	SFTLP	Y010	Y000	K8	K1	
41	CALL	P3		109	SFTRP	M0	Y010	K8	K1	
44	FEND			118	SRET					
45	PO			119	END					
46	LDP	M8013								

問題與討論

1. 試設計一程式，當 X0 累積 ON 一次，執行副程式 1(P0)，當 X0 累積 ON 2 次，執行副程式 2(P1)；當 X0 累積 ON 3 次，執行副程式 3(P2)。

   (1) 副程式 1 動作：Y00～Y03 狀態為 ON。

   (2) 副程式 2 動作：Y0、Y2、Y4、Y6 狀態為 ON。

   (3) 副程式 3 動作：Y1、Y3、Y5、Y7 狀態為 ON。

2. 試利用副程式設計一程式，當 X0 累積 ON 一次時，Y0 ON/OFF 閃爍 10 次；當 X0 累積 ON 2 次時，Y0 ON/OFF 閃爍 9 次；當 X0 累積 ON 3 次時，Y0 ON/OFF 閃爍 8 次；……當 X0 累積 ON 10 次時，Y0 ON/OFF 1 次。

   副程式內容主要為 D0 之數值減一。

3. 請將應用範例二，改用副程式與計時器的整合方式達成相同的控制目標。

4. 請將應用範例三，改用副程式與計時器的整合方式達成相同的控制目標。

FX2/FX2N
PLC Program Design and Practice

Chapter 9

應用指令

　　前面已經介紹過傳統配線、基本指令與步進階梯指令的用法，對於如何利用
PLC 設計一般的順序控制，應該已能得心應手了。然而由於 PLC 的不斷演進，為
了讓 PLC 程式設計更符合高階程式語言的特性，於是將一些常用的電路結合成簡
單的指令，稱為應用指令。使用者必須結合基本指令、步進指令與應用指令之運
用，才能算是真正了解PLC控制設計。在FX2N所提供的完整應用指令如表9-1所
示，其中符號○及×分別表示有支援及不支援此項功能。由於應用指令包含圍相當
廣且多，本章將只討論經常被使用的應用指令而已，其他的說明請讀者參考原廠的
技術手冊。

表 9-1　FX2N 應用指令

分類	命令記號	FNC NO.	機　　　能	D命令	P命令
迴圈	CJ	0	條件跳躍	×	○
	CALL	1	呼叫副程式	×	○
	SRET	2	副程式結束	×	×
	IRET	3	中斷插入返回	×	×
	EI	4	中斷插入許可	×	×
	DI	5	中斷插入禁止	×	×
	FEND	6	主程式結束	×	×
	WDT	7	逾時監視計時器	×	○
	FOR	8	巢串範圍開始	×	×
	NEXT	9	巢串範圍結束	×	×
轉送、比較	CMP	10	比較	○	○
	ZCP	11	區域比較	○	○
	MOV	12	傳送	○	○
	SMOV	13	行傳送	×	○
	CML	14	相反傳送	○	○
	BMOV	15	整批傳送	×	○
	FMOV	16	多點傳送	○	○
	XCH	17	資料的交換	○	○
	BCD	18	BCD 轉換	○	○
	BIN	19	BIN 轉換	○	○
	SWAP	147	上下 BYTE 變換	○	○

表 9-1　FX2N 應用指令(續)

分類	命令記號	FNC NO.	機　　　能	D命令	P命令
四則、論理演算	ADD	20	BIN 加算	○	○
	SUB	21	BIN 減算	○	○
	MUL	22	BIN 乘算	○	○
	DIV	23	BIN 除算	○	○
	INC	24	BIN 增加	○	○
	DEC	25	BIN 減少	○	○
	W	26	論理積	○	○
	WOR	27	論理和	○	○
	WXOR	28	排他的理論和	○	○
	NEG	29	2 的補數	○	○
旋轉、位移	ROR	30	右旋轉	○	○
	ROL	31	左旋轉	○	○
	RCR	32	付進位旗標右旋轉	○	○
	RCL	33	付進位旗標左旋轉	○	○
	SFTR	34	位元右移	×	○
	SFTL	35	位元左移	×	○
	WDFR	36	字元右移	×	○
	WSFL	37	字元左移	×	○
	SFWR	38	位移寫入	×	○
	SFRD	39	位移讀出	×	○

表 9-1　FX2N 應用指令(續)

分類	命令記號	FNC NO.	機　　能	D 命令	P 命令
資料處理	ZRST	40	全部重置	✕	○
	DECO	41	解碼	✕	○
	ENCD	42	編碼	✕	○
	SUM	43	ON 位元數	○	○
	BON	44	ON 位元判定	○	○
	MEAN	45	平均值	○	○
	ANS	46	警報線圈 SET	✕	✕
	ANR	47	警報線圈 REST	✕	○
	SQR	48	BIN 開平方根	○	○
	FLT	49	BIN 整數->2 進浮點小數點轉換	○	○
高速處理	REF	50	I/O 更新處理	✕	○
	REFE	51	濾波器常數調整	✕	○
	MRT	52	多點矩陣輸入	✕	✕
	HSCS	53	比較 SET(高速計數器)	○	✕
	HSCR	54	比較 RESET(高速計數器)	○	✕
	HSZ	55	區域比較(高速計數器)	○	✕
	SPD	56	脈波密度	✕	✕
	PLSY	57	脈波輸出	○	✕
	PWM	58	脈波寬度調變	✕	✕
	PLSR	59	付加減速脈波輸出	○	✕

表 9-1　FX2N 應用指令(續)

分類	命令記號	FNC NO.	機　　　能	D命令	P命令
便利命令	IST	60	手動／自動設定	×	×
	SER	61	資料搜尋	○	○
	ABSD	62	凸輪控制	○	×
	INCD	63	凸輪控制(相對方式)	×	×
	TIMR	64	教示計時器	×	×
	STMR	65	特殊計時器	×	×
	ALT	66	ON/OFF 交替	×	○
	RAMP	67	傾斜信號	×	×
	ROTC	68	圓盤控制	×	×
	SORT	69	資料整列	×	×
外部機器 I／O	TKY	70	10 按鍵輸出	○	×
	HKY	71	16 按鍵輸入	○	×
	DSW	72	指撥開關輸入	×	×
	SEGD	73	7 段顯示器解碼	×	○
	SEGL	74	7 段顯示器掃瞄顯示	×	×
	ARWS	75	箭頭開關	×	×
	ASC	76	ASCII 轉換	×	×
	PR	77	ASCII 碼輸出	×	×
	FROM	78	緩衝記憶體讀出	○	○
	TO	79	緩衝記憶體寫入	○	○

表 9-1　FX2N 應用指令(續)

分類	命令記號	FNC NO.	機　　能	D命令	P命令
外部機器 SER	RS	80	串列資料傳送	×	×
	PRUN	81	8 進位傳送	○	○
	ASCI	82	行傳送 HEX->ASCII 轉換	×	×
	HEX	83	ASCII->HEX 轉換	×	○
	CCD	84	CHECK CODE	×	○
	VRRD	85	旋鈕量讀出	×	○
	VRSC	86	旋鈕量刻度	×	○
	PID	88	PID 演算	×	○
浮動小數點	ECMP	110	2 進浮點小數點比較	×	×
	EZCP	111	2 進浮點小數點區域比較	○	○
	EBCD	118	2 進浮點->10 進浮點小數點轉換	○	○
	EADD	120	2 進浮點小數點加算	○	○
	ESBU	121	2 進浮點小數點減算	○	○
	EMUL	122	2 進浮點小數點乘算	○	○
	EDIV	123	2 進浮點小數點除算	○	○
	ESQR	127	2 進浮點小數點開平方根	○	○
	INT	129	2 進浮點小數點->BIN 整數轉換	○	○
	SIN	130	浮點小數點 SIN 演算	○	○
	COS	131	浮點小數點 COS 演算	×	○
	TAN	132	浮點小數點 TAN 演算	○	○

表 9-1　FX2N 應用指令(續)

分類	命令記號	FNC NO.	機　　能	D 命令	P 命令
時計演算	TCMP	160	時鐘資料比較	×	○
	TZCP	161	時鐘資料區域比較	×	○
	TADD	162	時鐘資料加算	×	○
	TSUB	163	時鐘資料減算	×	○
	TRD	166	時鐘資料讀出	×	○
	TWR	167	時鐘資料寫入	×	○
GRY 碼	GRY	170	BIN->GRY 轉換	×	○
	GBIN	171	GRY->BIN 轉換	×	○
接點比較	LD=	224	(S1)=(S2)	○	×
	LD>	225	(S1)>(S2)	○	×
	LD<	226	(S1)<(S2)	○	×
	LD<>	228	(S1)<>(S2)	○	×
	LD≦	229	(S1)≦(S2)	○	×
	LD≧	230	(S1)≧(S2)	○	×
	AND=	232	(S1)=(S2)	×	○
	AND>	233	(S1)>(S2)	○	×
	AND<	234	(S1)<(S2)	○	×
	AND<	236	(S1)≠(S2)	○	×
	AND<	237	(S1)≦(S2)	○	×
	AND=	238	(S1)≧(S2)	○	×
	OR=	240	(S1)=(S2)	○	×
	OR>	241	(S1)>(S2)	○	×
	OR<	242	(S1)<(S2)	○	×
	OR<>	244	(S1)≠(S2)	○	×
	OR≦	245	(S1)≦(S2)	○	×
	OR≧	256	(S1)≧(S2)	○	×

9-1 應用指令的格式與通則

應用指令後之運算元在指令被執行後內容不會變化,我們稱之為來源運算元(S)。在指令被執行之後該運算元內容會產生變化之運算元,我們稱之為目的運算元(D),如下圖所示:

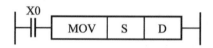

應用指令的指令部分別佔用記憶體一個位址,而 16 位元之運算元則佔用 2 個位址,32 位元之運算元則會佔用 4 個位址,如下圖所示。(值得注意的是運算元內容一定是數值,因此運算元之長度可分成 16 位元及 32 位元兩種,其中 32 位元指令表示法則是在指令前加一(D)字號,如 DMOV。

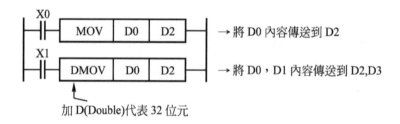

另外,應用指令又可分為連續執行和一次執行,其差別說明如下:

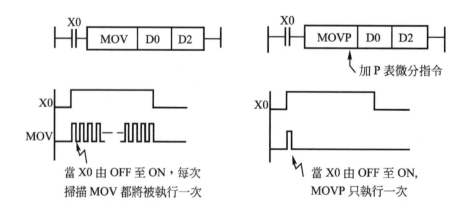

可程式控制器爲了縮短掃描時間常用微分指令，因部分指令在啓動時動作一次就可以，而不必每個掃描週期都需要動作一次。亦即採用非連續執行指令，如此可以縮短掃描時間。另外，輸出入位元型態常表示如下圖所示：

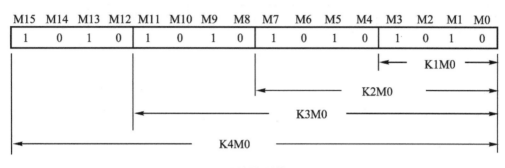

16 接點型態

可程式控制器內部運作，都是二進位型態，這對 D、T、C 不會有問題，但對接點型態的 X、Y、M、S 就必須另外解決，PLC 一般都是在 X、Y、M、S 前面加上指定的 K 符號，每四個接點代表一組數，16 位元就是 k1～k4，32 位元就是 K1～K8。K1M0 表示一次控制 4 bits(M0～M3)、K2M0 則一次控制 8bits(M0～M7)、K3M0 表示一次控制 12bits(從 M0→M11)、K4M0 表示一次控制 16bits(M0～M15)。

9-2 搬移及比較

■ 9-2-1 MOV(資料傳送)(FNC 12)

格式：

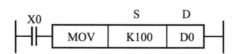

說明：將常數 K100 傳送至 D0，PLC 內部運算是 16 進制或 2 進位，MOV 指令會自動轉換成 BIN，故 K100 轉換成 0000 0000 0110 0100 傳送至 D0 暫存器。

9-2-2　SMOV(移位傳送)(FNC 13)

格式：

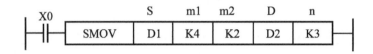

說明：S為來源資料、m1為開始的資料、m2為一次移動幾個位元數，D為移動之
目的地、而n為移至目的地的第n位數。如下圖所示，本範例是將D1的資
料從第四位開始移動，每次傳送兩位數到 D2(目的地)的第三位數，其詳細
說明如下：

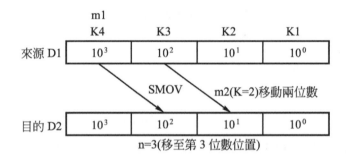

9-2-3　BMOV(區塊傳送)(FNC 15)

格式：

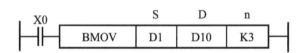

說明：本應用指令將D1、D2、D3暫存器之資料傳送到D10、D11、D12。來源與
目的均為 3 個暫存器(n＝k3)，這是一個多組暫存器資料相互傳送。若目的
地(D)原來有資料，經過BMOV以後會被覆蓋，亦即舊資料消失，由新資料
取代。

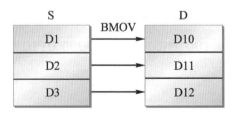

9-2-4 FMOV(多點傳送)(FNC 16)

格式：

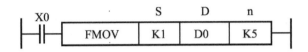

說明：資料來源 K＝1 被傳送至資料暫存器 D0～D4 內，即 D0～D4 暫存器內均被
存為1，如下圖所示：

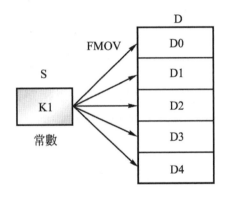

9-2-5 XCH(資料互換)(FNC 17)

格式：

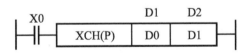

說明：將D0和D1兩暫存器內容交換，交換一次後內容就是定值，故一般用XCHP
微分指令，如下圖所示：

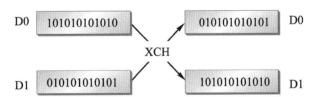

■ 9-2-6　CMP(比較指令)(FNC 10)

格式：

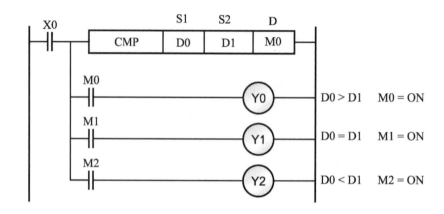

說明：來源資料S1和S2內資料互相比較，然後以指定的D做輸出變化。以上圖的
範例說明，結果以M0、M1、M2輸出表示之。

範例：

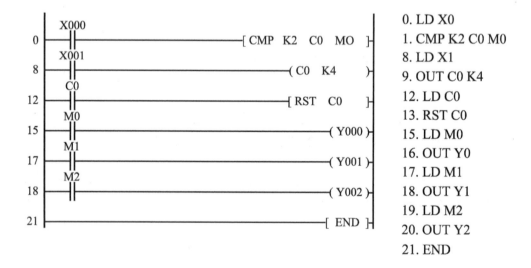

0. LD X0
1. CMP K2 C0 M0
8. LD X1
9. OUT C0 K4
12. LD C0
13. RST C0
15. LD M0
16. OUT Y0
17. LD M1
18. OUT Y1
19. LD M2
20. OUT Y2
21. END

■ 9-2-7 ZCP(區域比較)(FNC 11)

格式：

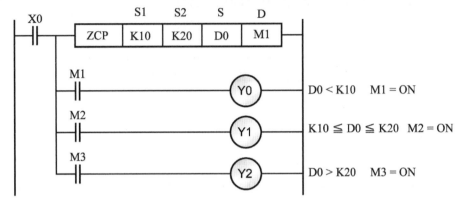

說明：ZCP指令是用來與上、下設定值作大小比較，也就是指所定範圍內的比較，而非單一值。比較須注意的是數值S1不得大於數值S2，不然將視較大值爲S2，以上圖範例說明即是將比較結果以M1、M2、M3輸出表示之。

範例：

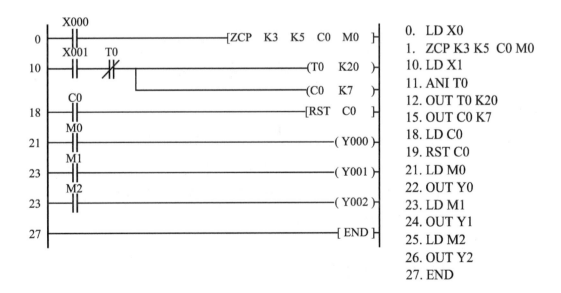

9-3 算數運算

9-3-1 ADD(加法運算)(FNC 20)

格式：

說明：

1. 被加數D0之資料加上加數D2的資料，並將和結果存於D4暫存器。若是32位元相加，則被加數存於D1、D0，加數存於D3、D2，而結果存於D5、D4。

2. 16 位元加算結果若超過 32767 或 32 位元超過 2147483647，則進位旗號 M8022＝ON。若結果爲零則M8020＝ON。若爲負數則M8021＝ON。這三個都是典型的特殊電驛應用指示。

9-3-2 SUB(減法運算)

格式：

說明：

1. 被減數 D0 資料減去減數 D2 資料，其差(D0-D2)結果存於 D4 暫存器。

2. 使用 D 暫存器作加減運算，暫存器可任意指定。但一般指定爲偶數，尤其是32 位元運算須特別注意。32 位元連續號數的暫存器，較小號碼的爲下 16 位元，較大號碼的爲上 16 位元。

9-3-3 DIV(除法運算)(FNC 23)

格式：

說明：

1. 16 位元除法。 S1 是被除數，S2 是除數，D4 是商，若有餘數則存在 D5。 32 位元除法，被除數存於 D0、D1，除數存於 D2、D3，商存於 D4、D5，而餘數存於 D6、D7。故在選擇來源與目的暫存器時一般用偶數。

2. 除數不得為零，否則將會發生錯誤，除法指令不被執行。

9-3-4　MUL(乘法運算)(FNC 22)

格式：

說明：資料來源 D0 與 D2 相乘，若所得的結果低於 16 位元，則存於 D4 內。若所得結果高於 16 位元，則存於 D4、D5 內。

範例：

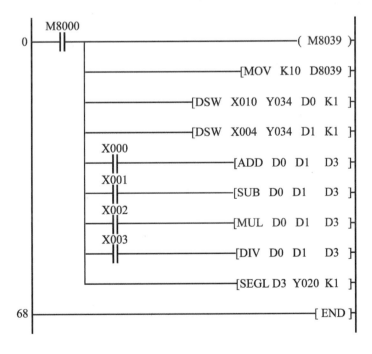

0. LD M8000
1. OUT M8039
3. MOV K10 D8039
8. DSW X10 Y34 D0 K1
17. DSW X4 Y34 D1 K1
26. MPS
27. AND X0
28. ADD D0 D1 D3
35. MRD
36. AND X1
37. SUB D0 D1 D3
44. MRD
45. AND X2
46. MUL D0 D1 D3
53. MRD
54. AND X3
55. DIV D0 D1 D3
62. MPP
63. SEGL D3 Y20 K1
68. END

9-3-5 INC、DEC(遞增、遞減)(FNC 24，FNC 25)

格式：

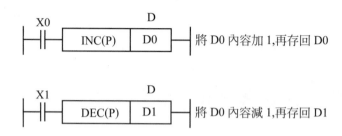

說明：

1. INC是往上加一的指令，DEC是往下減一的指令。

2. INC、DEC兩個指令通常使用微分指令，當X0或X1為ON時，D0或D1的內容自動加1或減1。此點與ADD、SUB指令加1或減1功能相同，差別在應用INC、DEC指令時，進位旗號與零旗號(M8020、M8022)不動作。

3. D0的增量值為32767時，若再加1則內容值會變為-32768。 D1的減量值為-32768時，若再減1則內容值會變為32767。

範例：

```
 0   LD      M8000
 1   OUT     M8039
 3   MOVP    K10         D8039
 8   LD      X000
 9   DSW     X004        Y034        D0          K1
18   DSW     X010        Y034        D1          K1
27   LD      X001
28   MPS
29   AND     M8013
30   INCP    D0
33   DECP    D1
36   MPP
37   SEGL    D0          Y020        K5
44   END
```

9-4 旋轉與位移指令

9-4-1 ROR、ROL(不含進位旗號之左、右旋)(FNC30，FNC31)

格式：

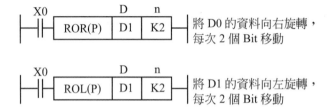

說明：

1. D 為指定左旋或右旋的目的運算元，n 表示為一次旋轉 n 個位元。一般使用左右旋指令時，通常都使用微分指令(即指令後面加上 P)。

2. 當執行右旋轉時，右旋後的最右一個位元被存放於進位旗號(CY)內。相對的，當進行左旋轉時，左旋後的最左的位元被存在進位旗號內。

3. 如下圖顯示為一字元(16bit)之資料，當信號輸入時，字元資料就向左移 2 個 bit 數，此時移動超出字元範圍之資料會從另外一端再納入字元內，且其最後 1bit 將存在進位旗號內。

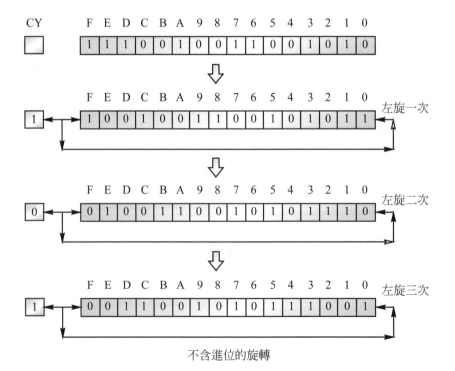

不含進位的旋轉

範例：

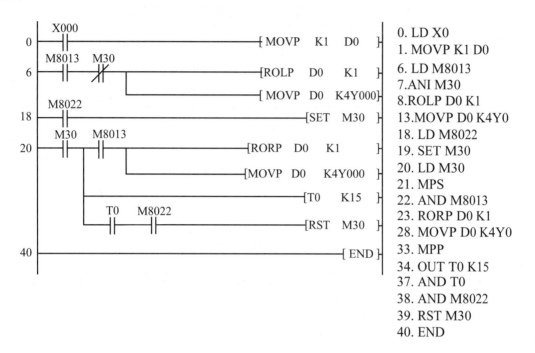

0	0. LD X0
	1. MOVP K1 D0
6	6. LD M8013
	7. ANI M30
	8. ROLP D0 K1
	13. MOVP D0 K4Y0
18	18. LD M8022
	19. SET M30
20	20. LD M30
	21. MPS
	22. AND M8013
	23. RORP D0 K1
	28. MOVP D0 K4Y0
	33. MPP
	34. OUT T0 K15
	37. AND T0
	38. AND M8022
40	39. RST M30
	40. END

9-4-2 RCR、RCL(含進位旗號之左、右旋)(FNC 32，FNC 33)

格式：

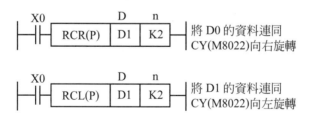

說明：

1. D 為指定左旋或右旋的目的運算元，n 表示為一次旋轉 n 個位元。一般使用左右旋指令時，都是使用微分指令(指令後面加 P)。

2. 如下圖所顯示為一字元(16bit)之資料，當信號輸入時，字元與進位(CY)內的資料就向左(或右)移 2 個 bit 數，此時移動超出字元範圍的位元會從另外一端再納入字元內。

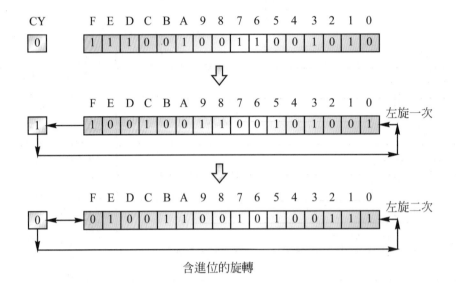

含進位的旋轉

9-4-3　SFTR、SFTL(位元右移、位元左移)(FNC 34，FNC 35)

格式：

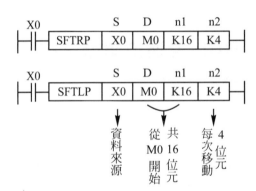

說明：

1.　SFTLP 左移圖解說明：

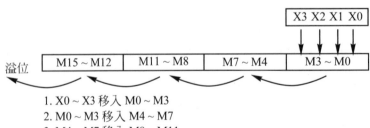

1. X0～X3 移入 M0～M3
2. M0～M3 移入 M4～M7
3. M4～M7 移入 M8～M11
4. M8～M11 移入 M12～M15
5. M12～M15 溢位

2. 移位脈波輸入時(一般採邊緣觸發)，字元內的資料就向左(或右)移 1bit，此
時移出之資料會消失，而空出的 bit 則由新的輸入取代。圖示如下：

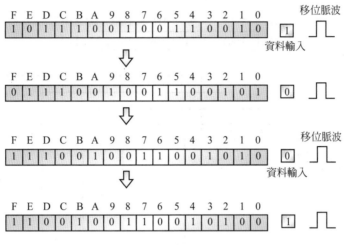

位元型的位移

範例：

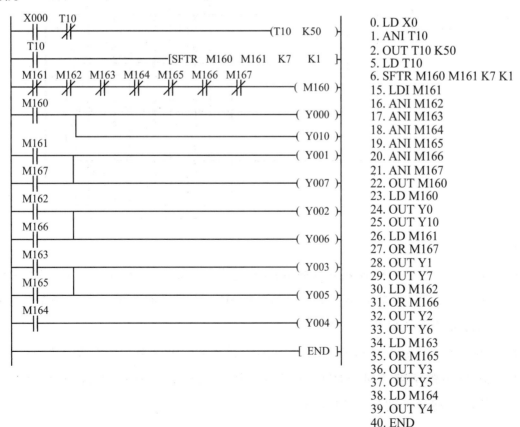

```
0.  LD X0
1.  ANI T10
2.  OUT T10 K50
5.  LD T10
6.  SFTR M160 M161 K7 K1
15. LDI M161
16. ANI M162
17. ANI M163
18. ANI M164
19. ANI M165
20. ANI M166
21. ANI M167
22. OUT M160
23. LD M160
24. OUT Y0
25. OUT Y10
26. LD M161
27. OR M167
28. OUT Y1
29. OUT Y7
30. LD M162
31. OR M166
32. OUT Y2
33. OUT Y6
34. LD M163
35. OR M165
36. OUT Y3
37. OUT Y5
38. LD M164
39. OUT Y4
40. END
```

9-5 HKY(16 按鍵)(FNC 71)

格式：

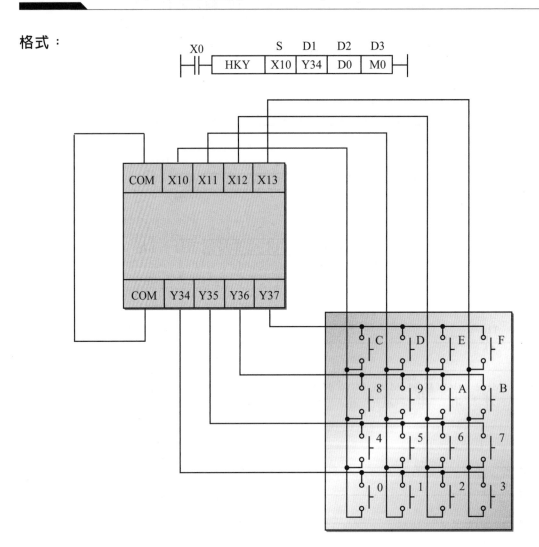

說明：

1. X10〜X13 為四排開關的 X 輸入端，開關另一端接到 Y34〜Y37，當作掃描信號。16 按鍵是 16 進位的 0〜9 與 A〜F。按下任何一鍵，須等到 Y 掃描輸出後才將輸入結果存入 D0 中。

2. 16 位元最大值為 4 位數，32 位元最大值為 8 位數，多打的位數，則溢位。

3. 按 0〜9 數字鍵時 M7=ON，按 A〜F 鍵相對應 M0〜M6，而按 0〜9 與 A〜F 任何一鍵時，則 M8029=ON。

4. 用 HKY 指令時，PLC 最好選擇電晶體輸出型式。若是電驛型輸出，則輸出將 D8039 掃描時間固定為 20ms 以上較好，要不然輸出點較易損壞，但因延長掃描時間，動作會稍慢。

9-6 DSW 指令(指撥開關)(FNC 72)

格式：

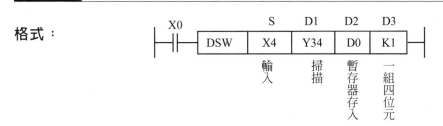

說明：當 X0=On 時，Y34～Y37，依序掃描。每掃描一次完成，M8039=ON。

範例：

1. 四則運算：透過指撥開關，可輸入任意值以便做四則運算。

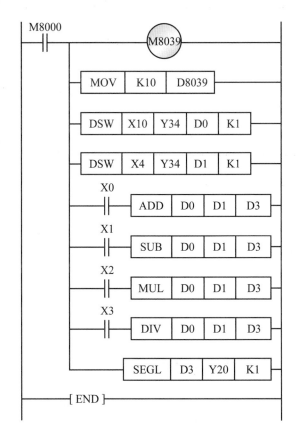

0.	LD M8000
1.	OUT M8039
3.	MOV K10 D8039
8.	DSW X10 Y34 D0 K1
17.	DSW X4 Y34 D1 K1
26.	MPS
27.	AND X0
28.	ADD D0 D1 D3
35.	MRD
36.	AND X1
37.	SUB D0 D1 D3
44.	MRD
45.	AND X2
46.	MUL D0 D1 D3
53.	MRD
54.	AND X3
55.	DIV D0 D1 D3
62.	MPP
63.	SEGL D3 Y20 K1
70.	END

2. 遞增遞減：可自由輸入其要增減之數目。

```
0   ─┤├─ M8000 ──────────────────────────────────( M8039 )
                    │
                    └──────────────[ MOVP    K10    D8039 ]

8   ─┤├─ X000 ──────────────[ DSW     X004   Y034   D0    K1 ]
                    │
                    │
                    │
                    │
                    └──────────[ DSW     X010   Y034   D1    K1 ]


27  ─┤├─ X001  ─┤├─ M8013 ─────────────────────[ INCP   D0 ]
                    │
                    ├──────────────────────[ DECP   D1 ]
                    │
                    └──────────[ SEGL    D3     Y020   K1 ]


44  ──────────────────────────────────────────[ END ]
```

0	LD	M8000			
1	OUT	M8039			
3	MOVP	K10	D8039		
8	LD	X000			
9	DSW	X004	Y034	D0	K1
18	DSW	X010	Y034	D1	K1
27	LD	X001			
28	MPS				
29	AND	M8013			
30	INCP	D0			
33	DECP	D1			
36	MPP				
37	SEGL	D3	Y020	K1	
44	END				

9-7 DECO：解碼(FNC 41)

格式：

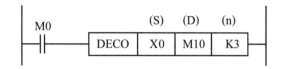

說明：本指令是將運算元(S)所指定的低
n 位元解碼後，存放在以運算元
(D)為首的2^n位元內。

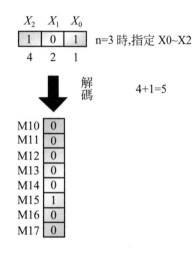

範例：

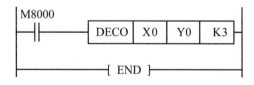

9-8　SUM：位元 ON 的數量(FNC 43)

格式：

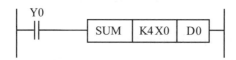

說明：用於計算運算元(S)ON 的位元數，並將其 ON 的數量移送到運算元(D)中。

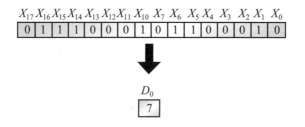

範例：

9-9　BON：位元 ON 的檢查(FNC 44)

格式：

```
      X2              S    D
──┤├──────────┤ BON │ D0 │ M0 │ K3 ├──
```

說明：用來判斷運算元(S)中第n個位元是否為ON，而運算元(D)則儲存判斷的結果。

b_{15} b_{14} b_{13} b_{12} b_{11} b_{10} b_9 b_8 b_7 b_6 b_5 b_4 b_3 b_2 b_1 b_0

D_0 | 0 | 0 | 0 | 1 | 0 | 0 | 0 | 1 | 0 | 1 | 0 | 0 | 0 | 0 | 1 | 0 |　　M_0 = OFF　因為b_3= 0

b_{15} b_{14} b_{13} b_{12} b_{11} b_{10} b_9 b_8 b_7 b_6 b_5 b_4 b_3 b_2 b_1 b_0

D_0 | 1 | 0 | 0 | 0 | 0 | 0 | 0 | 1 | 0 | 1 | 1 | 0 | 1 | 0 | 0 | 0 |　　M_0 = ON　因為b_3= 1

範例：

```
      M8000
──┤├──────────┤ BON │ K4X0 │ Y0 │ K3 ├──
```

這個範例判斷 X3 是否 ON 或 OFF，並將結果顯示在 Y0 上。

9-10　七段顯示器掃描顯示(SEGL)(FNC 74)

格式：

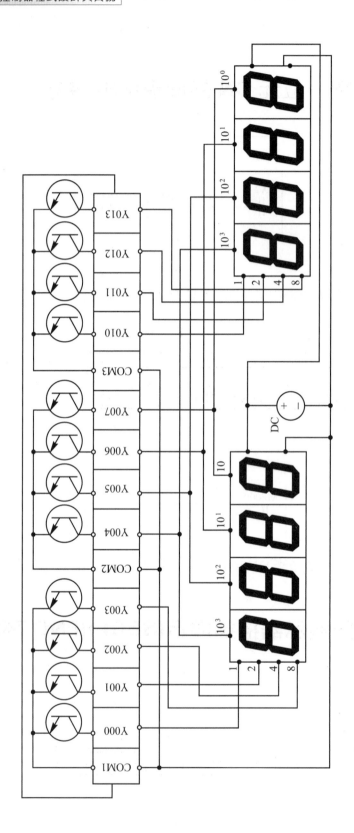

說明：SEGL 指令是使用在控制 **4 位數 1 組**或 **2 組**具有鎖定(LATCH)功能的 7 段顯示器應用，使用說明如下：

1. 『**4 位數 1 組**』，n＝0～3

    其將來源資料 S(D0)做 BCD 轉碼，各位數依順序輸出至 Y000～Y003。而控制訊號(Y004～Y007)的順序，依序將 4 位數的值鎖定在 7 段顯示器上。

2. 『**4 位數 2 組**』，n＝4～7

    其將來源資料 S(D0, D1)做 BCD 轉碼，並將 D0 輸出至 Y000～Y003，D1 輸出至 Y010～Y013，而 D0 及 D1 的個別有效數字為 BCD 0～9999。另外，控制訊號(Y004～Y007)的順序是兩組共用(Y004～Y007)。

3. 在本指令執行 4 位數(1 組或 2 組)的顯示，需要 12 倍的掃描時間。4 位數的輸出完成後，完成旗標 M8029 會 ON。

4. 本命令範例在 X0 設定為 ON，會不斷的執行。若是在動作狀態中，將 X0 設為 OFF，則動作停止。若再將 X0 設定為 ON，則重新開始動作。

5. 控制器電晶體輸出的 ON 電壓值，約為 1.5V，請選用符合規格的七段顯示器。

問題與討論

1. 利用 MOV 和 CMP 指令撰寫一程式，其動作要求如下：X000 設為 ON 時，將 K1 傳送給 D0，當 X000 設為 OFF 時，將 K0 傳送給 D0；X001 設為 ON 時，將 K2 傳送給 D1，當 X001 設為 OFF 時，將 K0 傳送給 D1，然後比較 D0 與 D1 數值的大小，便可得知 X000 跟 X001 的狀態。

2. D0＝2，D1＝6，D2＝3，利用 MUL 和 SUB 指令，計算(2*6－3)，並以 16 進制的方式顯示在 Y000～Y003 上。

3. 利位移指令，設計一跑馬燈程式，其動作為 Y000(ON)→Y001(ON)→Y002(ON)→Y003(ON)→Y002(ON)→Y001(ON)→Y001(ON)…依序循環。

FX2/FX2N
PLC Program Design and Practice

Chapter 10

可程式實習

10-1 電動機啓動停止控制電路

說明：

1. 線路圖

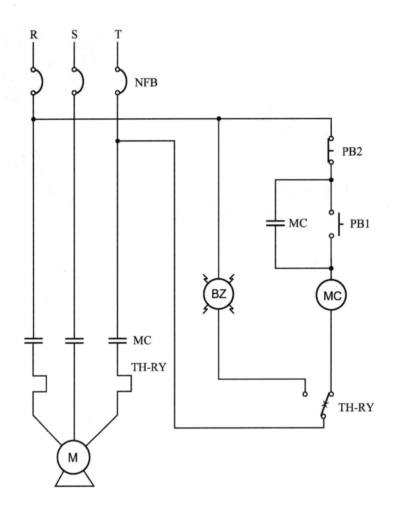

2. **動作說明**

⑴ 當按下 **PB1** 按鈕開關時，**MC** 線圈激磁，電動機開始運轉。

⑵ 若按下 **PB2** 按鈕開關時，電動機停止。

⑶ 若因過載或故障發生，電動機停止，**Y0** 輸出且令蜂鳴器發出警報。

3. PLC 輸入/輸出接線圖

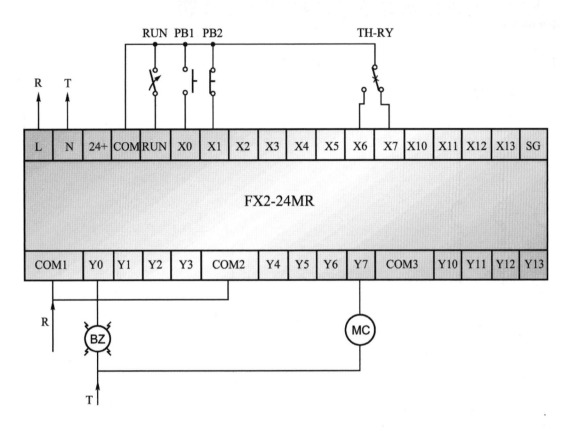

4. 階梯圖

5. 指令表

0	LD	X000	4	OUT	Y007
1	OR	Y007	5	LD	X006
2	AND	X001	6	OUT	Y000
3	AND	X007	7	END	

10-2 多處控制電動機啓動/停止電路

說明：

1. 線路圖

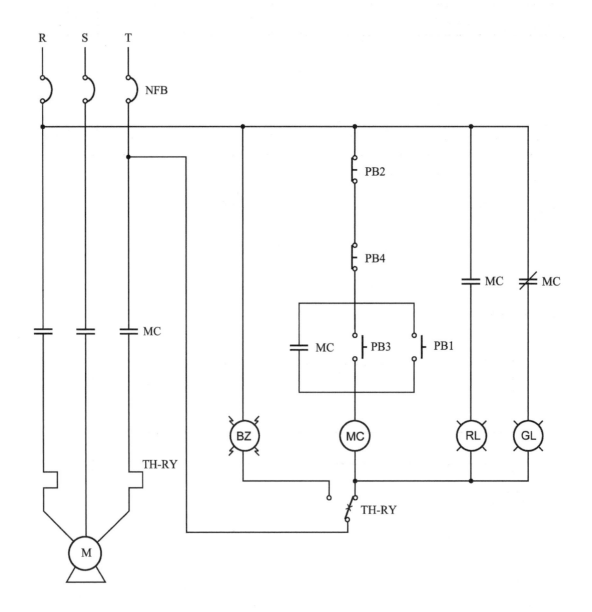

2. 動作說明

(1) 當 NFB 開關 ON 時，GL 燈亮，電動機不動作。

(2) 當按下 PB1 或 PB3 按鈕開關時，線圈 MC 激磁，電動機動作，GL 燈熄，RL 燈亮。

(3) 若按下 PB2 或 PB4 按鈕開關時，線圈 MC 跳脫，電動機停止運轉，GL 燈亮，RL 燈熄。

(4) 若因過載或故障發生，電動機停止動作，蜂鳴器發出警報，GL 燈熄，RL 燈熄。

3. 輸入/輸出接線圖

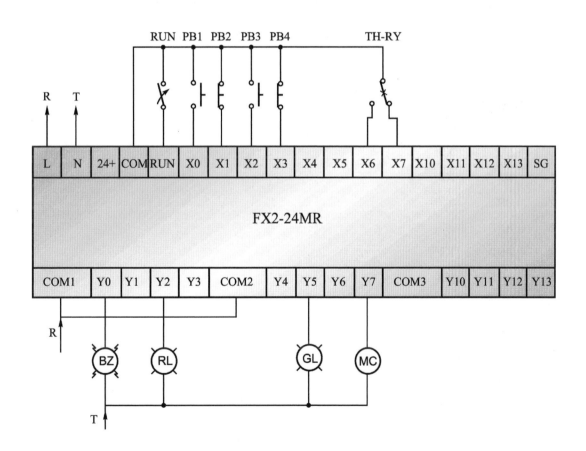

4. 階梯圖

5. 指令表

0	LD	X0
1	OR	X2
2	OR	Y7
3	AND	X7
4	AND	X1
5	AND	X3
6	OUT	Y7
7	LDI	Y7
8	AND	X6
9	OUT	Y5
10	LD	Y7
11	OUT	Y2
12	LD	X6
13	OUT	Y0
14	END	

10-3 電動機啓動兼寸動控制電路

說明：

1. 線路圖

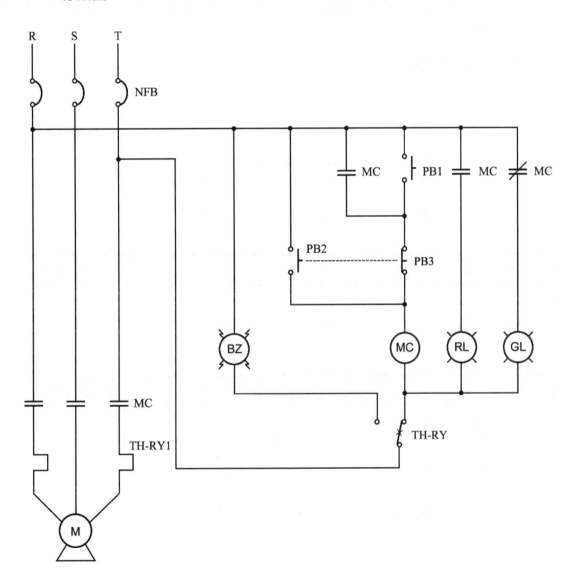

2. **動作說明**

(1) 當按下PB1按鈕開關時,線圈MC激磁,電動機運轉,RL燈亮,GL燈熄。

(2) 當按下PB3時,線圈MC跳脫,電動機停止運轉,GL燈亮,RL燈熄。

(3) 若按下PB2時,線圈MC激磁,但不能自保持,故電動機做寸動運轉。

(4) 若因過載或故障發生,電動機停止運轉,蜂鳴器發出警報,GL燈熄,RL燈熄。

3. **輸入/輸出接線圖**

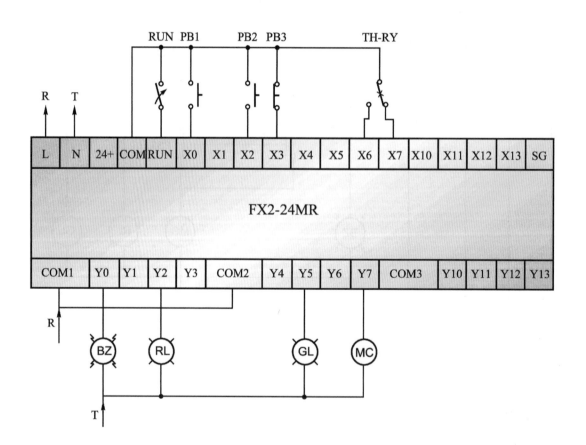

4. 階梯圖

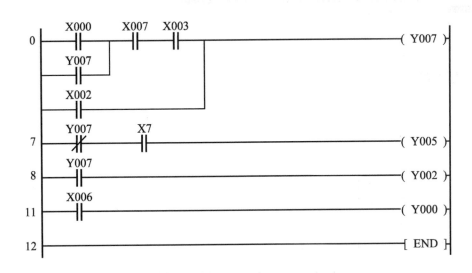

5. 指令表

0	LD	X0
1	OR	Y7
2	AND	X7
3	AND	X3
4	OR	X2
5	OUT	Y7
6	LDI	Y7
7	AND	X7
8	OUT	Y5
9	LD	Y7
10	OUT	Y2
11	LD	X6
12	OUT	Y0
13	END	

10-4 電動機手動順序控制電路

說明:

1. 電路圖

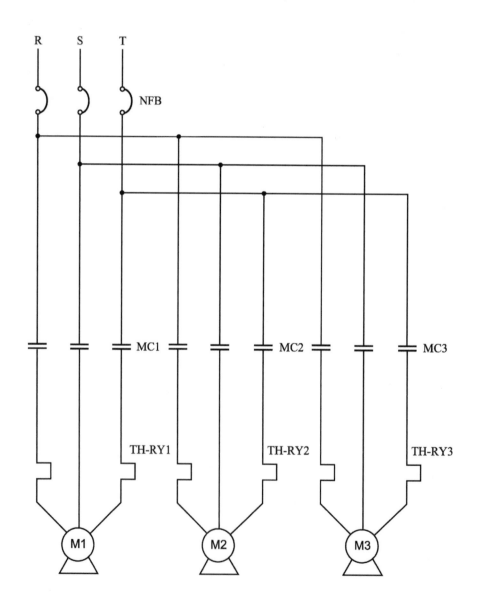

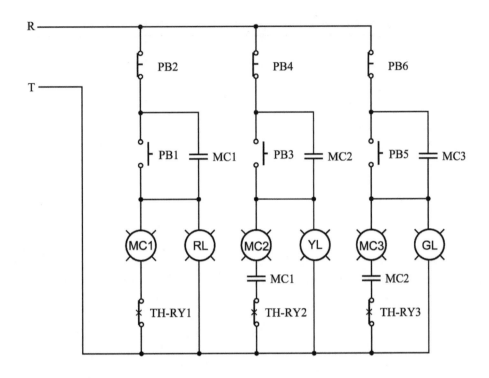

2. **動作說明**

(1) 三部電動機，分別由三處 3 組按鈕開關控制，電動機起動順序由 M1 先行起動，之後 M2，然後再是 M3 起動。

(2) 若按下 PB2 按鈕開關時，三部電動機同時停止運轉，若只按下 PB4 按鈕開關時，M2、M3 兩部電動機停止運轉，若只按下 PB6 按鈕開關，只能停止 M3 電動機。

(3) M1 電動機運轉時 RL 燈亮，M2 電動機運轉時 YL 燈亮，M3 電動機運轉時 GL 燈亮。

(4) 三部電動機同時運轉時，若 M1 電動機過載或是故障發生，三部電動機同時停止運轉，若 M2 電動機過載或是故障發生，M2、M3 二部電動機同時停止運轉，若只有 M3 電動機過載或是故障發生，則只有 M3 電動機停止運轉。

3. 輸入/輸出接線圖

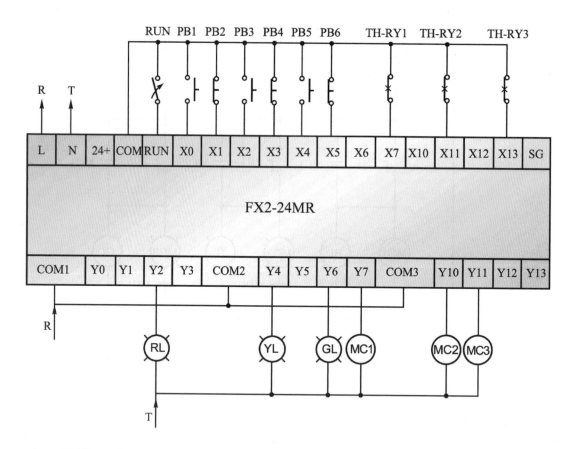

4. 階梯圖

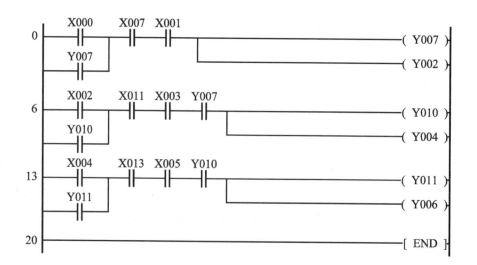

5. 指令表

0	LD	X0	11	OUT	Y10	
1	OR	Y7	12	OUT	Y4	
2	AND	X7	13	LD	X4	
3	AND	X1	14	OR	Y11	
4	OUT	Y7	15	AND	X13	
5	OUT	Y2	16	AND	X5	
6	LD	X2	17	AND	Y10	
7	OR	Y10	18	OUT	Y11	
8	AND	X11	19	OUT	Y6	
9	AND	X3	20	END		
10	AND	Y7				

10-5 三相感應電動機正逆轉控制電路

說明：

1. 電路圖

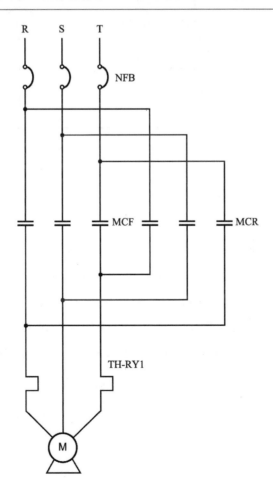

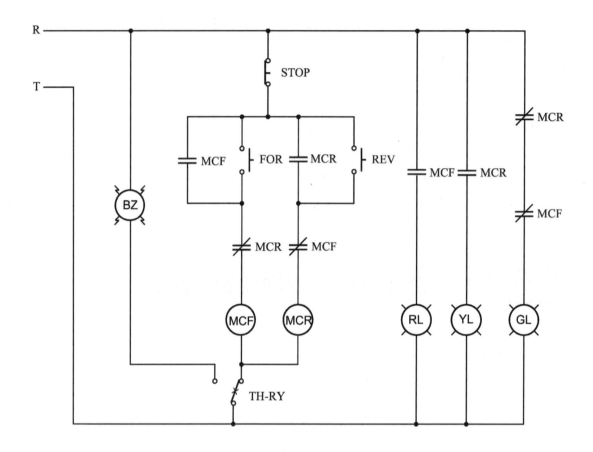

2. **動作說明**

(1) RUN開關ON時，電動機無運轉，GL燈亮。

(2) FOR、REV、STOP按鈕開關分別控制電動機的正逆轉及停止。

(3) 當按下FOR按鈕開關，此時電動機正轉，RL燈亮，GL燈熄。

(4) 若想要電動機逆轉，則須先按下STOP按鈕開關讓電動機停止，然後再按REV按鈕開關，則電動機開始逆轉，YL燈亮，RL燈熄。

(5) 若因過載或故障發生，電動機停止運轉，蜂鳴器發出警報，GL燈亮，RL燈及YL燈熄。

3. 輸入/輸出接線圖

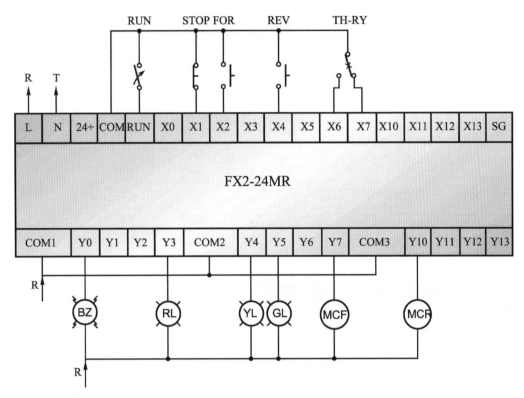

4. 階梯圖

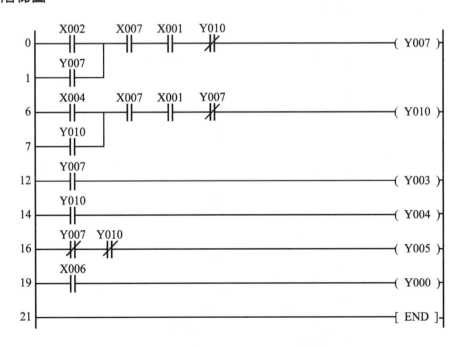

5. 指令表

0	LD	X2		11	OUT	Y10
1	OR	Y7		12	LD	Y7
2	AND	X7		13	OUT	Y3
3	AND	X1		14	LD	Y10
4	ANI	Y10		15	OUT	Y4
5	OUT	Y7		16	LDI	Y7
6	LD	X4		17	ANI	Y10
7	OR	Y10		18	OUT	Y5
8	AND	X7		19	LD	X6
9	AND	X1		20	OUT	Y0
10	ANI	Y7		21	END	

10-6 電動機追次控制電路

說明：

1. 電路圖

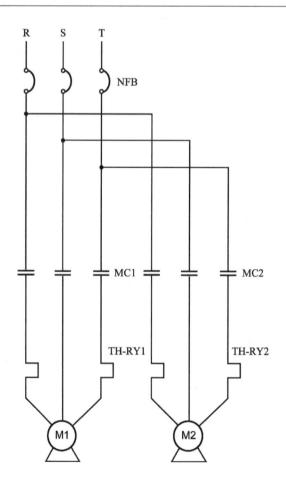

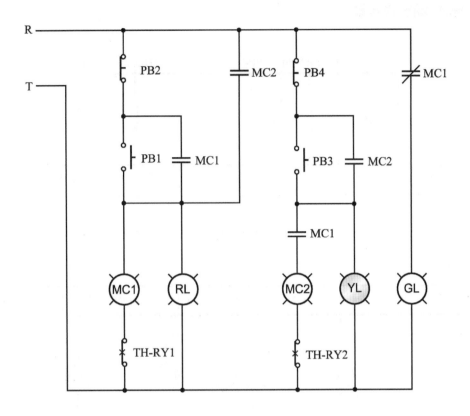

2. 動作說明

(1) 當 RUN 開關 ON 時，電動機無運轉，GL 燈亮。

(2) 當按下 PB1 按鈕開關時，線圈 MC1 激磁，M1 電動機開始運轉，RL 燈亮，GL 燈熄，再按下 PB3 按鈕開關時，線圈 MC2 激磁，M2 電動機運轉，YL 燈亮。

(3) 未先按下PB1按鈕開關，而先按下PB3按鈕開關，M2 電動機是不會運轉的。

(4) 兩部電動機於正常運轉下，必須先讓 M2 電動機先停止(按 PB4)，然後再按下 PB2 按鈕開關，才能讓 M1 電動機停止運轉。

(5) 兩部電動機於正常運轉下，若只有M1電動機過載或故障發生時，則2部電動機停止運轉，若只有M2電動機過載或故障發生時，則只有M2電動機停止運轉。

3. 輸入/輸出接線圖

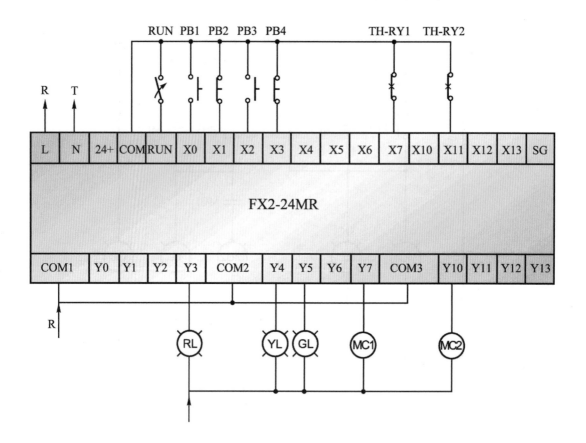

4. 階梯圖

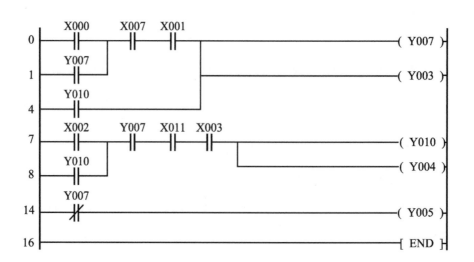

5. 指令表

0	LD	X0	9	AND	Y7
1	OR	Y7	10	AND	X11
2	AND	X7	11	AND	X3
3	AND	X1	12	OUT	Y10
4	OR	Y10	13	OUT	Y4
5	OUT	Y7	14	LDI	Y7
6	OUT	Y3	15	OUT	Y5
7	LD	X2	16	END	
8	OR	Y10			

10-7 電動機順序啓動停止控制電路

說明：

1. 電路圖

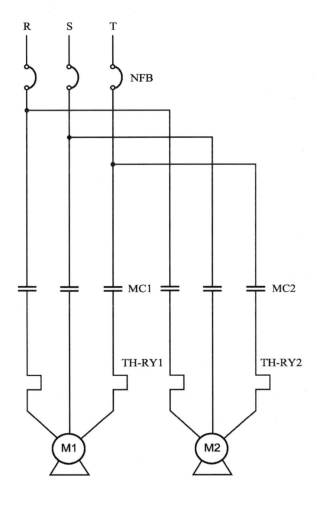

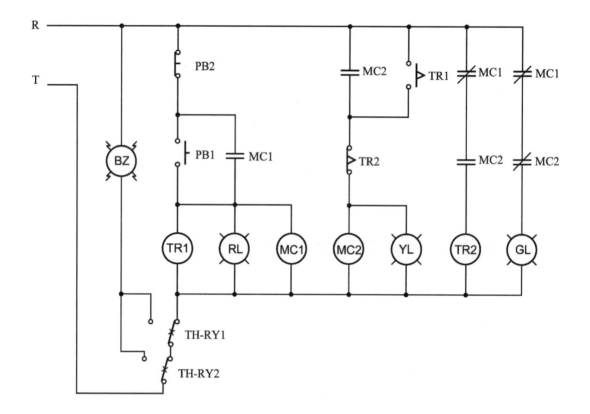

2. **動作說明**

(1) 當 RUN 開關 ON 時，電動機無運轉，GL 燈亮。

(2) 按下 PB1 按鈕開關時，線圈 MC1 激磁，M1 電動機運轉，GL 燈熄，RL 燈亮。

(3) TR1 計時器計時時間完成後，線圈 MC2 激磁，YL 燈亮。

(4) 按下 PB2 按鈕開關時，線圈 MC1 先跳脫，M1 電動機停止，RL 燈熄，TR2 計時器計時時間完成後，線圈 MC2 跳脫，M2 電動機停止，YL 燈熄，GL 燈亮。

(5) 若因兩部電動機任何一部過載或故障發生，兩部電動機都會停止運轉，蜂鳴器發出警報，GL 燈亮，RL 燈及 YL 燈熄。

3. 輸入/輸出接線圖

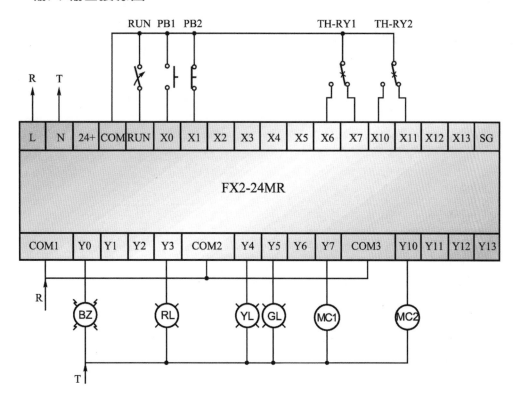

4. 階梯圖

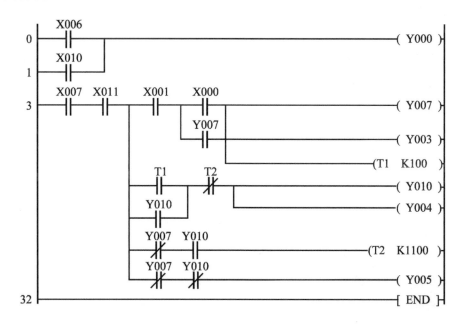

5. 指令表

0	LD	X6	
1	OR	X10	
2	OUT	Y0	
3	LD	X7	
4	AND	X11	
5	MPS		
6	AND	X1	
7	LD	X0	
8	OR	Y7	
9	ANB		
10	OUT	Y7	
11	OUT	Y3	
12	OUT	T1	K100
15	MRD		
16	LD	T1	
17	OR	Y10	
18	ANB		
19	ANI	T2	
20	OUT	Y10	
21	OUT	Y4	
22	MRD		
23	ANI	Y7	
24	AND	Y10	
25	OUT	T2	K100
28	MPP		
29	ANI	Y7	
30	ANI	Y10	
31	OUT	Y5	
32	END		

10-8 三相感應電動機 Y-Δ 啓動控制電路

說明：

1. 電路圖

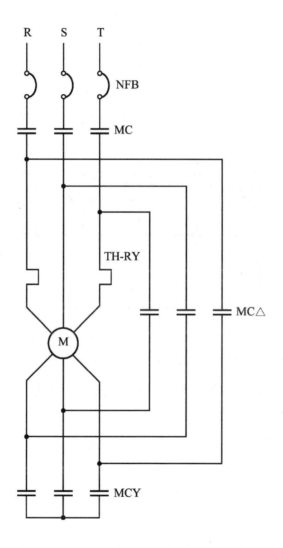

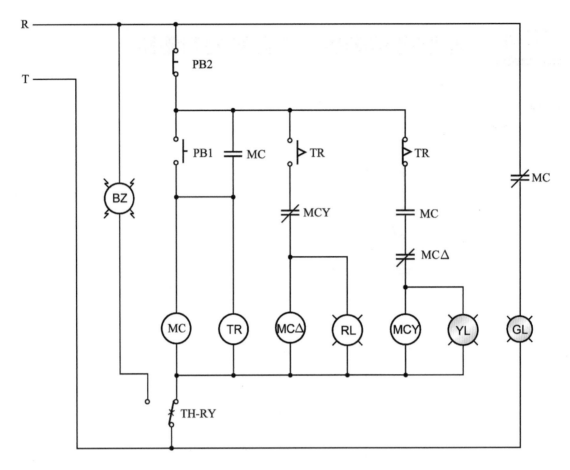

2. **動作說明**

(1) 當 RUN 開關 ON 時，電動機停止，GL 燈亮。

(2) 按下 PB1 按鈕開關，線圈 MC、MCY 激磁，電動機 Y 起動，T0 計時器開始計時，YL 燈亮，GL 燈熄。

(3) 經過設定的時間後，線圈 MCY 跳脫，線圈 MCΔ 激磁，電動機運轉，此時 RL 燈亮，YL 燈熄。

(4) 按下 PB2 按鈕開關，線圈 MC 及 MCΔ 跳脫，電動機停止運轉，RL 燈熄，GL 燈亮。

(5) 若因過載或故障發生，電動機停止運轉，蜂鳴器發出警報，GL 燈亮，RL 燈及 YL 燈熄。

3. 輸入/輸出接線圖

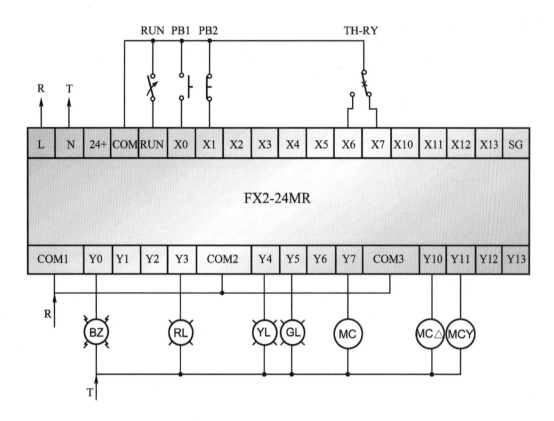

4. 階梯圖

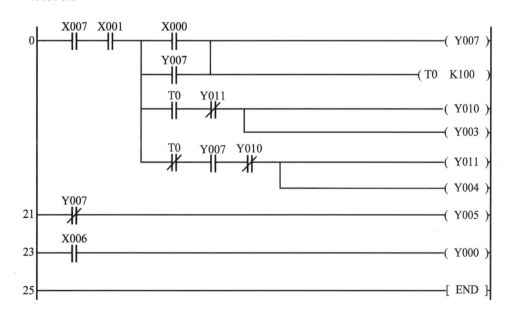

5. 指令表

0	LD	X7	
1	AND	X1	
2	MPS		
3	LD	X0	
4	OR	Y7	
5	ANB		
6	OUT	Y7	
7	OUT	T0	K100
10	MRD		
11	AND	T0	
12	ANI	Y11	
13	OUT	Y10	
14	OUT	Y3	
15	MPP		
16	ANI	T0	
17	AND	Y7	
18	ANI	Y10	
19	OUT	Y11	
20	OUT	Y4	
21	LDI	Y7	
22	OUT	Y5	
23	LD	X6	
24	OUT	Y0	
25	END		

10-9 抽水馬達

說明：

1. 電路圖

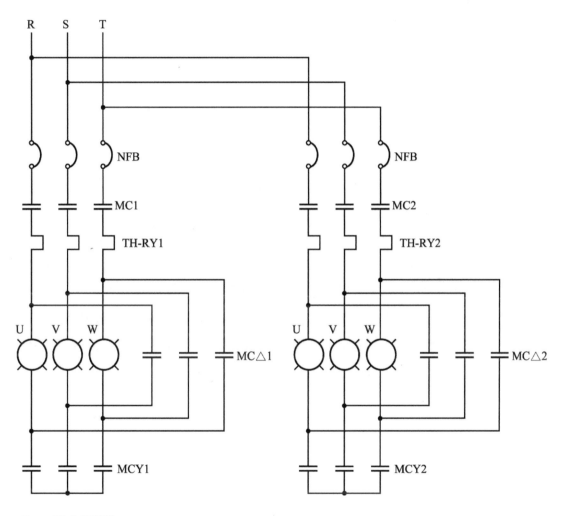

2. 動作說明

(1) 手動部份

① 當開關 COS 切到手動時，綠燈 Y3 亮。

② 當按下 X3 按鈕時，電驛 Y7 輸出，線圈 MC2 激磁，計時器 T0 開始計
時 10 秒，電驛 Y11 輸出，線圈 MCY2 激磁，綠燈 Y3 熄， 紅燈 Y2 亮，
馬達 Y 接起動。

③ 計時器 T0 計時 10 秒後，T0 接點 ON，電驛 Y10 輸出，線圈 MCY2 跳脫，線圈 MC△2 激磁，馬達△接運轉。

④ 當按下 X4 按鈕時，線圈 MC△2 跳脫，馬達動作停止，紅燈 Y2 熄，綠燈 Y3 亮。

(2) 自動部份

① 當開關 COS 切到自動時，若水位是在滿水位時，X7 接點 ON 及 X10 接點 ON，綠燈 Y1 亮，紅燈 Y0 熄，馬達不會運轉。

② 若開關 COS 切到自動時，水位是在低水位時，X7 接點 OFF 及 X10 接點 OFF，則電驛 Y4 輸出，線圈 MC1 激磁，計時器 T1 開始計時 10 秒，電驛 Y6 輸出，線圈 MCY1 激磁，馬達 1-Y 接起動。計時器 T1 計時 10 秒後，T1 接點 ON，電驛 Y5 輸出，線圈 MC△1 激磁，線圈 MCY1 跳脫，馬達 1△接運轉。當抽水至滿水位時 X7 接點 ON，線圈 MC△跳脫，馬達停止運轉。

③ 若開關 COS 切到自動時，水位是在未到滿水位且高出低水位時，X10 接點 ON 和 X7 接點 OFF，電驛 Y4 輸出，線圈 MC1 激磁，計時器 T1 開始計時 10 秒，電驛 Y6 輸出，線圈 MCY1 激磁，馬達 1-Y 接起動。計時器 T1 計時 10 秒後，T1 接點 ON，電驛 Y5 輸出，線圈 MC△1 激磁，線圈 MCY1 跳脫，馬達 1-△接運轉，等到滿水位時 X7 接點 ON，線圈 MC△跳脫，馬達停止運轉。

(3) 電極棒說明

E1、E2、E3 是測量水位的三根電極棒，E1 最短、E2 中間、E3 最長。

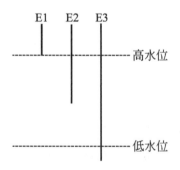

3. 外部接線圖

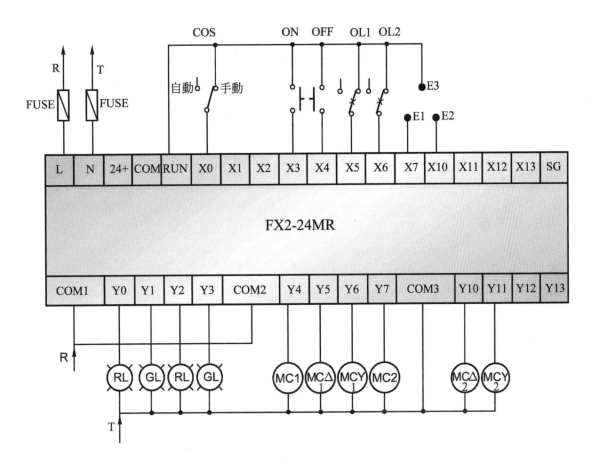

4. 階梯圖

5. 指令表

0	LD	X0			24	AND	Y7	
1	MPS				25	OUT	Y2	
2	LD	X3			26	LDI	X0	
3	OR	Y7			27	MPS		
4	ANB				28	ANI	X4	
5	MPS				29	ANI	X7	
6	ANI	X4			30	ANI	M2	
7	AND	X6			31	AND	X5	
8	OUT	Y7			32	OUT	Y4	
9	MPP				33	OUT	T1	K100
10	OUT	T0	K100		34	MRD		
13	MRD				37	AND	X7	
14	AND	Y7			38	AND	Y4	
15	ANI	Y10			39	ANI	Y5	
16	OUT	Y11			40	OUT	Y6	
17	MRD				41	MRD		
18	AND	T0			42	ANI	X7	
19	OUT	Y10			43	AND	T1	
20	MRD				44	ANI	M2	
21	ANI	Y7			45	OUT	Y5	
22	OUT	Y3			46	MRD		
23	MPP				47	AND	M2	

48	OUT	Y1		54	LD	X7
49	MRD			55	OR	H2
50	ANI	M2		56	ANB	
51	ANI	X5		57	AND	X10
52	OUT	Y0		58	OUT	M2
53	MPP			59	END	

6. 流程圖

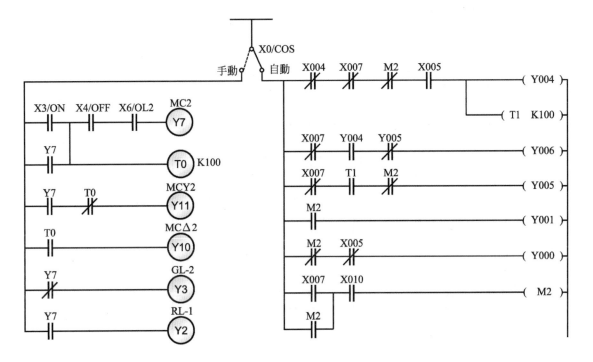

問題與討論

　　試參考第八章副程式的設計方法，利用以下線路圖和流程圖，設計出包含四個動作要求的控制程式。

1.　主電路圖：

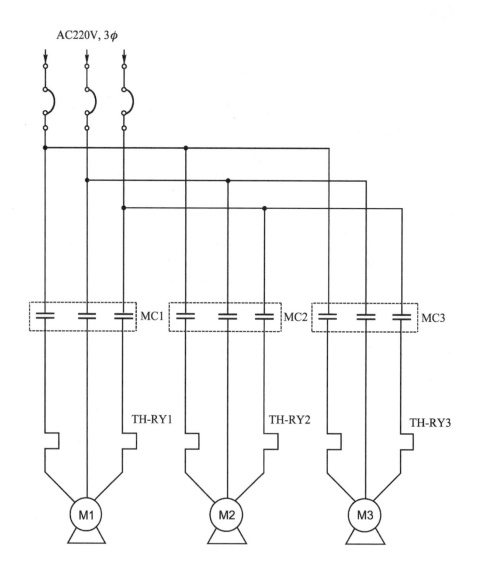

2. 控制電路圖：

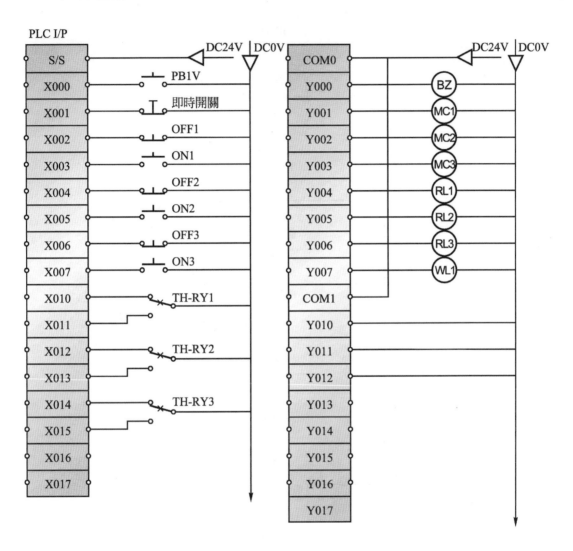

3. 主程式電路圖：

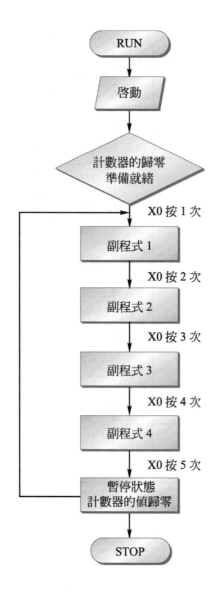

4. 副程式流程圖：

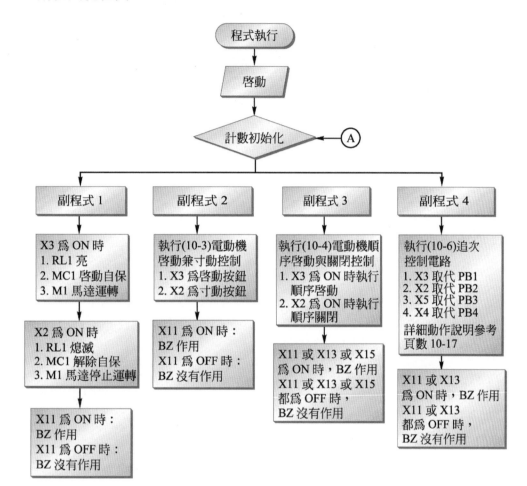

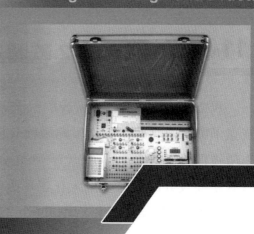

FX2/FX2N
PLC Program Design and Practice

Chapter **11**

PLC 與人機介面

11-1 人機介面的優勢

　　目前在工業界正處於改革的時代，由於觸控螢幕的實際應用在工廠之中，而且因為觸控螢幕所帶來的好處很多，比如說辨識容易、操作簡單、不需指令等。因此，就有越來越多的工廠更有意願的使用它，而製作公司更是進一步地製造出更耐熱、堅固、壽命更長，還有彩色螢幕來讓這些工廠有更多的選擇。於是為了因應這些要求，就有人機介面的發展，從最早的單色螢幕、功能陽春、記憶體少的情況到現在的彩色螢幕、多功能、大記憶體的出現，都代表著現代人越來越重視現場操作的方便性與實用性，與其所帶來的利益將有助於使效率提昇、生命保障。就長遠的眼光來看，人機介面可說是最好的環境，就設計上來說，一個好的設計可以擁有最多的支持，我們更應該好好努力設計出讓這些在工廠中的操作員更容易且更簡單使用的強大的人機介面。

11-2 EU Editor2 軟體安裝與編輯應用簡介

視窗軟體已成為作業系統的主流，其特點就是讓使用者可直觀地由功能提示列或識別圖示中點選，即使不熟練指令也可以輕易地操作視窗軟體。EU Editor2 採用所視即所得(What you get is what you see)的先進觀念，使用者可立即在螢幕上看到畫面設計的實際結果，在螢幕上的顯示都會與實際人機介面所顯示的畫面一樣。而在編輯操作方法上，EU Editor2 是使用物件導向、事件驅動的程式設計理念。

■ 11-2-1 安裝軟體所需電腦硬體規格

1. 作業系統：Windows 2000 Service Pack 3 含以上。
2. 處理器規格：1 GHz 以上(含以上)。
3. 記憶體容量：1 GHz 以上(含以上)。
4. 硬碟容量：1.5 GHz 以上(含以上)。
5. 螢幕檢析度：1024×768 以上(含以上)。
6. 網路卡：10/100Mbps。

■ 11-2-2 EU Editor2 軟體安裝

1. 將EU Editor2 光碟放入光碟機內，並且開啟光碟內容，點選Setup.exe進行安裝，如圖 11-1 所示。

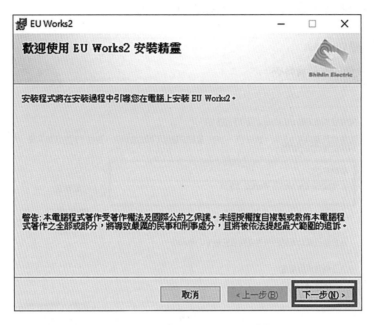

圖 11-1　EU Editor2 安裝精靈

2.　檢查有無舊版軟體，若以安裝舊版軟體，請先移除再進行安裝，點選下一步，如圖 11-2 所示。

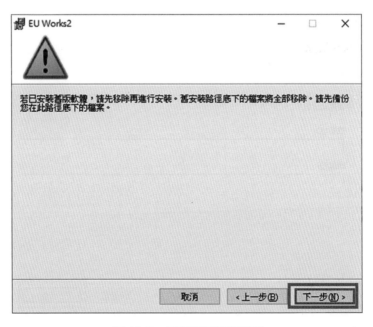

圖 11-2　檢查有無舊版軟體

3.　選擇安裝路徑，進行下一步，如圖 11-3 所示。

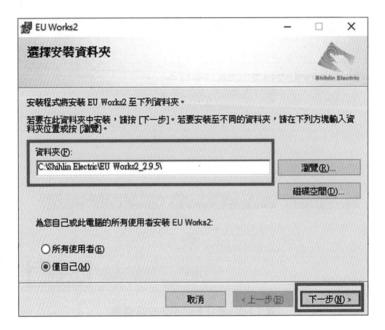

圖 11-3　輸入路徑

4.　輸入姓名及組織後，點選下一步，如圖 11-4 所示。

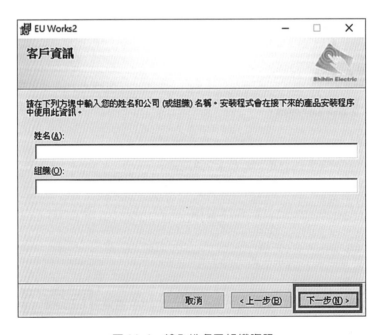

圖 11-4　輸入姓名及組織資訊

5. 選擇接受合約,如圖 11-5 所示。

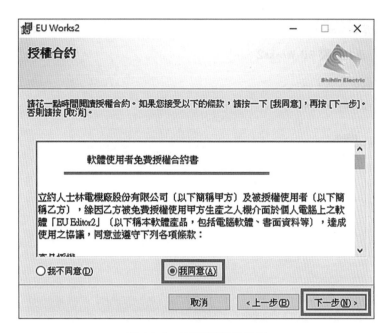

圖 11-5 同意授權合約書

6. 點選下一步,準備進行安裝,如圖 11-6 所示。

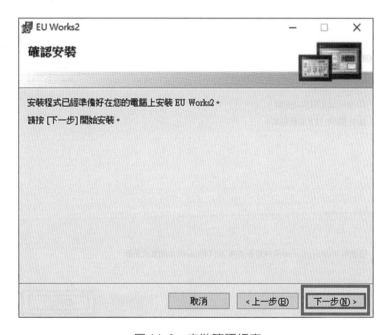

圖 11-6 安裝確認視窗

7. 軟體進行安裝，如圖11-7所示。

圖 11-7　正在執行安裝程式

8. 安裝完成後，安裝精靈會提示已完成安裝，如圖11-8所示。

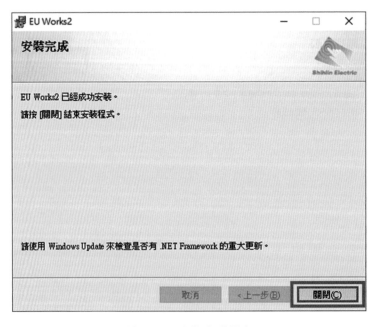

圖 11-8　安裝完成視窗

▣ 11-2-3 EU Editor2 建立專案與型號選擇

1. 點選 EU Editor2 圖示開啟軟體，如圖 11-9 所示。

圖 11-9 軟體捷徑

2. 開啟後軟體畫面，如圖 11-10 所示。

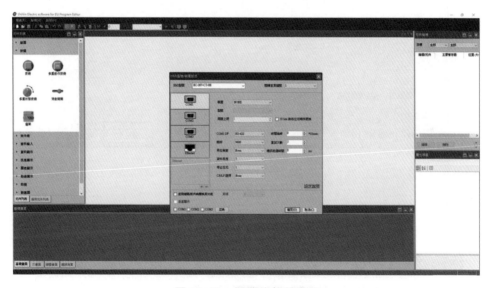

圖 11-10 開啟後軟體畫面

3. 依照搭配人機型號及控制器型號進行選擇，如圖 11-11 所示。

圖 11-11　選擇型號

11-2-4　EU Editor2 編輯視窗介紹

圖 11-12　專案編輯視窗

1. 繪圖區－繪製所需指示燈、按鈕、資料顯示、圖表、警報等區域。
2. 快速功能區－常用元件設置，方便設計專案可快速運用。
3. 畫面清單視窗－檢視此專案所有視窗畫面。
4. 屬性視窗－檢視此元件相關內部屬性設定。

11-3 實作一：交通號誌燈之控制

■ 11-3-1 實驗目的

利用可程式(PLC)控制器作紅綠燈之自動控制。

■ 11-3-2 實驗項目

交通號誌燈紅黃綠燈之控制。

■ 11-3-3 硬體設備

個人電腦一套，可程式控制模組(FX3U-32M)，人機介面(EC207-CT0H)一組。

■ 11-3-4 PLC I/O 之設定

1. 輸入(Input)

    M100：啓動交通號誌燈自動控制
    M101：停止交通號誌燈自動控制

2. 輸出(Output)

    Y0：# 1 組綠燈
    Y1：# 1 組黃燈
    Y2：# 1 組紅燈
    Y3：# 2 組綠燈
    Y4：# 2 組黃燈
    Y5：# 2 組紅燈

◼ 11-3-5　軟體控制

1.　燈號控制動作示意圖

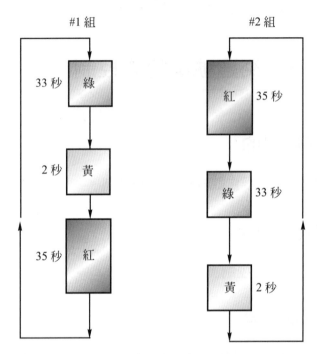

圖 11-13　交通號誌燈號順序控制動作流程圖

2. 狀態流程圖

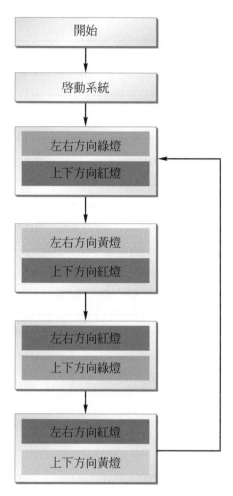

圖 11-14　交通號誌燈號控制流程圖

3. 階梯圖

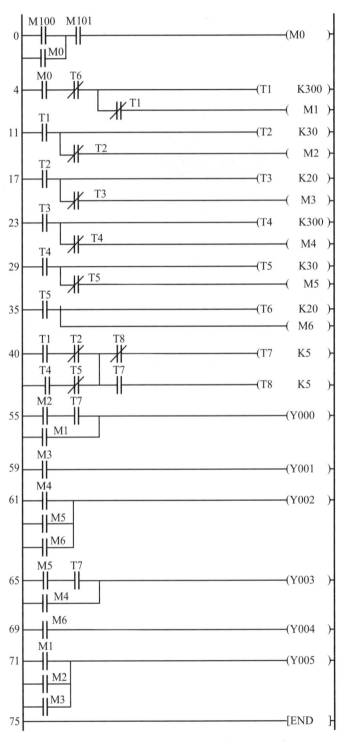

圖 11-15 交通號誌階梯圖

4. 程式

0	LD	M100	
1	OR	M0	
2	ANI	M101	
3	OUT	M0	
4	LD	M0	
5	ANI	T6	
6	OUT	T1	K300
9	ANI	T1	
10	OUT	M1	
11	LD	T1	
12	OUT	T2	K30
15	ANI	T2	
16	OUT	M2	
17	LD	T2	
18	OUT	T3	K20
21	ANI	T3	
22	OUT	M3	
23	LD	T3	
24	OUT	T4	K300
27	ANI	T4	
28	OUT	M4	
29	LD	T4	
30	OUT	T5	K30
33	ANI	T5	
34	OUT	M5	
35	LD	T5	
36	OUT	T6	K20
39	OUT	M6	
40	LD	T1	

41	ANI	T2	
42	LD	T4	
43	ANI	T5	
44	ORB		
45	MPS		
46	ANI	T8	
47	OUT	T7	K5
50	MPP		
51	AND	T7	
52	OUT	T8	K5
55	LD	M2	
56	AND	T7	
57	OR	M1	
58	OUT	Y000	
59	LD	M3	
60	OUT	Y001	
61	LD	M4	
62	OR	M5	
63	OR	M6	
64	OUT	Y002	
65	LD	M5	
66	AND	T7	
67	OR	M4	
68	OUT	Y003	
69	LD	M6	
70	OUT	Y004	
71	LD	M1	
72	OR	M2	
73	OR	M3	
74	OUT	Y005	
75	END		

■ 11-3-6　EU Editor2 設計步驟

1. 執行 EU Editor2 的執行檔，如圖 11-16 所示。

圖 11-16　軟體捷徑

2. 建立專案

(1) 如圖 11-17 所示，開啟 EU Editor2 編輯軟體，並選擇對應之人機圖控型
號及控制器型號。

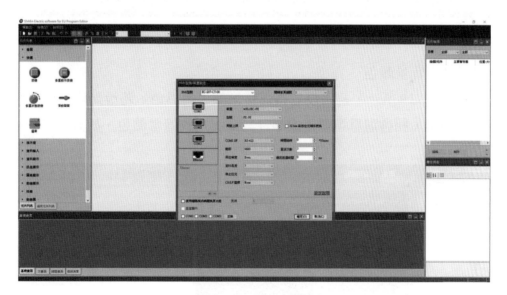

圖 11-17　建立新專案

(2) 如圖 11-18 所示，EU Editor2 軟體會依照所設定的人機及控制器機種型號，開啓新專案編輯視窗，提供編輯。

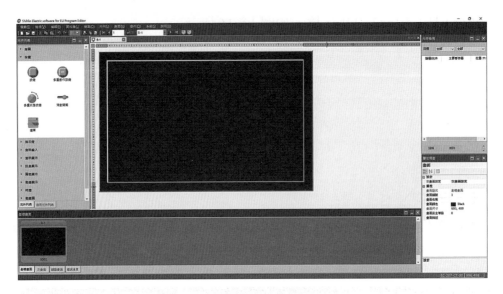

圖 11-18　建立完成後之編輯畫面

3. 改變畫面背景顏色

(1) 如圖 11-19 所示，初始設定畫面背景顏色爲黑色，將滑鼠移至繪圖區並按下右鍵，開啓選單選擇畫面屬性設定，選擇適當顏色，如圖 11-20 所示。

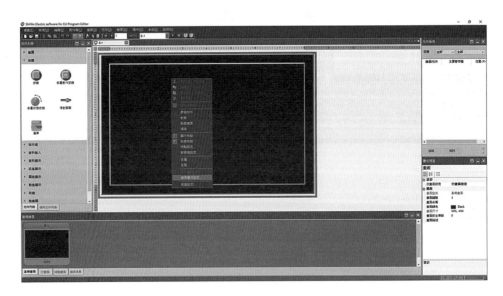

圖 11-19　畫面屬性設定

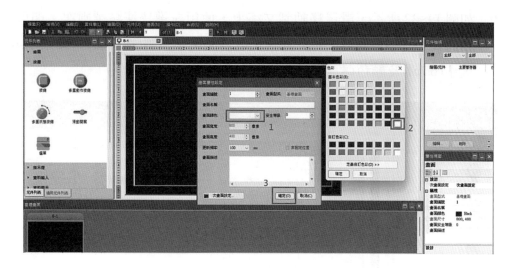

圖 11-20　變更背景顏色

4.　編輯主標題

(1)　如圖 11-21 所示，工具列選擇繪圖-文字，選擇後，在繪圖區欲繪製位置
　　　點及滑鼠左鍵，此時可以看見文字方塊呈現於畫面上。

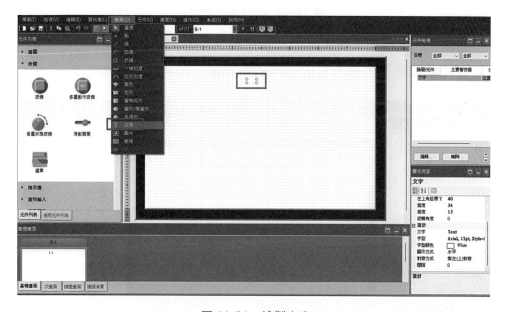

圖 11-21　繪製文字

(2) 如圖 11-22 所示,滑鼠移動到文字上,使用左鍵快速點選兩次,即可呼叫
出此文字的屬性視窗,可於此視窗改變此文字字體(標楷體)、樣式(標準)、
大小(67pt)及顏色(藍色)等功能。

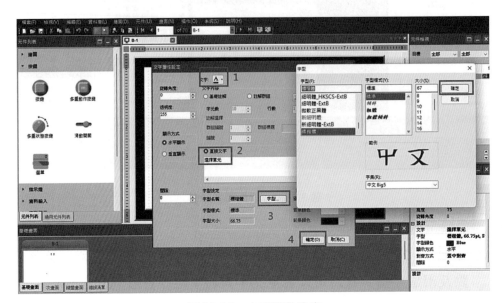

圖 11-22　文字屬性設定

(3) 如圖 11-23 所示,運用滑鼠左鍵,將文字方塊按住不放,並移動至畫面上
方正中間位置,確認位置後再放開左鍵,即可完成移動的動作。

圖 11-23　文字屬性設定

5. 新增單元按鍵

(1) 如圖 11-24 所示，工具列選擇元件－按鍵－按鍵，選擇後，在繪圖區欲繪製位置點及滑鼠左鍵，此時可以看見按鍵呈現於畫面上。

圖 11-24　按鍵

(2) 如圖 11-25 所示，滑鼠移動到開關上，使用左鍵快速點選兩次，即可呼叫出此開關的屬性視窗，可於此視窗設定功能。

圖 11-25　按鍵屬性視窗(1)

(3) 如圖11-26所示，接著設定文字屬性。

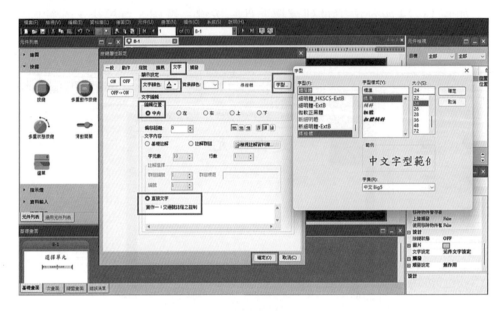

圖 11-26 按鍵屬性視窗(2)

(4) 如圖11-27所示，接著新增另一基礎畫面，按右鍵新增另一畫面。

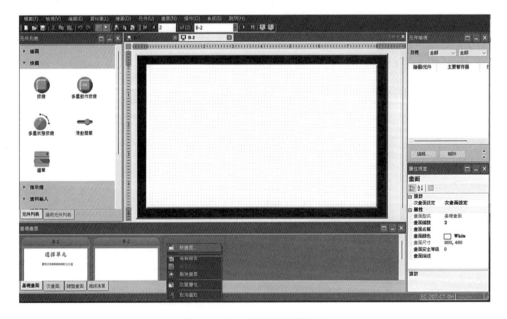

圖 11-27 按鍵屬性視窗(3)

⑸ 如圖 11-28 所示，接著按選擇單元的基礎畫面，按右鍵新增另一畫面。

圖 11-28　新增畫面

6.　畫設(實作一：交通號誌燈之控制)內容

⑴ 如圖 11-29 所示，工具列選擇繪圖－文字，將文字輸入。

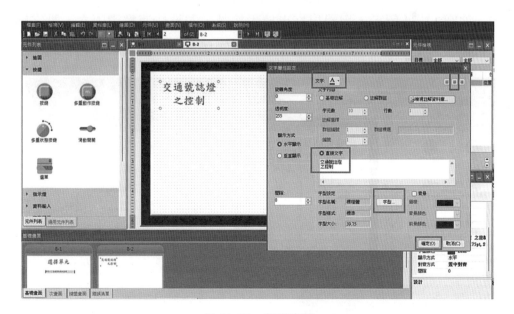

圖 11-29　新增畫面

(2) 如圖11-30所示，工具列選擇元件－按鍵－按鍵，選擇後，在繪圖區欲繪製位置點及滑鼠左鍵，左鍵快速點選兩次，設定屬性視窗。

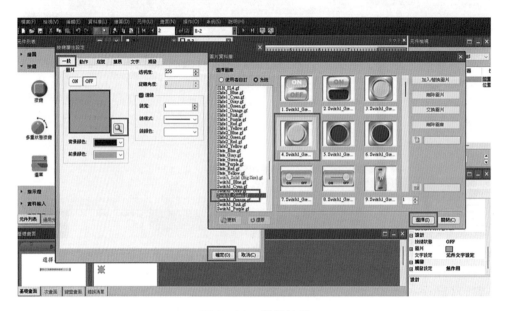

圖 11-30　新增按鈕

(3) 如圖11-31所示，用滑鼠拖曳放大按鍵，左鍵快速點選兩次，設定屬性視窗，文字設定後，要將設定好的文字 off→on 複製過去。

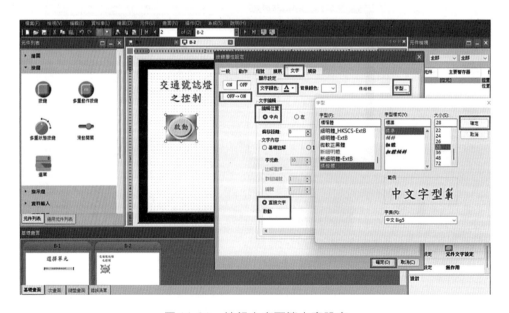

圖 11-31　按鈕文字頁籤內容設定

(4) 如圖 11-32 所示，在動作頁籤內容當中選擇 Bit，並設定連接 Bit 暫存器位址，暫存器位址設定完成後，點選複製到燈號，即可連同燈號頁籤設定頁面，一同完成設定。通訊埠(COM1)，暫存器名稱(M)，暫存器編號(100)。

圖 11-32 動作頁籤內容設定

(5) 如圖 11-33 所示，在按鍵屬性設定視窗中 Bit 動作型態分為四種，分別為 SET、RST、觸發型、交替型四種，其說明如下：

① SET：即按一次則持續 ON。

② RST：即按一次則持續 OFF。

③ 觸發型：當按下按鈕，則 ON。放開按鈕，則 OFF。

例如：停止鈕、啟動鈕等按鈕開關。

圖 11-33 按鈕 Bit 動作型態說明及設定

④ 交替型：當第一次按下按鈕，則 ON，第二次按下按鈕，則 OFF，以此類推 ON/OFF 交替變化。

例如：緊急停止鈕、選擇開關等按鈕。

(6) 如圖 11-34、圖 11-35 所示，比照啟動按鈕設定，新增停止按鈕。

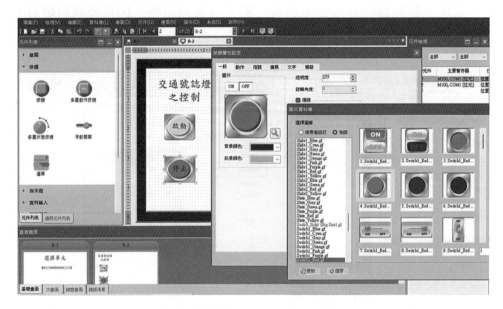

圖 11-34　新增停止按鈕⑴

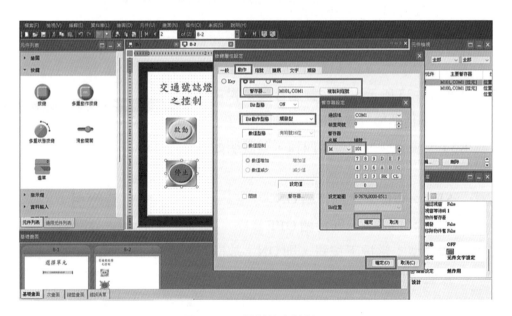

圖 11-35　新增停止按鈕⑵

(7) 如圖 11-36 所示，工具列選擇元件－指示燈－指示燈，選擇後，在繪圖區
欲繪製位置點及滑鼠左鍵，此時可以看見指示燈呈現於畫面上。

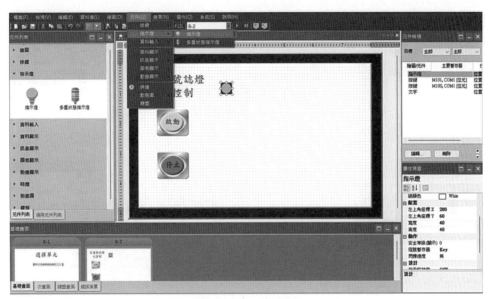

圖 11-36　指示燈

(8) 如圖 11-37 所示，滑鼠移動到指示燈上，使用左鍵快速點選兩次，即可呼
叫出此指示燈的屬性視窗，可於此視窗設定功能。

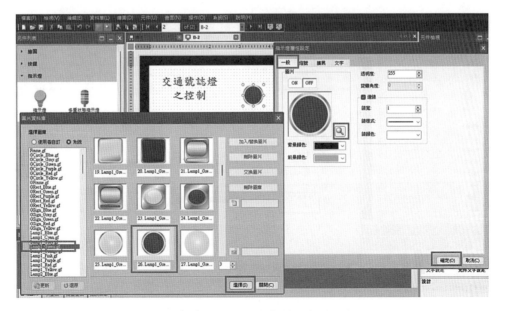

圖 11-37　選擇指示燈外觀

(9) 如圖11-38所示,在燈號頁籤內容當中選擇Bit,並設定連接Bit暫存器位址。通訊埠(COM1),暫存器名稱(Y),暫存器編號(0)。

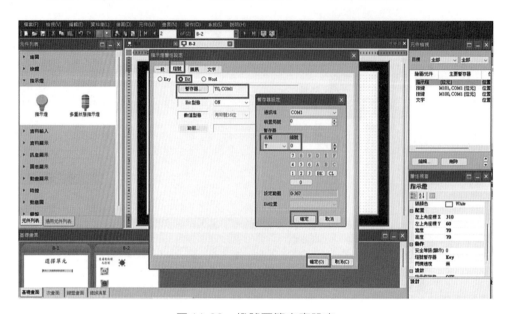

圖11-38　燈號頁籤內容設定

(10) 如圖11-39、圖11-40所示,運用移動技巧將此開關移動至相對應位置,並將文字頁籤內容依圖設定完成。

圖11-39　燈號文字頁籤內容設定(1)

圖 11-40　燈號文字頁籤內容設定⑵

⑾　如圖 11-41 所示，按下滑鼠右鍵，選擇選單內的陣列複製，依照欲陣列複製數量設定(如圖 11-42)，即可複製出相同的物件出來。

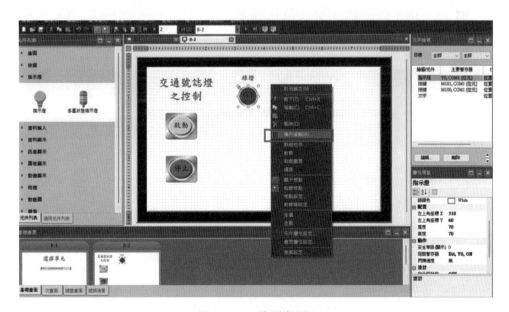

圖 11-41　陣列複製⑴

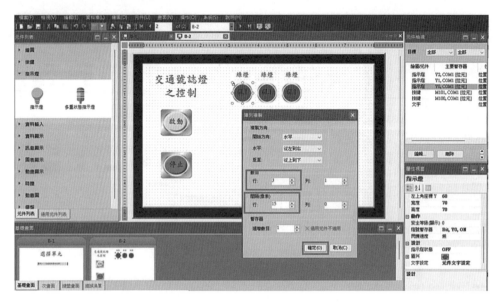

圖 11-42　陣列複製(2)

⑿　如圖 11-43 所示，完成上述設定後，按下確定鈕，即可看見編輯畫面已經複製出一樣的物件，再針對此新物件設定文字說明(黃燈、YL1)、(紅燈、RL1)、指示燈顏色調整及位址設定。黃燈(黃色、COM1、Y1)，紅燈(紅色、COM1、Y2)。

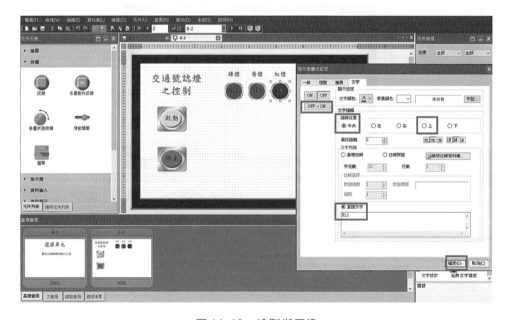

圖 11-43　繪製指示燈

⒀ 如圖11-44所示，按滑鼠左鍵框三個按鈕複製，貼上後，按滑鼠左鍵調整位置。

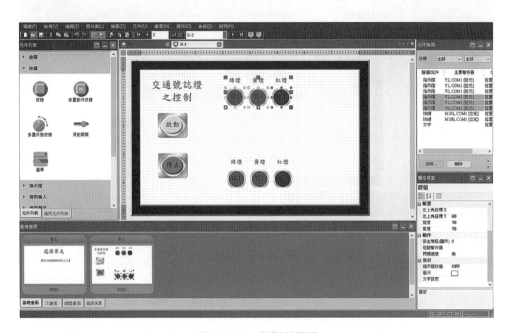

圖 11-44 複製指示燈

⒁ 如圖11-45所示，將文字屬性上的文字(直接文字)剪下，貼至下方的(直接文字)內，並設定屬性。

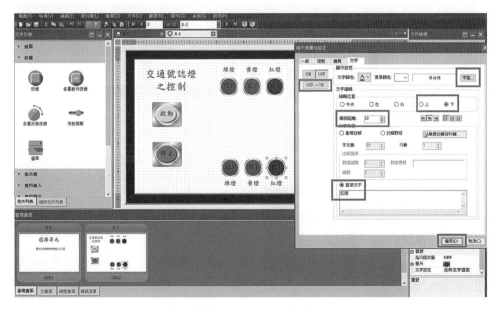

圖 11-45 設定文字屬性

⒂　如圖 11-46 所示，新增另一組燈，先複製綠燈再調整燈號及文字屬性。

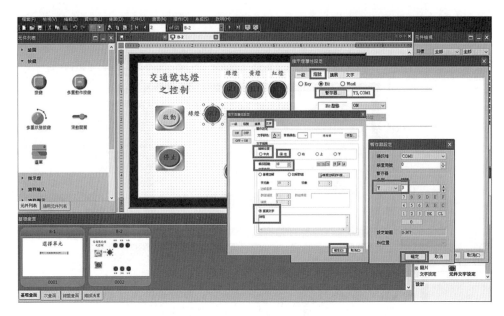

圖 11-46　設定文字屬性

⒃　如圖 11-47、圖 11-48 所示，陣列複製出一樣的物件，對新物件設定說明
　　(黃燈、YL2)、(紅燈、RL2)、指示燈顏色調整及位址設定。黃燈(黃色、
　　COM1、Y4)，紅燈(紅色、COM1、Y5)。

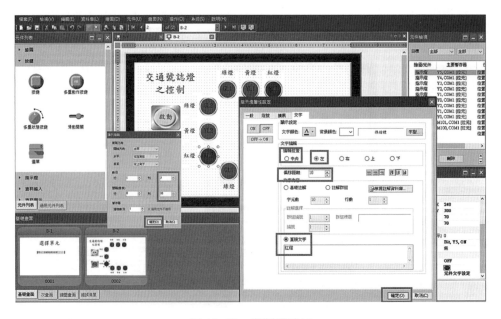

圖 11-47　複製燈號⑴

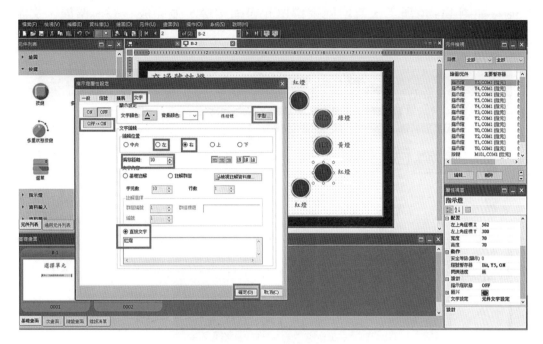

圖 11-48　複製燈號(2)

⒄　如圖 11-49 所示，新增東、西、南、北文字及屬性設定。

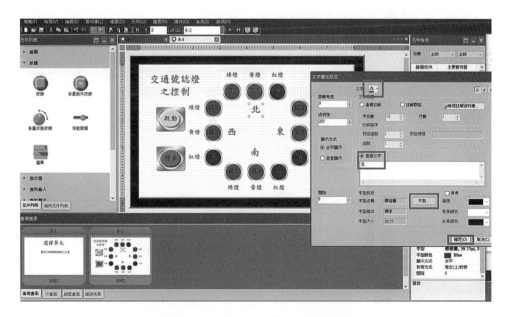

圖 11-49　東、西、南、北文字設定

⒅ 如圖11-50所示，新增回選擇單元畫面按鍵，並完成一般、擴展、文字的屬性設定。

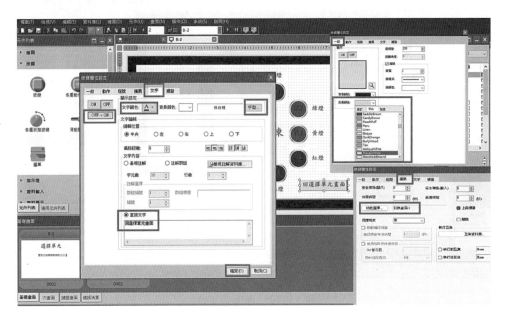

圖11-50 回選擇單元畫面按鍵設定

⒆ 如圖11-51所示完成交通號誌燈之控制圖。

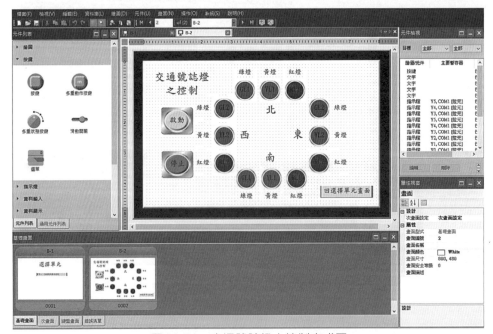

圖11-51 交通號誌燈之控制完成圖

11-3-7　傳送專案

1. 如圖11-52所示,點選功能列的操作→傳送工具。

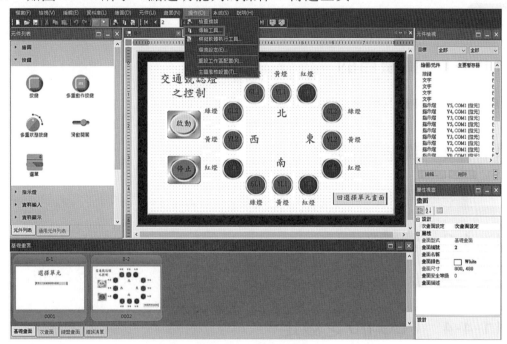

圖 11-52　傳送專案⑴

2. 如圖11-53所示,點選傳送專案開始執行。

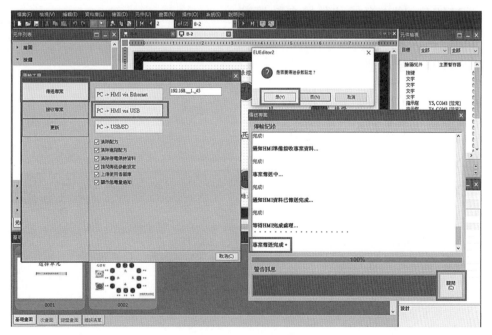

圖 11-53　傳送專案⑵

11-4 實作二：行人穿越道燈號之控制

■ 11-4-1 實驗目的

利用可程式(PLC)控制器作簡單輸入、輸出控制。

■ 11-4-2 實驗項目

行人穿越道燈號控制。

■ 11-4-3 硬體設備

個人電腦一套，可程式控制模組(FX3U-32M)，人機介面(EC207-CT0H)一組。

■ 11-4-4 PLC I/0 之設定

1. 輸入(Input)

   M101：停止交通號誌燈自動控制
   M102：穿越鈕 1
   M103：穿越鈕 2

2. 輸出(Output)

   Y0：行人穿越道方向綠燈
   Y2：行人穿越道方向紅燈
   Y3：車輛行駛方向綠燈
   Y4：車輛行駛方向黃燈
   Y5：車輛行駛方向紅燈

■ 11-4-5　軟體部份

1. 狀態流程圖

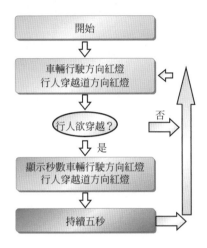

圖 11-54　行人穿越道狀態流程圖

2. 階梯圖

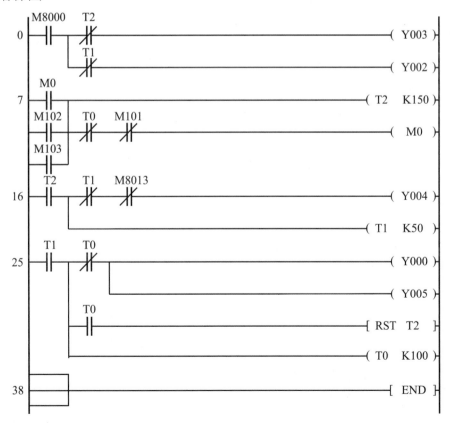

圖 11-55　行人穿越道階梯圖

3. 程式

```
0    LD     M8000
1    MPS
2    ANI    T2
3    OUT    Y003
4    MPP
5    ANI    T1
6    OUT    Y002
7    LD     M0
8    OR     M102
9    OR     M103
10   OUT    T2         K150
13   ANI    T0
14   ANI    M101
15   OUT    M0
16   LD     T2
17   MPS
18   ANI    T1
19   AND    M8013
20   OUT    Y004
21   MPP
22   OUT    T1         K50
25   LD     T1
26   MPS
27   ANI    T0
28   OUT    Y000
29   OUT    Y005
30   MRD
31   AND    T0
32   RST    T2
34   MPP
35   OUT    T0         K100
38   END
```

4. 程式說明

　(1)　行人欲穿越 ？PLC RUN，M8000 ON，No.0線路組全通，Y2及 Y3皆 ON，表示平常車輛行駛方向一直是綠燈，行人穿越道方向一直是紅燈。

　(2)　有行人欲穿越馬路，按 M102或 M103的穿越按鈕，就會使計時器 T2開始計時15秒，按M101的停止鈕，則停止計時動作。

　(3)　過了15秒之後，切斷 No.0線路上之 T2線路，No.16線路組變成導通，開始車輛行駛方向燈號控制，先以每秒亮一次黃燈，亮、滅五次之後，No.16線路 T1 OFF，停止黃燈閃爍。

　(4)　No.25線路上，T1閉路，車輛行駛方向燈號變紅燈(Y0 ON)，行人穿越道方向燈號變綠燈，此現象維持5秒，時間過後，燈號控制又變回車輛行駛方向仍然是綠燈，行人穿越道方向是紅燈，因為計時器T2又被重置了。

　(5)　No.42線路是宣告程式是結束於此。

■ 11-4-6　EU Editor2 設計步驟

1.　如圖11-56所示，新增另一基礎畫面，按右鍵新增另一畫面。

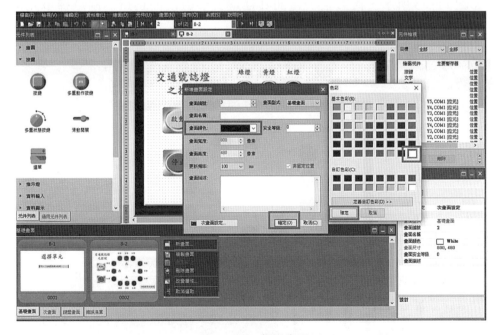

圖 11-56　新增畫面

2. 如圖 11-57 所示，複製上一畫面燈號屬性。

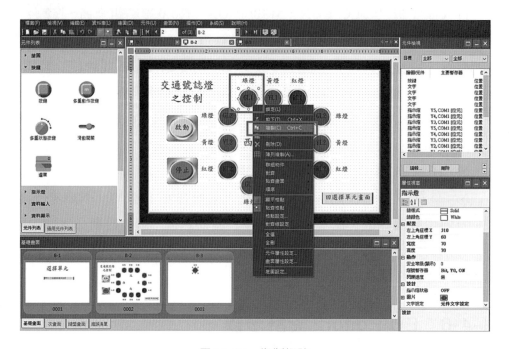

圖 11-57 複製燈號

3. 如圖 11-58 所示，複製上一畫面其他燈號參數及停止鈕，回選擇單元畫面之屬性設定。

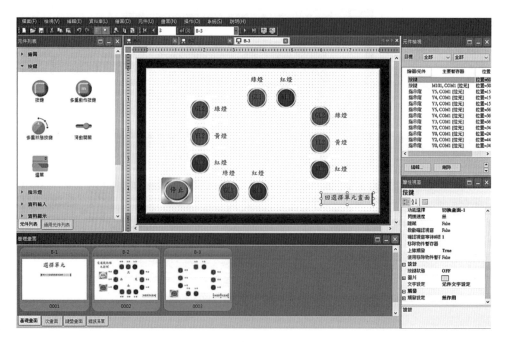

圖 11-58 複製其他屬性設定

4. 如圖 11-59 所示，工具列選擇元件－按鍵－按鍵新增按鍵，設定一般、文字
屬性設定。

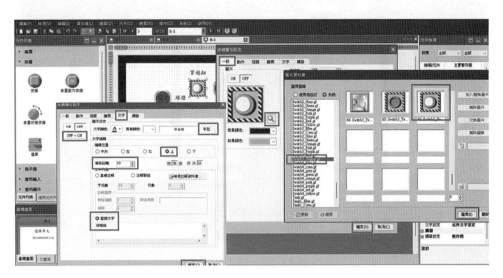

圖 11-59　新增按鈕屬性設定

5. 如圖 11-60 所示，動作屬性設定。

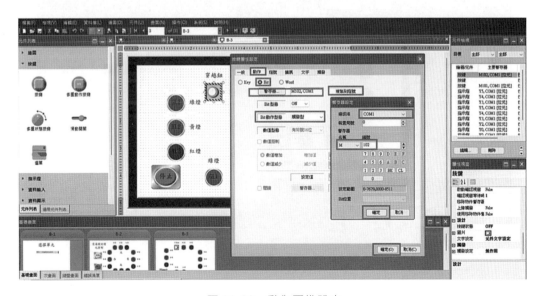

圖 11-60　動作屬性設定

6. 如圖11-61所示,點選(穿越鈕)按滑鼠右鍵複製按鈕。

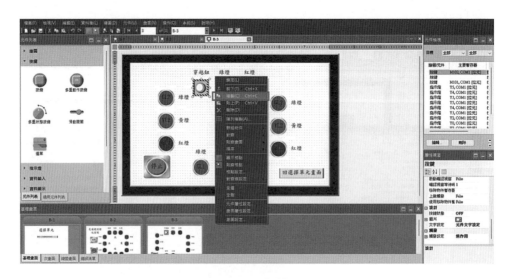

圖 11-61　複製按鈕

7. 如圖11-62所示,設定另一穿越鈕屬性設定。

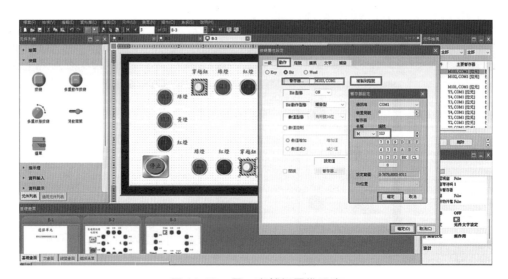

圖 11-62　另一穿越鈕屬性設定

8. 如圖11-63所示，新增文字(行人穿越道燈號之控制)。

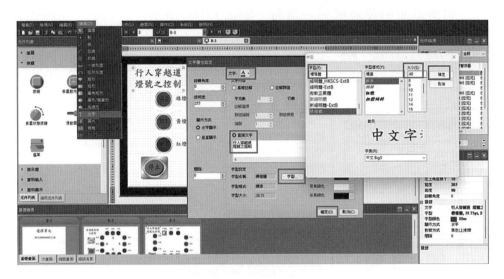

圖 11-63　新增文字主題

9. 如圖11-64所示，陣列複製另外兩個單元。

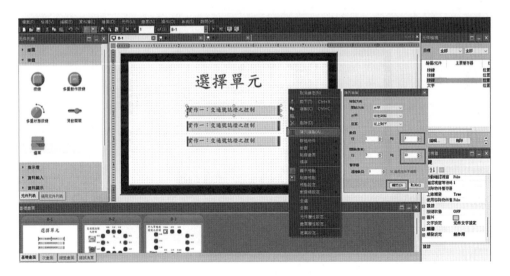

圖 11-64　陣列複製

10. 如圖11-65所示，輸入新單元文字、擴展屬性：實作二切換畫面3、實作三切換畫面4(需新增另一畫面，如圖11-66所示)。

圖11-65　輸入新單元文字、擴展屬性

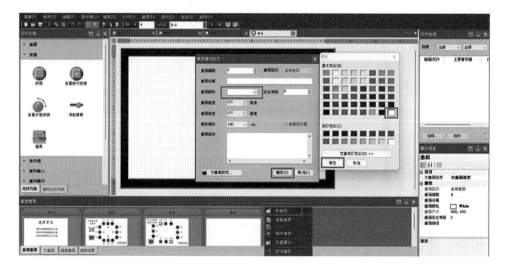

圖11-66　新增畫面

11-5 實作三：多段計時器

11-5-1 實習目的

利用可程式控制指令 Timer(計時器)、Counter(計數器)做多段式計時器。

11-5-2 實習項目

設定 10 秒、30 秒、60 秒選擇性多段式計時顯示功能，並以可程式控制器與人機介面做連結來達到監控的目的。

11-5-3 實習設備

個人電腦、兩個 7 段 LED 顯示器、可程式控制模組(FX3U-32M)，人機介面(EC207-CT0H)一組、7447 和 7404 IC 各兩個。

11-5-4 PLC I/O 之設定

1.　輸入(Input)

　　X0：啟動多段計時器功能；人機設定 M0

　　X1：停止；人機設定 M1

　　X2：設定為 10 秒開關；人機設定 M2

　　X3：設定為 30 秒開關；人機設定 M3

　　X4：設定為 60 秒開關；人機設定 M4

　　X5：計時重置(歸零)；人機設定 M5

2.　輸出(Output)

　　Y0 ～ Y3：十進制個位數訊號輸出

　　Y4 ～ Y7：十進制十位數訊號輸出

■ 11-5-5　軟體部份

1. 狀態流程圖

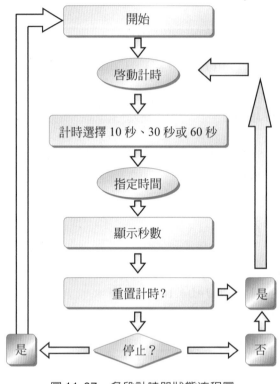

圖 11-67　多段計時器狀態流程圖

2. 階梯圖

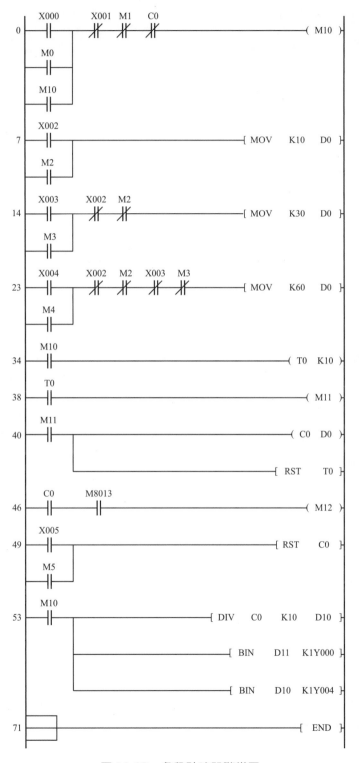

圖 11-68　多段計時器階梯圖

3. IL 指令集程式

0	LD	X000	
1	OR	M0	
2	OR	M10	
3	ANI	X001	
4	ANI	M1	
5	ANI	C0	
6	OUT	M10	
7	LD	X002	
8	OR	M2	
9	MOV	K10	D0
14	LD	X003	
15	OR	M3	
16	ANI	X002	
17	ANI	M2	
18	MOV	K30	D0
23	LD	X004	
24	OR	M4	
25	ANI	X002	
26	ANI	M2	
27	ANI	X003	
28	ANI	M3	
29	MOV	K60	D0
34	LD	M10	
35	OUT	T0	K10
38	LD	T0	
39	OUT	M11	
40	LD	M11	
41	OUT	C0	D0

```
44    RST    T0
46    LD     C0
47    AND    M8013
48    OUT    M12
49    LD     X005
50    OR     M5
51    RST    C0
53    LD     M10
54    DIV    C0      K10      D10
61    BIN    D11     K1Y000
66    BIN    D10     K1Y004
71    END
```

4. 程式說明

　(1)　NO.0 線路主要功能是啟動計時器之電源與重置功能。

　(2)　NO.7、14 及 23 線路是選擇 10 秒、30 秒、60 秒的多段式計時顯示。

　(3)　NO.34 線路是以單位時間秒為計時單位。

　(4)　NO.40 線路是利用計數器的計數功能來輔助計時。

　(5)　NO.46 線路是計時時間到亮燈及閃爍。

　(6)　NO.49 線路是對於指定時間(10 秒、30 秒、60 秒)計時到時，按壓歸零開關重置(歸零)計數器，等待下次重新指定。

　(7)　NO.53 線路組第一部份為分離十進制的十位數個位數字。

　　　NO.53 線路組第二部份是將個位數字轉換成二進制重 Y0 至 Y3 輸出。

　　　NO.53 線路組第三部份是將十位數字轉換成二進制重 Y4 至 Y7 輸出。

　(8)　NO.71 線路是宣告程式是結束於此。

■ 11-5-6　EU Editor2 設計步驟

1. 如圖 11-69 所示，在新畫面新增開關。如圖 11-70、11-71 所示，設定一般、動作、文字屬性。

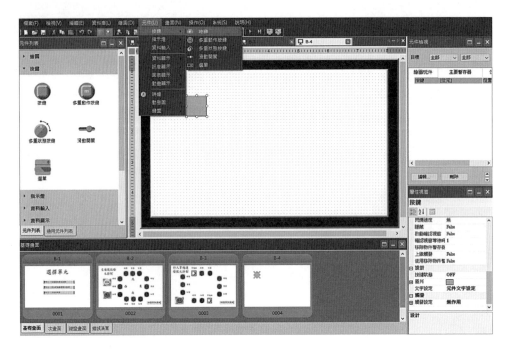

圖 11-69 新增開關

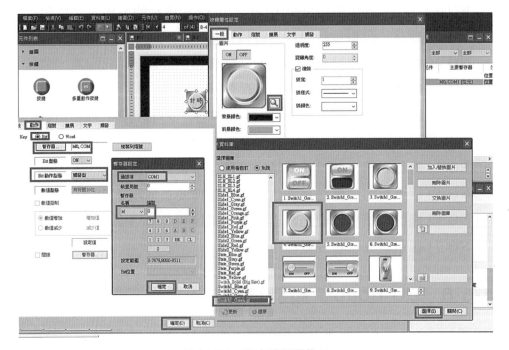

圖 11-70 設定開關屬性(1)

圖 11-71　設定開關屬性(2)

2. 如圖11-72所示，新增標題文字，設定文字屬性。

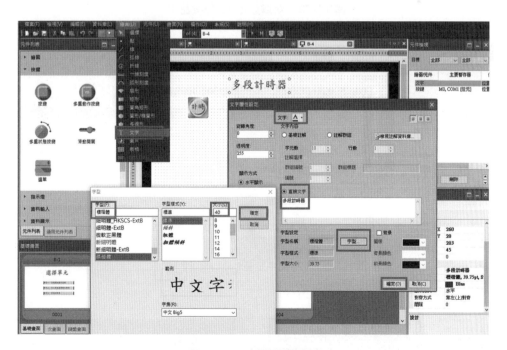

圖 11-72　新增標題文字

3. 如圖 11-73 所示，新增設定 10 秒按鈕，設定一般、動作屬性，如圖 11-74 所示，設定文字屬性。

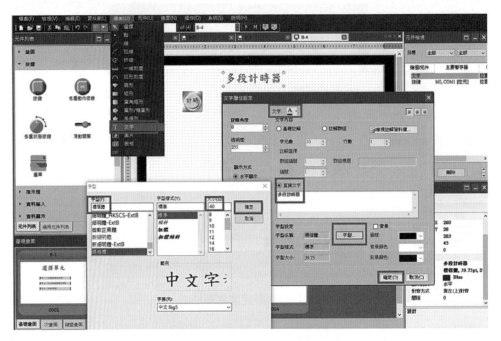

圖 11-73　新增設定 10 秒按鈕⑴

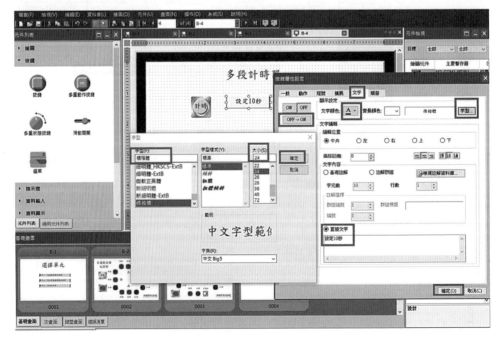

圖 11-74　新增設定 10 秒按鈕⑵

4. 如圖 11-73 所示，陣列複製按鈕。

圖 11-75　陣列複製按鈕

5. 如圖 11-76 所示，更改文字(設定 30 秒、設定 60 秒)，OFF→ON。

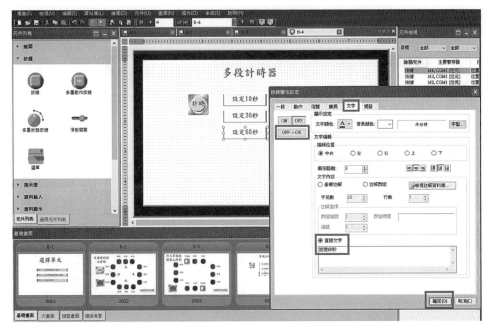

圖 11-76　更改陣列文字

6. 如圖 11-77 所示，新增停止鈕，一般、動作屬性設定。如圖 11-78 所示，文字屬性設定。

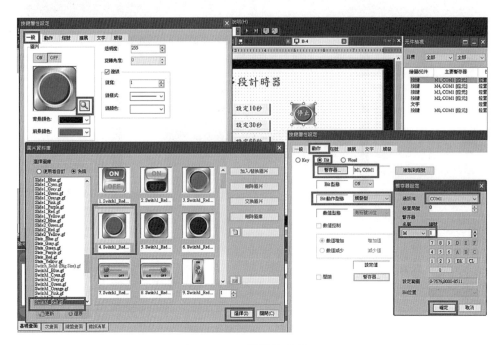

圖 11-77　新增停止鈕(1)

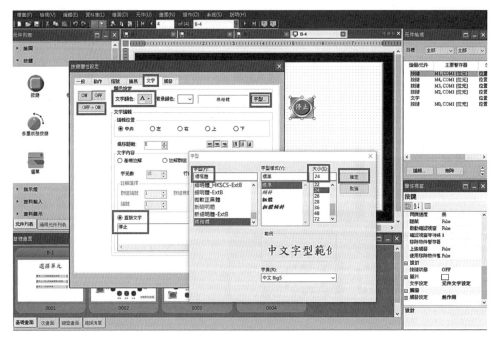

圖 11-78　新增停止鈕(2)

7. 如圖11-79所示，新增歸零鈕，一般、動作屬性設定。如圖11-80所示，文字屬性設定。

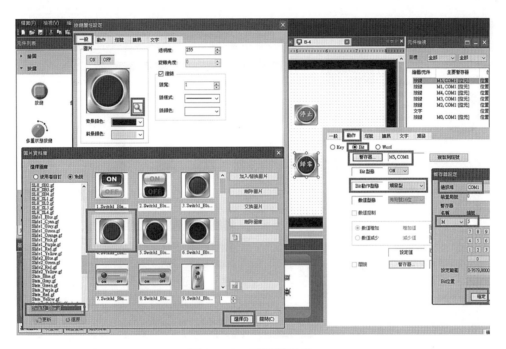

圖 11-79　新增歸零鈕(1)

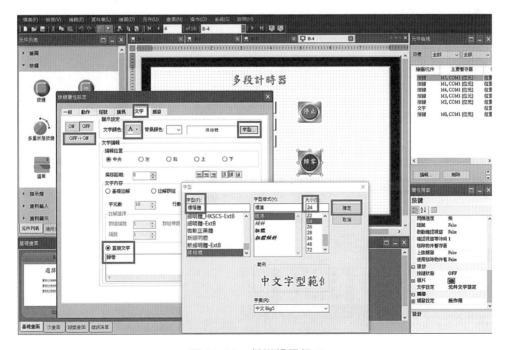

圖 11-80　新增歸零鈕(2)

8. 如圖 11-81 所示,新增計時到燈號,一般屬性設定,如圖 11-82 所示,文字屬性設定。

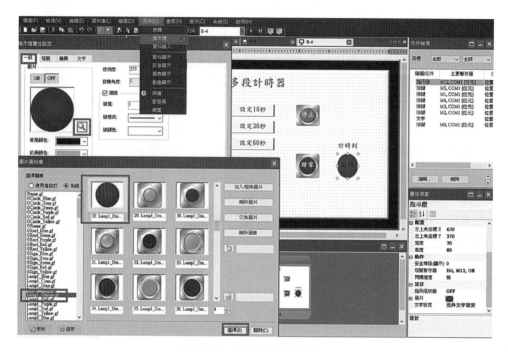

圖 11-81　新增計時到燈號(1)

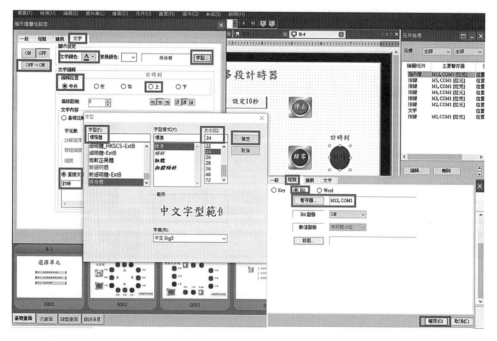

　　　　　　　圖 11-82　新增計時到燈號(2)

9. 如圖11-83所示，新增數值輸入方塊，一般屬性設定。如圖11-84所示，擴展、文字屬性設定

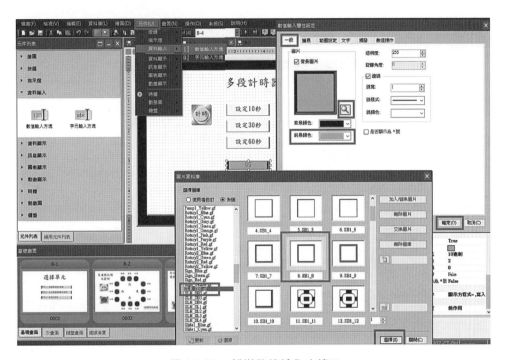

圖11-83 新增數值輸入方塊(1)

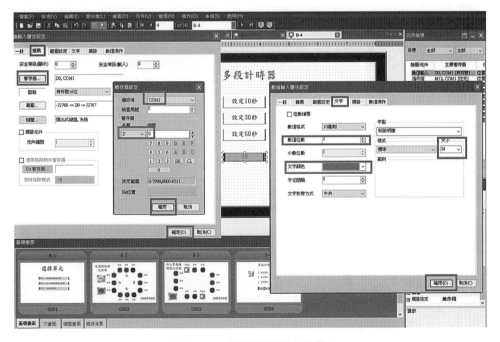

圖11-84 新增數值輸入方塊(2)

10. 如圖 11-85 所示，複製數值輸入方塊，擴展、文字屬性設定。如圖 11-86 所示，複製數值輸入方塊，更改暫存器為 D11。

圖 11-85　複製數值輸入方塊(1)

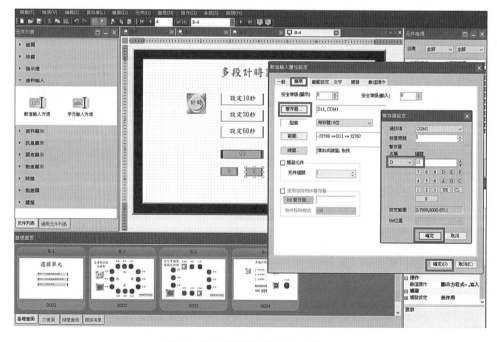

　　　　　　　圖 11-86　複製數值輸入方塊(2)

11. 如圖 11-87 所示，新增文字，七段顯示器顯示數值、設定值、十位數、個位數。

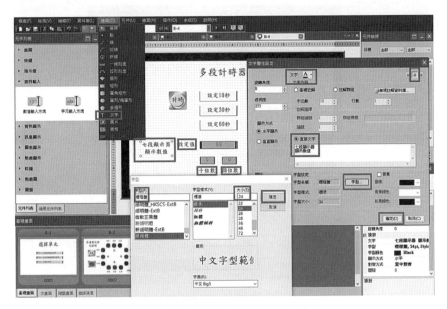

圖 11-87　新增文字

12. 如圖 11-88 所示，新增數值顯示方塊，一般屬性設定。如圖 11-89 所示，擴展、文字屬性設定。

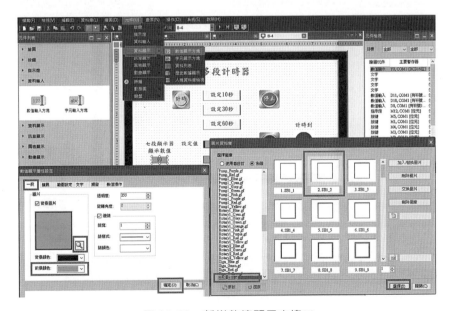

圖 11-88　新增數值顯示方塊(1)

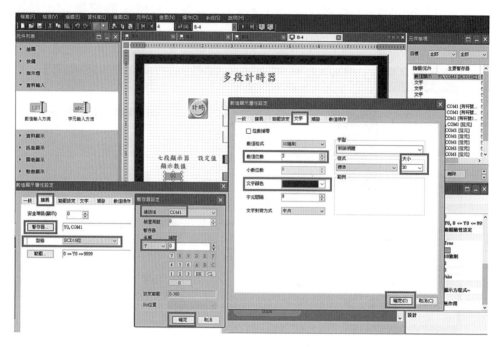

圖 11-89　新增數值顯示方塊(2)

13.　如圖 11-90 所示，至前一畫面複製(回選擇單元畫面)，貼上目前頁面右下方。

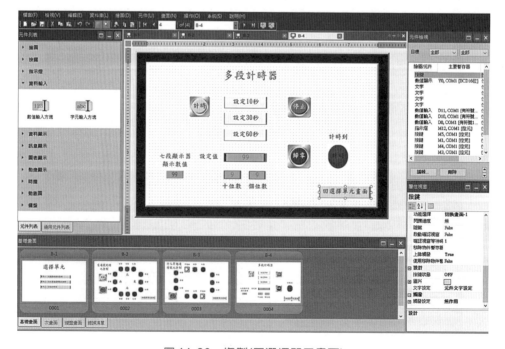

圖 11-90　複製(回選擇單元畫面)

■ 11-5-7　傳送專案

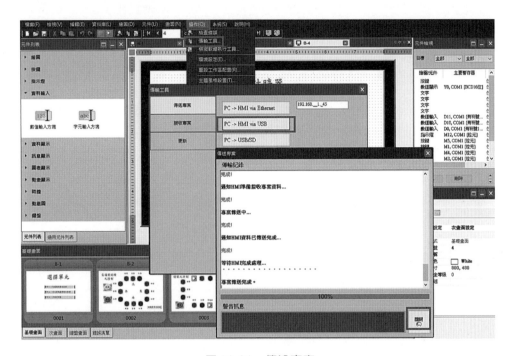

圖 11-91　傳送專案

FX2/FX2N

PLC Program Design and Practice

Chapter **12**

可程式控制器應用

　　雖然在第十章已有示範幾個交流電動機的控制範例，但在可程式控制器的控制範疇上顯得不足，故在本章節增添工業界上常用的關於直流馬達、步進馬達、七段顯示器、指撥開關、近接開關(Sensor)及蜂鳴器綜合應用的簡易控制範例，期望藉此能增強讀者對於 FX2/FX2N 可程式控制器在使用上的實務能力。

12-1　PLC 搭配 VEXTA 驅動器的步進馬達控制

■ 12-1-1　使用器材

名稱	型號與規格	數量	備註
可程式控制器	FX2N-32MT	1	電晶體輸出
步進馬達模組	AB 相	1	步進角 1.8 度

(續前表)

名稱	型號與規格	數量	備註
步進馬達驅動器	VEXTA UDX5107N	1	
光電素子	OMRON EE-762A	2	
繼電器	OMROM MY2 DC24V	2	CR1,CR2
按鈕開關	AC250V，ON-OFF	2	PB1,PB2
選擇開關	AC250V，1A1B	1	SW1

■ 12-1-2　模組示意圖

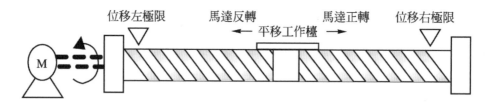

圖 12-1

■ 12-1-3　可程式控制器 I/O 定義

D/I 元件名稱	定義	D/O 元件名稱	定義
X000	馬達啟動	Y000	脈衝產生
X001	馬達正反轉切換	Y001	馬達正轉(右移)
X002	馬達右移極限	Y002	馬達反轉(左移)
X003	馬達左移極限		
X004	馬達停止	2	CR1,CR2

📓 12-1-4 硬體接線

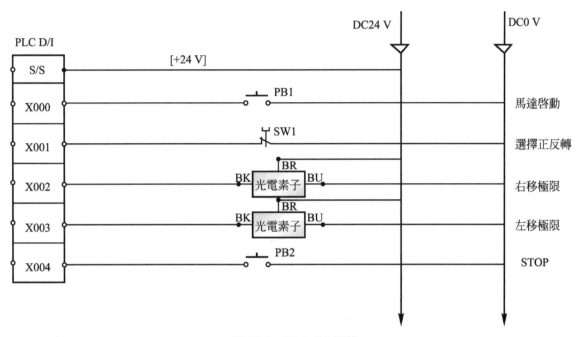

圖 12-2 PLC D/I 接線

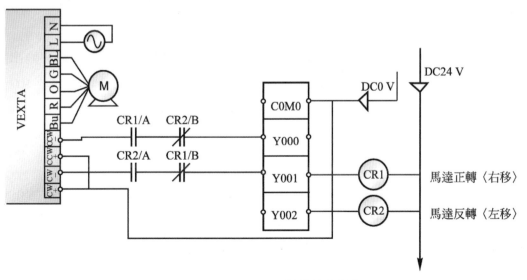

圖 12-3 PLC D/O 與驅動器接線

12-1-5 動作說明

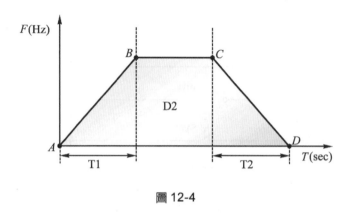

圖 12-4

1. 假設工作台位置在左極限，設定位移量的脈波數為 D2 (20000 Pulse)，
    當 SW1(X001)ON 及 PB1(X000)按下。執行平台由左邊往右移動。輸出
    脈波頻率在 T1(1 秒)時間內由 A(500Hz)提升到 B(10000Hz)，然後在 B
    －C 段保持等速。當輸出脈波量達到欲減速位置時，輸出脈波頻率在 T2
    (1 秒)時間內由 C(10000Hz)降低到 D(500Hz)，直到馬達右移到預定位
    之位置後停止。

2. 當 SW1(X001)OFF 及 PB1(X000)按下執行平台由右邊往左移動。輸出脈
    波頻率在 T1(1 秒)時間內由 A(500Hz)提升到 B(10000Hz)，然後在 BC 段
    保持等速。當輸出脈波量達到欲減速位置時，輸出脈波頻率在 T2(1 秒)
    時間內由 C(10000Hz)降低到 D(500Hz)，直到馬達左移到預定位之位置
    後停止。

3. 當馬達右移到右極限(X002)，或左移到作極限(X003)時，脈波輸出(Y000)
    應立即停止，並將馬達左移(Y002)或右移(Y001)的控制輸出點 OFF。

4. 當 PB2(X004)按下，運轉中馬達應即時停止。

■ 12-1-6a PLSY 指令實現步進馬達控制程式設計

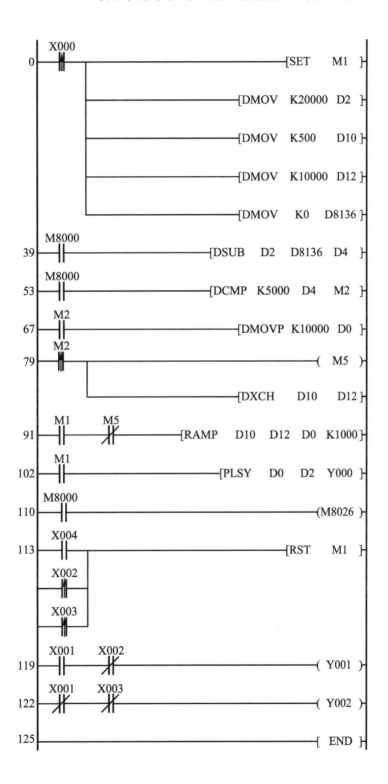

程式說明：

1. 脈波輸出[PLSY]指令說明

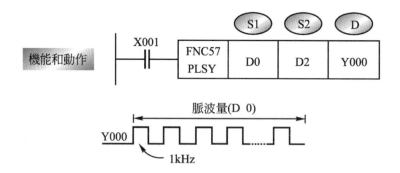

(1) 指令意義：產生所指定的的頻率及數量的脈波指令。

    S1 ：指定頻率2～20,000(Hz)。其內容可於命令已動作中作變更。

    S2 ：指定脈波產生量，16位元時1～32,767，32位元時為2,147,483,647。

    當指定為0時，則無限制產生脈波。其內容不可於命令已動作中作變更。

    D ：指定脈波輸出點〈Y000或Y001〉。請選用電晶體輸出之PLC。

(2) 輸出脈波數儲存在D8136(下位)，D8137(上位)。

(3) 當X001是OFF時，輸出會發生中斷。若再度ON時，會從最初動作開始執行，當連續脈波產生時，X001為OFF時則Y000為OFF。

2. 傾斜信號[RAMP]指令說明

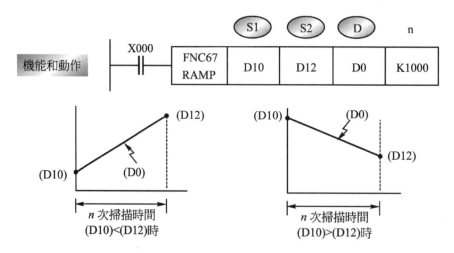

(1) 指令意義：先將初期值和目標值分別寫入 D10，D12 內，在 X000 為 ON 時，D0 的值會由 D10 數值開始經所設定的 n 次掃描時間(K1000 表示 1000*1ms)變為 D12 數值。

(2) 移動結束後，旗標 M8029 為 ON，D0 的值會被復歸為 D10 的數值。

(3) 依模式旗標 M8026 的 ON/OFF，D0 的內容值如下圖所示：

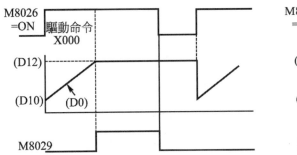 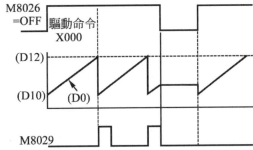

圖 12-5

3. 階梯圖說明

  (1) STEP 0～38：指定總行程 20000Pulse 到 D2，起始頻率 500Hz 到 D10，最高頻率 10000Hz 到 D12，並將記錄運轉中 Pulse 數的 D8136 跟 D8137 初始化。

  (2) STEP 39：計算現行位置(D8136)與目的位置(D2)的路程差，並將剩餘脈波數結果存到 D4。

  (3) STEP 53：當 D4 開始小於欲減速的位置(目的位置的前 9500Pulse 處)時，M2 設為 ON。

  (4) STEP 67～90：M2 是 ON 時的瞬間，清除現行頻率 D0，並將 D10 與 D12 的資料交換。

  (5) STEP 91：M1 為 ON 時，D0 於 1 秒的時間內，由 D10 遞增或遞減至 D12，然後保持加工的脈波頻率輸出至 Y0。

  (6) STEP102：以 D0 值的頻率送出 Pulse 數至 Y000 的輸出點，直到 D8136，D8137 的內容值等於 D2，D3。

  (7) STEP119：X001 ON，X002 OFF，Y001(右移)輸出。

  (8) STEP122：X001 OFF，X003 OFF，Y002(左移)輸出。

🔲 12-1-6b　PLSR 指令實現步進馬達控制程式設計

　　由於上列 12-1 的範例是採用 PLSY 應用指令的非對稱式控制方式，本節將採用PLSR應用指令的對稱梯形速度控制曲線去實現步進馬達的定位控制，如此可以大幅降低程式設計的困難度，其程式和說明如下：

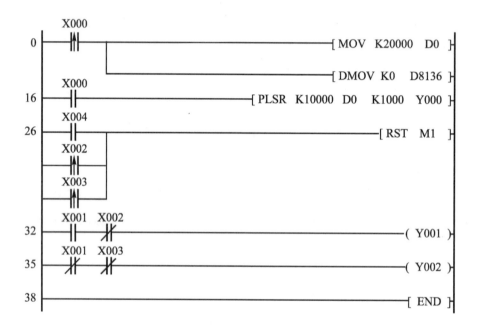

程式說明：

1.　附加減速的脈波輸出[PLSR]指令說明：

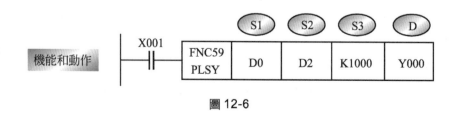

圖 12-6

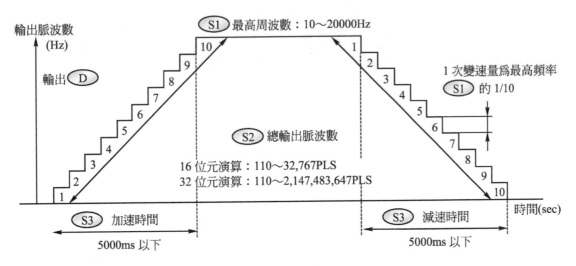

圖 12-6　(續)

(1)　指令意義：具有加減速機能脈波指令。

① (S1)：**設定最高頻率數**(Hz)

可設定範圍：10～20000(Hz)，頻率為指定的 10 倍數，指定個位數時請刪除。最高頻率指定 1/10 為可減速時的一次變速量(Hz)。

② (S2)：**總輸出脈波數**(Pulse)

可設定範圍：

❶　16 位元演算時，為 110～32767(Pulse)。

❷　32 位元演算時，為 110～2147483647(Pulse)。

❸　未滿 110 的設定值時，脈波輸出不正常。

③ (S3)：**加減速時間**(ms)

可設定範圍：5000ms 以下，但請遵守下列❶～❸條件。

❶　加速時間：請在 PLC 掃描間的最大值(D8012 的值以上)10 倍以上，若未滿 10 倍以上時，加減速時序不會穩定。

❷　加減速可設的最小值，如下所示：

$$ (S3) >= \frac{9000}{(S1)} \times 5 $$

設定在上式以上時，加減速時間的誤差會變大，未滿9000/S1的設定值時，以9000/S1來運轉。

❸ 加減速時間可設定的最大的設定值，如下所示。

$$S3 <= \frac{S2}{S1} \times 818$$

③ Ｄ：指定脈波輸出點〈Y000或Y001〉，請選用電晶體輸出之PLC。

(2) 此命令輸出頻率為2～20000Hz，最高速和加減速的變速速度超過此範圍時，會自動的加或減到此範圍。

(3) 當X001設定OFF時，輸出會發生中斷，須再度ON之後，再重新開始。

(4) 命令動作中，運算元變更時，不會馬上反應在運轉上。所以變更內容時，要在下一次的命令驅動時才生效。

(5) Y000或Y001輸出脈波數會儲存在下列特殊暫存器裡：

Y000的輸出脈波數：D8140(下位)、D8141(上位)。

Y001的輸出脈波數：D8142(下位)、D8143(上位)。

Y000、Y001合計的總輸出脈波數：D8136(下位)、D8137(上位)。

2. 階梯圖程式說明：

(1) STEP 0～15：指定總行程20000Pulse到D0，並將記錄運轉中脈波數的D8140跟D8141初始化。

(2) STEP 16：設定最高頻率為10000Hz，總輸出脈波數為D0，加減速時間為1000ms，輸出脈波為Y000。

(3) STEP32：X001 ON，X002 OFF，Y001(右移)輸出。

(4) STEP35：X001 OFF，X003 OFF，Y002(左移)輸出。

📁 12-1-7 程式練習

1. 請設計一程式(參考12-1-4動作說明)，試著將減速時間(T2)改為2秒，且加速時間(T1)仍為1秒，其餘動作不變。

2. 請示著利用[CALL]指令(參考第八章)修改程式，將步序91～109歸入副程式，並得到相同的輸出結果。

12-2 利用時間脈波(M8011)控制步進馬達

　　步進馬達的控制流程為：(1)脈波產生器，(2)微電腦控制器，(3)驅動放大器，(4)步進馬達，(5)負載。在上一個例題中，(2)(3)的部分由VEXTA的驅動器負責，而在這一個範例裡，我們將透過四個電晶體輸出點(Y000～Y003)來達到步進馬達的單相激磁控制，而電子驅動放大器電路的部分，在此將不另行介紹。

■ 12-2-1 使用器材

名稱	型號與規格	數量	備註
可程式控制器	FX2N-32MT	1	電晶體輸出
步進馬達	DC5V，AB 相	1	步進角 1.8 度
驅動放大器電路板	一組	1	
搖頭開關	AC250V，1A1B	3	SW1～SW3

■ 12-2-2 步進馬達各種相位激磁時序圖

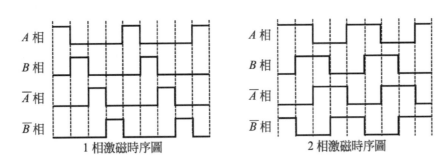

圖 12-7

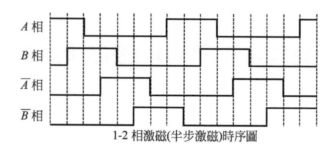

1-2 相激磁(半步激磁)時序圖

圖 12-8

📖 12-2-3 可程式控制器 I/O 定義

D/I 元件名稱	定義	D/O 元件名稱	定義
X000	馬達啟動/停止	Y000	+A 相
X001	馬達正反轉切換	Y001	+B 相
X002	全速/半速	Y002	-A 相
		Y003	-B 相

📖 12-2-4 硬體接線

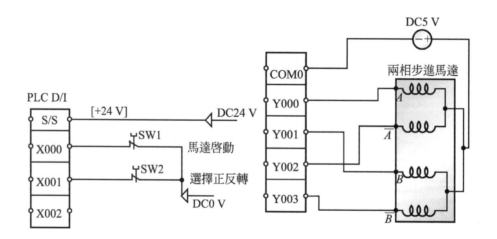

📖 12-2-5 動作說明

1. 利用 PLC 內部之時間暫存器 M8011 (100Hz)產生之脈波,透過電晶體輸出接點(Y000~Y003),以 1 相位激磁 (參考圖 12-6) 的方式來驅動步進馬達。

2. 當 X000 為 ON 時，馬達開始轉動，且 X001 為 ON 時，馬達正轉，而 X001 是 OFF 時，馬達則反轉。當 X000 是 OFF 時，馬達則停止轉動。

3. 因為馬達本身有慣性作用，為考量馬達之使用壽命，當馬達進行正反轉切換 (X002)時，必須有 0.5 秒的停滯時間。

4. 利用 M8011 之上緣及下緣觸發特性，當 X002 為 ON 時，馬達是以全速運轉；當 X002 是 OFF 時，馬達是以半速運轉。

12-2-6　程式設計

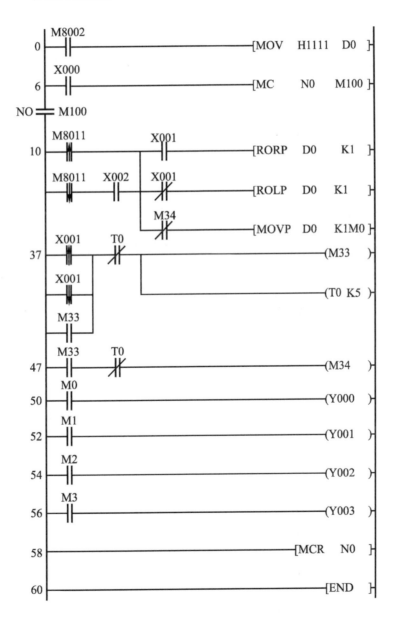

程式說明：

1. STEP 0：利用 M8011 輸入初始資料 0001000100010001 至 D0。

2. STEP 6：利用[MC][MCR]指令，將 STEP 10～STEP 56 納入以 X000 為主控點的程式區塊。

3. STEP 10～36：設定 D0 位元資料左移或右移的時機，以及設定 X002 控制 M8011 之下緣脈波輸出，最後將位移信號輸出至 M0～M3。

4. STEP 37～49：X001 做機械切換時，設定 0.5 秒給 M34 以中斷位移信號輸出。

5. STEP 50～56：M0～M3 對應 Y000～Y003 輸出。

☐ 12-2-7　程式練習

請參考圖 12-7、12-8，設計一個可選擇兩相激磁和半步激磁方式來驅動馬達的程式。

12-3 七段顯示器與直流馬達控制

☐ 12-3-1　使用器材

名稱	型號與規格	數量	備註
可程式控制器	FX2N-32MT	1	電晶體輸出
直流馬達模組	DC12V	1	
七段顯示器	4 位數 1 組	1	負邏輯
近接開關	DC 24V，NPN	1	S1
按鈕開關	AC250V，1A1B	2	PB1～PB2

12-3-2 模組示意圖

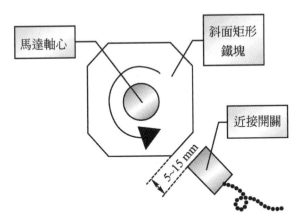

圖 12-9 直流馬達模組示意圖

由圖 12-8 可知，當馬達逆時針旋轉一圈時，近接開關將會輸出 4 個數位訊號，意即當馬達旋轉 90 度時，會產生一個數位信號。

12-3-3 可程式控制器 I/O 定義

D/I 元件名稱	定義	D/O 元件名稱	定義
X000	馬達啟動/停止	Y000～Y007	七段顯示器接腳
X001	馬達旋轉檢知信號	Y010	馬達逆時針旋轉
X002	將七段顯示器歸零		

📖 12-3-4 硬體接線

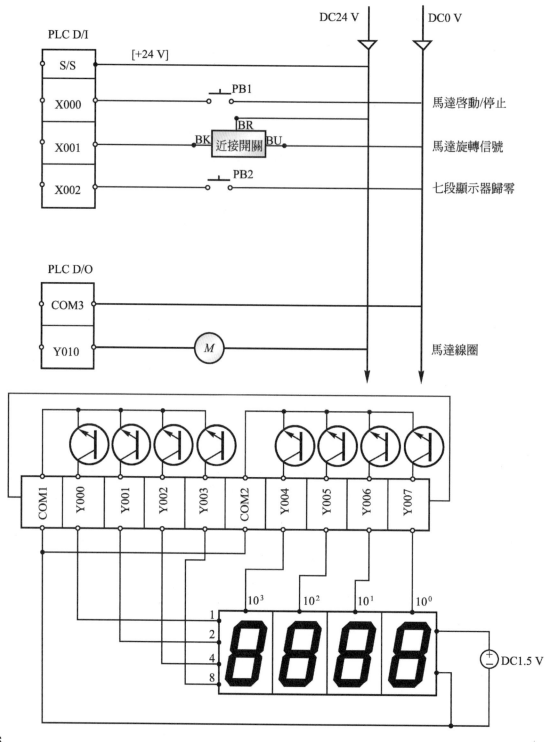

12-3-5　動作說明

1. 當按一下 PB1(X000)時，馬達開始逆時針轉動，此時，若再按一下 PB1 (X000)時，馬達立即停止轉動。

2. 透過近接開關(X001)，將馬達旋轉圈數顯示在七段顯示器上。(4 個訊號表示一圈)

3. 當 PB2(X002)按下時，七段顯示器上的數值全為零。

12-3-6　程式設計

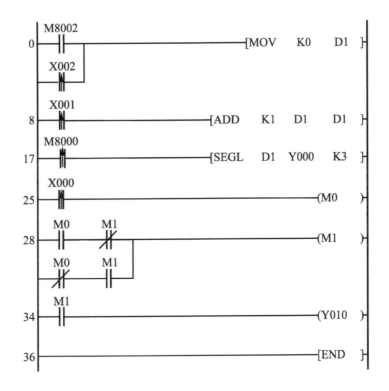

程式說明：

1. STEP 0：利用開機初始脈波 M8002 或 X002 將 D1 初始化。

2. STEP 8：當 X001 送出一個脈波時，D1 的值加1。

3. STEP 17：利用[SEGL]指令，將 D1 的值顯示在七段顯示器上。K3 是表示七段顯示器將顯示出 4 個位數，意即顯示範圍在 0～9999。

4. STEP 25～35：X000 之單 ON 雙 OFF 的線路，其結果輸出到 Y010，以啓動或停止馬達運轉。

📓 12-3-7 程式練習

試利用 12-3 範例程式和機構撰寫一程式，其動作如下：

1. 馬達可以正轉或反轉。
2. 當馬達正轉時，近接開關產生的訊號數，以增加的方式顯示在七段顯示器上。
3. 當馬達反轉時，近接開關產生的訊號數，以減少的方式顯示在七段顯示器上。
4. 當傳送給七段顯示器的顯示值少於零時，馬達立即停止運轉。

12-4 指撥開關與馬達控制

📓 12-4-1 使用器材

名稱	型號與規格	數量	備註
可程式控制器	FX2N-32MT	1	電晶體輸出
直流馬達模組	DC12V	1	
指撥開關	顯示 0～9	2	十位數及個位數
近接開關	DC 24V，NPN	1	S1
切換開關	AC250V，1A1B	1	SW1
按鈕開關	AC250V，1A1B	2	PB1～PB2
蜂鳴器	DC12V	1	BZ

🔲 12-4-2 指撥開關示意圖

撥開關外觀圖

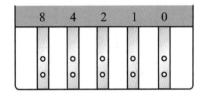

指撥開關接線腳位圖

圖 12-10 單一指撥開關之輸出範圍為 0～9。

🔲 12-4-3 可程式控制器 I/O 定義

D/I 元件名稱	定義	D/O 元件名稱	定義
X000～X003	個位數指撥開關用	Y000	馬達逆時針旋轉
X004～X007	十位數指撥開關用	Y001	蜂鳴器
X010	STOP		
X011	馬達運轉並開始計數		
X012	馬達旋轉檢知信號		
X013	RESET		

🔲 12-4-4　硬體接線

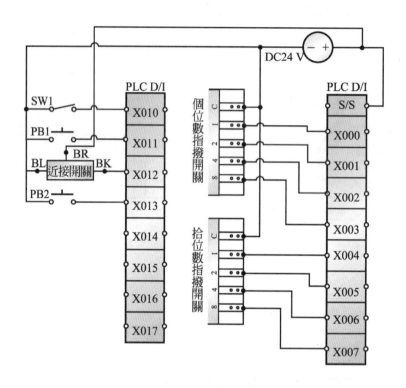

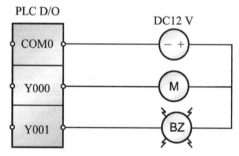

🔲 12-4-5　動作說明

1. 參考圖12-8直流馬達模組示意圖，透過兩個指撥開關(顯示數值範圍在0～99)設定輸入值。

2. 當SW1(X010) ON時，按一下PB1(X011)馬達開始轉動，當旋轉圈數達到指撥開關設定值，馬達停止旋轉，蜂鳴器(BZ) ON。當 SW1(X010) OFF時，或再按一下PB1，馬達立即停止轉動。

3. 蜂鳴器 ON 時，按下 PB2(X013)，蜂鳴器 OFF，並清除內部計數器(C0)。

12-4-6　程式設計

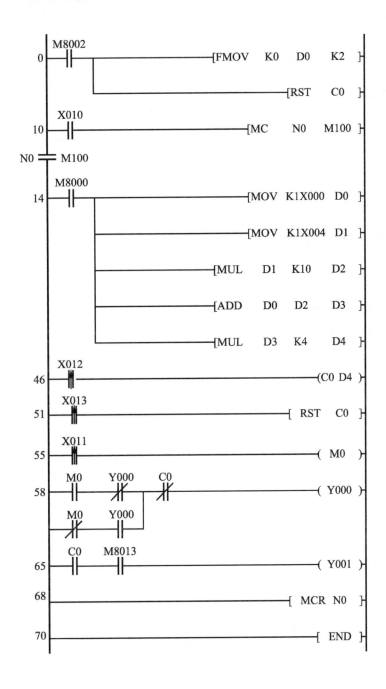

程式說明：

1. STEP 0：初始化 D0，D1，C0。
2. STEP 14～45：將個位數指撥開關(X000～X003)輸入值指定給D0，將十位數指撥開關(X004～X007)輸入值指定給 D1。將 D1 的值*10 後，指定給 D2。D0的值＋D2的值指定給 D3。由於馬達旋轉1圈會產生4個脈波，所以將 D3 的值乘以4後指定給D4，而 D4 即為我們想要的指撥開關輸入值。
3. STEP 46：計數器C0紀錄X012產生的脈波數。
4. STEP 51：X013清除計數器C0的值。
5. STEP 58：當C0的值等於D4時，Y000停止輸出。
6. STEP 65：C0 ON，透過閃爍暫存器M8013(1Hz)，Y001 以 0.5秒 ON、0.5OFF輸出。

■ 12-4-7　程式練習

試利用本範例程式，增加以下動作：

1. 當馬達旋轉10圈，蜂鳴器發出1聲。
2. 當馬達旋轉20圈，蜂鳴器發出2聲。
3. 當馬達旋轉30圈，蜂鳴器發出3聲。
4. 以此類推…，直到馬達轉數到達設定值後停止。

12-5　七段顯示器、指撥開關與步進馬達控制

■ 12-5-1　使用器材

名稱	型號與規格	數量	備註
可程式控制器	FX2N-32MT	1	電晶體輸出
步進馬達	DC5V，AB相	1	步進角1.8度
驅動放大器電路板	一組	1	
指撥開關	顯示0～9	2	十位數及個位數

(續前表)

名稱	型號與規格	數量	備註
七段顯示器	4 位數 1 組	1	負邏輯
按鈕開關	AC250V，1A1B	2	PB1～PB2

▢ 12-5-2 可程式控制器 I/O 定義

D/I 元件名稱	定義	D/O 元件名稱	定義
X000～X003	個位數指撥開關用	Y000	步進馬達+A 相
X004～X007	十位數指撥開關用	Y001	步進馬達+B 相
X010	馬達運轉並開始計數	Y002	步進馬達-A 相
X011	馬達停止並重置顯示器	Y003	步進馬達-B 相
X012	馬達旋轉檢知信號	Y010～Y017	七段顯示器接腳

▢ 12-5-3 硬體接線

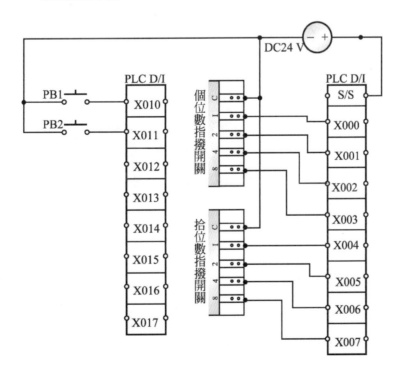

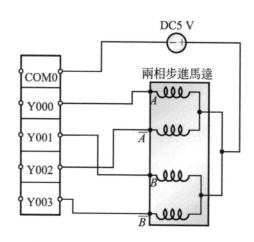

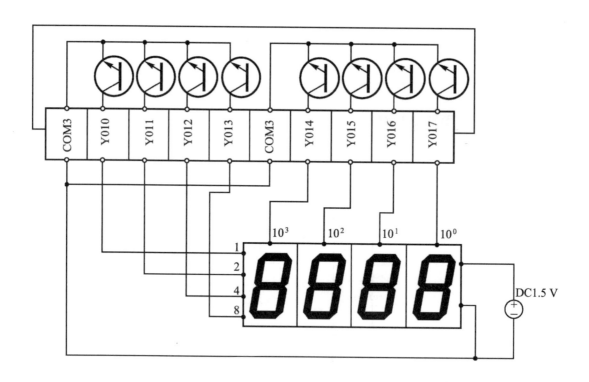

📷 12-5-4　動作說明

1.　設定好指撥開關數值以表示馬達欲旋轉的圈數，01 表示旋轉 1 圈後停止，
　　02 表示旋轉 2 圈後停止，以此類推至 99 圈。

2. 當按下 PB1 (X010)時，步進馬達開始轉動(以兩相位激磁旋轉)，並將即時的馬達旋轉圈數顯示在七段顯示器上，直到馬達旋轉至指撥開關設定的圈數後停止。

3. 當步進馬達在運行中，再按下 PB1 時，馬達立即停止，但七段顯示器不歸零。當再次按下 PB1 時，步進馬達繼續旋轉，七段顯示器繼續累計顯示。

4. 當任何時候按下 PB2 (X011)時，馬達立即停止轉動，再按下 PB1 時，馬達開始運轉，七段顯示器由零開始計數。

🔲 12-5-5 程式設計

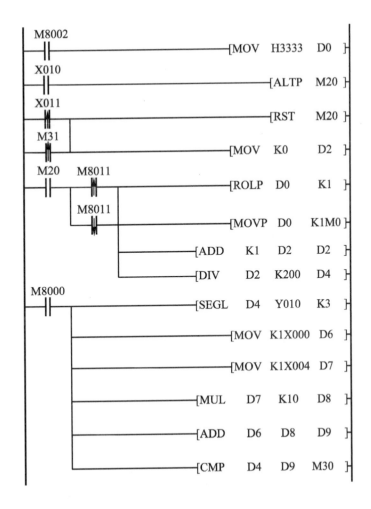

程式說明：

1. STEP 0：設定步近馬達兩相位激磁運轉。

2. STEP 6：指定X010為單ON雙OFF到M20。

3. STEP 10：設定馬達停止及內部累計暫存器歸零。

4. STEP 20～49：因為馬達步進角為1.8度，得知200個脈波代表馬達轉一圈，故將D2除以200後存到D4，D4即為馬達已經旋轉的圈數。

5. STEP 50～88：為七段顯示器及指撥開關之設定，值得注意的是，當D4＝D9時，M31 ON，馬達停止。

📖 12-5-6　程式練習

參考本範例程式，試設計一程式，其動作如下：

1. 設定好指撥開關數值以表示馬達欲旋轉的圈數，並將設定數值先秀在七段顯示器上。

2. 當按下PB1 (X010)時，步進馬達開始轉動(以兩相位激磁旋轉)，當馬達轉動一圈，七段顯示器數值便減1，直到馬達旋轉至七段顯示器上之數值等於0時停止。

3. 當步進馬達在運行中，再按下PB1時，馬達立即停止。當再次按下PB1時，步進馬達繼續旋轉，七段顯示器繼續遞減顯示。

4. 當任何時候按下PB2 (X011)時，馬達立即停止轉動，再按下PB1時，馬達開始運轉，七段顯示器由指撥開關設定值開始遞減計數。

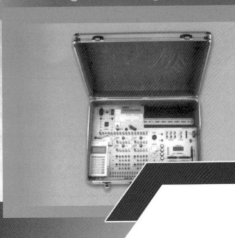

Chapter 13

可程式控制器的網路化升級技術

13-1 TCP/IP 簡介

　　TCP/IP 通訊協定允許不同尺寸、不同電腦廠商出產的及執行不同作業系統的電腦可彼此通訊,這是一件相當了不起的事。在 60 年代末期一項由政府資助關於封包交換(Packet switching)網路的研究計劃,在 90 年代已轉變成在電腦間使用最廣的網路通訊協定。且由於這個協定是一個開放式系統(Open system),使用者可以非常輕鬆的取得協定內容。例如架構在其上面的全球性網際網路(Internet),已經可以將超過一百萬台電腦所組成的廣域網路(Wide Area Network, WAN)連結在一起,且可以讓使用者透瀏覽器去取得他們想要的資訊。網路協定通常以層(Layers)發展為基礎,TCP/IP就是不同層協定的組合,一般認為是四層系統,如圖 13-1 所示。每一層都有不同職責,以下針對每層簡略敘述。

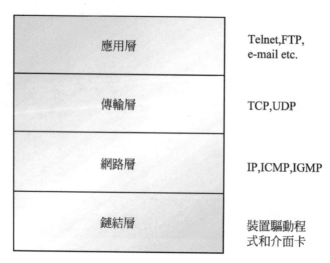

圖 13-1

鏈結層(Link Layer)

亦稱為資料鏈結層(Data-Link Layer)或網路介面層(Network Interface Layers)，通常包含了在作業系統中的裝置驅動程式，以及電腦中相對應的網路介面卡。此兩部份可以處理傳輸媒介連接的所有硬體問題。

網路層(Network Layer)

負責處理整個網路中封包的移動，例如封包的繞送(Routing)。整個網路層由IP(Internet Protocol)、ICMP(Internet Control Message Protocol)、IGMP(Internet Group Message Protocol)組成。

傳輸層(Transport Layer)

此層替應用層提供了在兩個主機(Host)間的資料流。在 TCP/IP 協定組中有兩個極大差異的傳輸協定：TCP(Transmission Control Protocol)和 UDP(User Datagram Protocol)。TCP提供兩主機間可靠的資料傳輸，其採用的方法可將應用軟體傳過來的資料分割成適當大小，再傳給網路層且會設定暫停時間確定另一端已送出確認收到信號，如此應用層便不再需要另外確認資料的可靠度。UDP 提供應用層另一較簡單的方式，僅由一台主機送出稱為資料報(Datagram)的資料封包到另一台主機，但並不保證送出的資料能夠到達另一台主機。若需要額外增加可靠度須由應用層負責加入檢核此功態。

應用層(Application Layer)

此層處理應用軟體的細節，許多普通的應用軟體對於各層幾乎都有對應實作。如例：遠端登入、FTP(File Transfer Protocol)、SMTP(the Simple Mail Transfer Protocol)等。

TCP/IP通訊協定是由許多的協定組合而成，圖13.2表示單一主機系統連結架構圖，在網路層部分，圖13.3是以FTP傳輸為例，示範兩台主機在區域網路上都執行FTP應用層的軟體，且透過TCP/IP連結2台主機的網路架構圖。

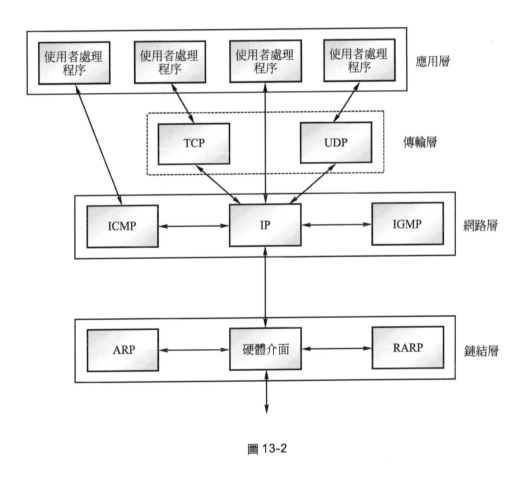

圖 13-2

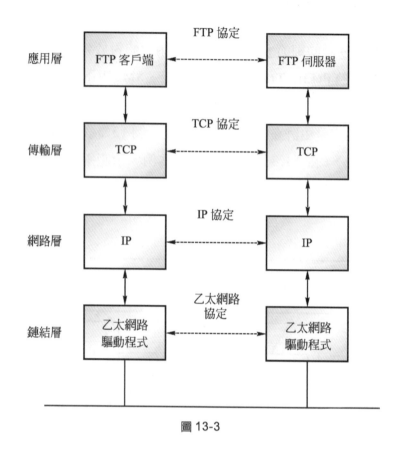

圖 13-3

13-2 虛擬多埠串列通訊技術應用

在工廠裡，還有許多使用 RS232 的設備，如何把這些設備連結到中央控制系統是一項重要的議題。另外許多的研究是針對如何連接設備通訊為主題，包含使用多埠卡來與遠端的RS232設備溝通、使用RS485網路連結串列埠設備、使用Ethernet技術。其中使用 Ethernet 技術是目前最新的做法。以下就針對如何使用 Ethernet 技術連結 RS232 設備做一詳細討論。

虛擬多埠串列的技術是 Ethernet 的一種應用，在 windows 作業系統裡面利用軟體技術模擬串列埠，也就是透過 TCP/IP 通訊協定的技術可以將遠方(remote)的串列設計模擬為近端PC的虛擬通訊埠的技術，使用者在控制遠方的串列設計如同在PC端的串列設備，惟一不同之處只有串列埠的編號而已，而為什麼可以由將控制PC端的虛擬通訊埠即可以控制遠端的設備呢。其實是由PC與遠方的嵌入式控制器透過TCP/IP通訊協定的架構來完成，只是在中間過程的資料交換已經由廠商製作完成。

本章是定位在應用角度，因此我們採用泓格科技股份有限公司的I-7188EN系列的RS232-RS422-RS485/Ethernet轉換器，可以作為連結RS232/RS422/RS485設備到中央處理站的轉換器媒介。由於大部分的工廠自動化系統架構都已經有Ethernet的佈線，串列設備如可以透過I-7188EN系列模組升級至乙太網路通訊，即可以在不改變控制系統之下，可以輕易將串列設備透過最近的集線器與中央監控中心連結。此外，當這些設備連結到Ethernet後，我們必須在PC端發展一個Ethernet的程式連結到I-7188EN系列模組上，完成PC端的虛擬串列埠與遠方7188EN的串列埠之通訊，也就是可以將I-7188EN上的串列埠模擬當為PC端的虛擬通訊埠。由於中間的TCP/IP通訊是由廠商完成，使用者並不需要撰寫TCP/IP程式，而只要專注在串列埠傳輸的程式設計即可，因此可以很容易將既有的串列設備轉換為網路式設備。如此的技術可以輕易與監控系統整合形成一個嚴密的監督控制系統架構。

13-2.1 虛擬多埠(VxComm)串列通訊簡介

如圖13.4所示，虛擬多埠的技術可以模擬7188EN上串列埠成為電腦上的一個虛擬串列埠。藉由虛擬串列埠的協助，我們就可以將遠端7188E上的串列埠當作是電腦上的COM3或COM4使用。串列設備可以透過7188EN系列的設備轉換成Ethernet訊號傳到中控電腦。另外，中控電腦上的程式開發者也可以直接撰寫串列埠的程式既可控制列遠方的RS232/RS422/RS485設備。由於，現在很多工廠仍然有很多舊的設備在使用串列設備，這些設備是使用串列埠的方式與中控電腦的應用程式做溝通，在此如果應用虛擬串列埠的技術，就可以把舊有的控制系統升級到乙太網路架構的控制等級，簡化大量多埠卡的應用，相對的可以降低成本且可以增加系統控制及佈線的彈性。

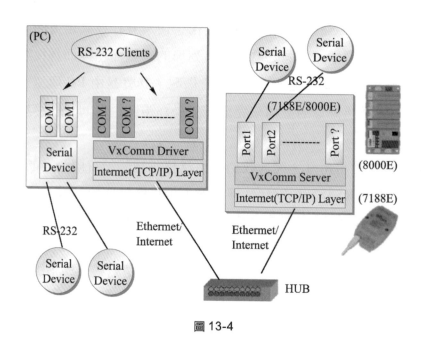

圖 13-4

◻ 13-2-2 實務應用

本章採用泓格公司的I-7188EN系列乙太網路模組作為一個應用實例，這些串列埠/乙太網路轉換模組的驅動程式都可以在 www.icpdas.com 上找到或隨書光碟也有收入。

1. I-7188EN 系列模組

7188EN系列控制器是為了嵌入式系統而設計的裝置，此類控制器內建80X86處理器。使用此控制器你可以減少工控的成本以及技術研發的時間。I-7188 及 I-7188D 為第一代的產品而7188XA、7188XB、7188XC 則為第二代產品，其中它們的最大差異點在於通訊介面、數位輸出入以及支援使用者自訂功能。除了7188以外，所有的7188XA/XB/XC都支援I/O Expansion bus。此處的I/O Expansion bus 功能則是用來提供7188X Series 的其他擴充功能，主要是在擴充I/O、Timer/Counter、UART、Flash Memory…等等，因此我們可以用簡單、快速更有彈性的方式來升級此類模組，讓其功能達到使用者的需求。另外，I-7188E 及 7188EN 則是屬於第三代的產品，除了具備有I-7188系列的優點之外，它又加入的10M乙太網路的功能。詳細資料請參考泓格網站(www.icpdas.com)，由於本章是定位在虛擬通訊埠，因此我們將只定位在I-7188EN產品的介紹。

　　I-7188EN 的功能是被設計爲一個 Internet Communication Controller (網路通訊控制器)，主要是用來作爲**裝置伺服器**(Device Server)或是可定址 Ethernet 至 RS-232/485/422 訊號轉換器，也可當作嵌入式 Internet/Ethernet 控制器。而此系列的名稱規格皆以 7188EN 表示，其中 E 表示擁有 Ethernet 介面，而 N 表示其所擁有的 Series Port 數。而其主要的功能爲模組上具有一 RJ45 插頭的 Ethernet，只要 Internet/Intranet 的網路延伸的到的地方，我們都可以將此一模組安裝到任何的設備端。下表顯示的是各種 I-7188EN 的硬體規格。

名稱	I-7188E1	I-7188E2	I-7188E3 (註 1)	I-7188E4	I-7188E5 (註 2)	I-7188E8
CPU (MHz)	40/80	40/80	40/80	40/80	40/80	40/80
SRAM(byte)	256K	256K	256K	256K	256K	256K
Flash(byte)	512K	512K	512K	512K	512K	512K
EEPROM(byte)	2K	2K	2K	2K	2K	2K
Ethernet	10 BaseT	10 BaseT	10 BaseT	10 BaseT	10 BaseT	10 BaseT
COM1	RS-232 (註 3)	RS-232 (註 3)	RS-232 (註 3)	RS-232 (註 3)	RS-232 (註 3)	RS-232 (註 3)
COM2	無	RS-485 (註 4)	RS-485 (註 4)	RS-485 (註 4)	RS-485 (註 4)	RS-485 (註 4)
COM3	無	無	RS-422 (註 7)	RS-232 (註 3)	RS-232 (註 3)	RS-232 (註 5)
COM4	無	無	無	RS-232 (註 6)	RS-232 (註 3)	RS-232 (註 5)
COM5	無	無	無	無	RS-232 (註 3)	RS-232 (註 5)
COM6	無	無	無	無	無	RS-232 (註 5)
COM7	無	無	無	無	無	RS-232 (註 5)

(續前表)

名稱	I-7188E1	I-7188E2	I-7188E3 (註1)	I-7188E4	I-7188E5 (註2)	I-7188E8
COM8	無	無	無	無	無	RS-232 (註5)
DO channel	無	無	4	無	無	無
DI channel	無	無	4	無	無	無
RTC	無	無	無	無	無	無
作業系統	MiniOS7	MiniOS7	MiniOS7	MiniOS7	MiniOS7	MiniOS7

註1：I-7188E3還有另外一種型號爲I-7188E3-232的控制器，兩者的差別在於後者的COM3爲五線式的RS-232通訊埠，使用RXD、TXD、RTS、CTS與GND等腳位。

註2：I-7188E3還有另外一種型號爲I-7188E5-485的控制器，兩者的差別在於後者的COM3、COM4與COM5均爲內建自調式IC的RS-485通訊埠。

註3：RS-232爲五線式，使用RXD、TXD、RTS、CTS與GND等腳位。

註4：RS-485內建自調式IC。

註5：RS-232爲三線式，使用RXD、TXD與GND等腳位。

註6：RS-232爲九線式，使用TXD、RXD、RTS、CTS、DTR、DSR、DCD、RI與GND等腳位。

註7：RS-422使用的腳位有RXD+、RXD-、TXD+與TXD-。

以下列我們將由控制器的外觀一直往內部結構來分析。

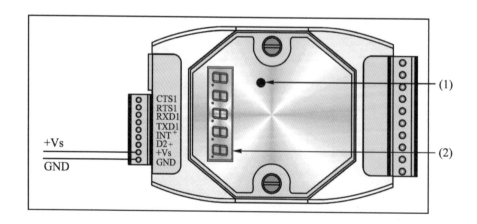

1. LED 顯示狀態

   (1) 閃爍：內置 Xserver 或是 VxComm。

   (2) 恆亮：內置 Mini OS7。

   (3) 恆滅：正在執行使用者自行撰寫程式或是 7188EN 已經產生錯誤。

2. 5 個七段顯示器功能：當開啟 7188EN 電源後會逐項顯示下列資訊控制器的 5 個七段顯示器如下圖所示，在最左邊為位置 1，而最右邊為位置 5。在資料顯示上共分為 4 個顯示群組，在每個群組的顯示週期內，可以再顯示相對應的子資訊，如圖 13.5 所示。

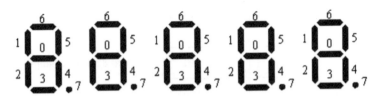

左邊是位置 1，右邊是位置 5

   (1) 1111：第一顯示群，顯示 7188EN 目前所設定的 Ethernet IP。

   (2) 2222：第二顯示群，顯示 7188EN 的所有 ComPort 所設定的鮑得率。

   (3) 3333：第三顯示群，顯示 7188EN 的 ComPort 設定。

顯示數字	代表意義
801	依序為 Data bit＝8，Parity bit＝0(No Parity)，Stop bit＝1

   (4) 4444：第四顯示群，顯示 7188EN 所連接的 Client 端設定值。

顯示數字	代表意義
LED1	1：Reset 狀態 0：非 Reset 狀態 預設值是 0
LED2/3	顯示目前可使用的 Socket
LED4/5	顯示目前已使用的 Socket

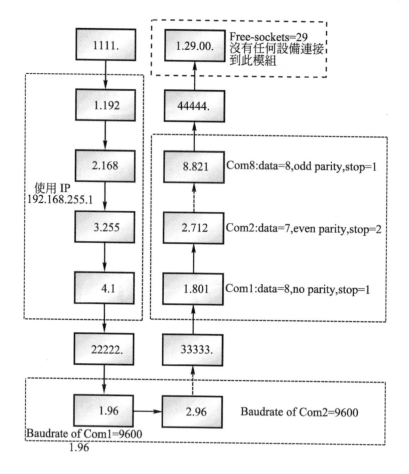

圖 13-5

當控制器出廠時,一般來說7188EN內部應該已經安裝Xserver或是VxComm,您可以觀察面板上的LED燈號,他會呈現亮0.5秒、滅0.5秒的狀態。

以上所說明的都是第一次使用時的檢查以及七段顯示器所表達的意義,而接下來要說明的是如何將 IP位址 設定到此模組上。(使用 7188E3D)

指定7188E3D所佔用的IP

當讀者已經取得I-7188E3D的智慧型乙太網路/串列埠模組,請依下列步驟完成模組的IP設定。

1. 請先安裝 SendTCP 診斷程式

(光碟\Napdos\7188e\Tcp\PCDiag\Setup_x.x.x\Setup.exe)

2. 安裝完後，請執行 SendTCP

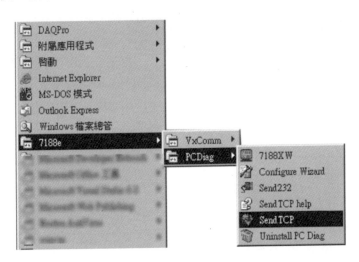

3. 先和 I-7188E3D 建立連線，此模組在出廠乙太網路模組設計定下。IP 為 192.168.255.1，Gateway 為 192.168.0.1，Mask 為 255.255.0.0。注意如何讀者的模組更改過設定時，應該以模組的最新設定值進行連線。

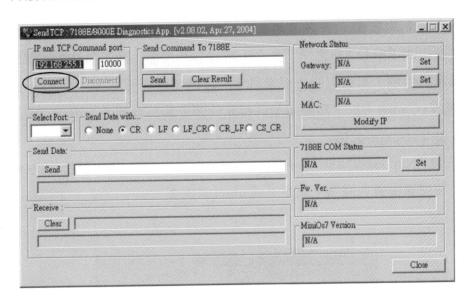

4. 建立連線完後即會顯示I-7188E3的各種設定值，同時也可以透過SendTCP 診斷程式下去設定 I-7188E3 的網路狀態或 COM 埠狀態為你所需要的值。如下圖所示；設定完之後即可 Virtual Com Port 用(虛擬通訊埠)軟體去將 I-7188E3 的串列埠對應成為我們電腦上的虛擬通訊埠。

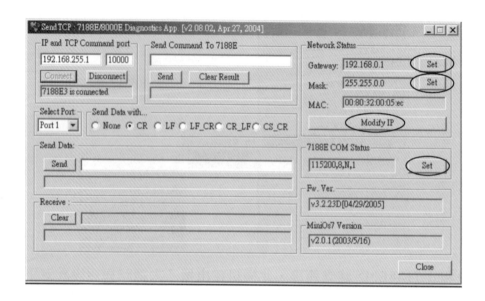

VxComm 虛擬通訊埠

在設定完 7188E3D 的網路狀態之後，因為我們是要透過 COM 埠去跟智慧型通訊轉換模組的 RS-422 通訊埠下命令，所以我們需要一個工具將 7188E3D 的 IP 對應成為我們電腦上可以用的虛擬通訊埠，我們稱此軟體為 Virtual Com(虛擬通訊埠)簡稱 VxComm。以下將說明如何將此軟體安裝到我們的主控 PC 中：

1. 安裝 VxComm 軟體
   (光碟:\Napdos\7188e\Tcp\VxComm\driver(pc)\)，請安裝符合您OS的版本

2. 安裝完畢後會在電腦上產生 VxComm 功能表

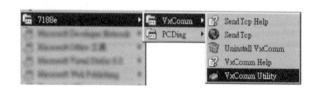

3. 出現 VxComm 設定畫面；輸入 I-7188E3D 的 IP，然後按下 Add Sever 按鈕，即會開始和I-7188E3D 建立連線。

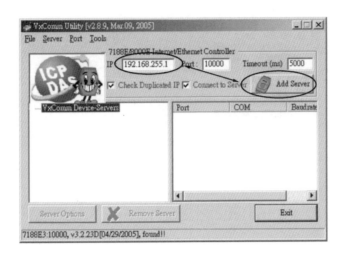

4. 當收尋到 I-7188E3D 時即會顯示如下圖的畫面，此時即可開始設定要將 I-7188E3D上的哪一個COM埠虛擬成PC上的COM埠；以下圖為例，我們 是將I-7188E3D的 Port 3(也就是 RS-422)對應成 PC上的COM3埠。

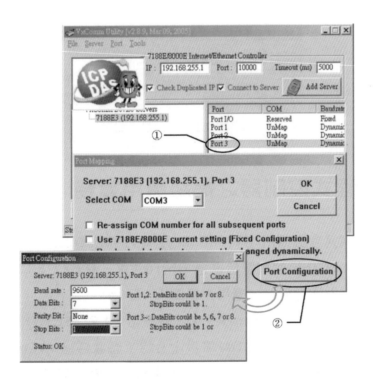

5. 設定完之後I-7188E3D就會被對應成為主機上的COM埠，並且模擬成Com3。 設定完之後按下 Exit 按鈕離開。

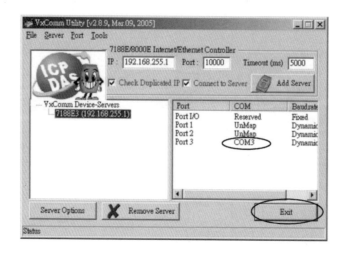

6. 按下 Exit 按鈕之後會顯示重新啟動 Driver 的視窗，這時按下 Re-start 按鈕就會重新啟動Driver。重新啟動之後，以後我們對電腦的Com3下命令，將會透過VxComm轉成Tcp/IP上的命令，傳送給I-7188E3D，再由I-7188E3D的 Port3 將命令傳送出去。

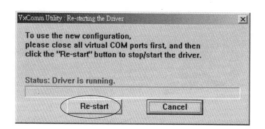

13-3 可程式控制器之網路應用實務

本節將以實務角度去應用 I-7188E3D 及 I-7188E3D_232 智慧型通訊轉換模組，配合VxComm的技術使電腦能透過Ethernet與三菱FX2/FX2N或是士林電機AX2N可程式控制器進行通訊。應用架構圖13.6所示。

其中 I-7188E3D 是 Ethernet/RS-422 轉換器，I-7188E3D_232 是 Ethernet/RS-232 轉換器。當電腦由虛擬COM埠送命令時，將會透過VxComm轉成TCP/IP上的命令，傳送給 I-7188E3D，再由 I-7188E3D 的 RS-422 埠將命令傳送給三菱FX2/FX2N或是士林電機 AX2N 可程式控制器，或者是傳送給I-7188E3D_232的RS232埠將命令傳送給可程式控制器。

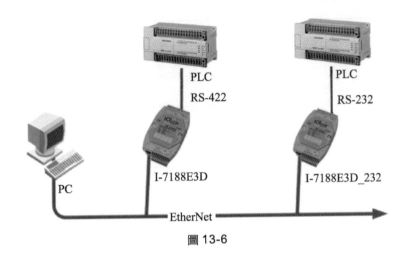

圖 13-6

1. PLC與I-7188E3D接線：(PC -- Ethernet -- I-7188E3D -- RS-422 —FX2n/ AX2N)

我們只要將可程式控制器 FX2n/AX2N 的 PS2 的 9Pin 或 FX2 的 25Pin 接頭中的 RS-422 腳位 (RXD＋、RXD-、TXD＋、TXD-)與 I-7188E3D 之 RS-422 腳位依據下圖的接線方式連接，也就是 7188E3D 之(TXD 3＋)接可 程式控制器 25Pin 接腳之第 2 腳位(RXD＋)、7188E3D 之(TXD 3-)接 25Pin 接腳之第 15 腳位 RXD-)、7188E3D 之(RXD 3＋)接 25Pin 接腳之第 3 腳位 (RXD＋)、7188E3D 之(RXD 3-)接 25Pin 接腳之第 16 腳位(RXD-)，而 I-7188E3D 之 Ethernet 埠則與電腦端之 Ethernet 埠連結，形成一完整的之 通訊系統架構。如此一來，我們就可以如同使用 RS-232 之模式向可程式控 制器下達命令及讀取命令。

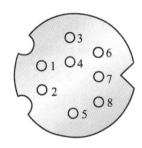

PLC 圓頭(公)   RS-422(25 母)

1   ------------------------------------- 15 (RXD-)

2	-------------------------------------	2 (RXD+)
3	-------------------------------------	5
4	-------------------------------------	16
5	-------------------------------------	12
6	-------------------------------------	***
7	-------------------------------------	3 (TXD+)
8	-------------------------------------	24 (TXD-)

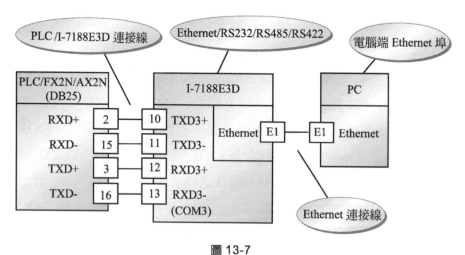

圖 13-7

2. PLC與I-7188E3D_232接線：(PC -- Ethernet -- I-7188E3D_232 -- RS-232
    —FX2n/AX2N)

　　我們只要將 FX2N/AX2N 可程式控制器之 9Pin。接頭先透過 NFX-PC
(三菱專用的 RS22/RS422 通訊線)轉換器轉成標準的 RS-232 9Pin 接頭形
式，然後再將 9Pin 接頭中的 RS-232 腳位 (TXD、RXD、GND) 與
I-7188E3D_232之COM3腳位依據下圖之接線方式連接，也就是7188E3D_232
之(RXD3)接可程式控制器 9Pin 接腳之第 3 腳位(TXD)、7188E3D_232 之
(TXD3)接 9Pin 接腳之第 2 腳位(RXD)、7188E3D_232 之(GND)接 9Pin 接
腳之第 5 腳位(GND)，而I-7188E3D_232之Ethernet埠則與電腦端之Ethernet
埠連結，形成一完整的之通訊系統架構。如此一來，我們就可以如同使用
RS-232 之模式向可程式控制器下達命令及讀取命令。

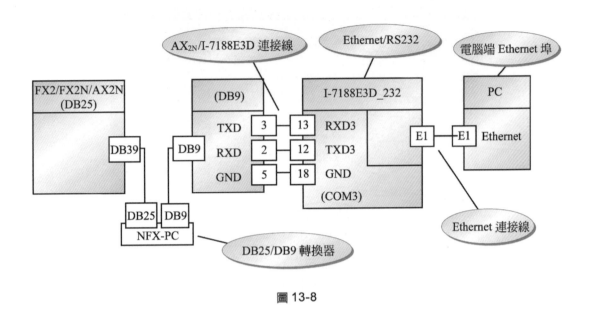

圖 13-8

3. 虛擬通訊埠之 **FX2N/AX2N** 可程式控制器程式下載測試

　　　　我們使用 **MELSEC-F FX Applications** 這一軟體將寫好的程式透過虛擬通訊埠，將已經寫好的測試程式下載至可程式控制器內。

(1)　先選取虛擬連結埠，也就是之前我們所設定的COM3，傳輸速率為9600。

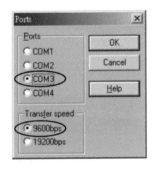

(2)　接下來選擇將程式寫入可程式控制器內，及要寫入的程式大小範圍為何。

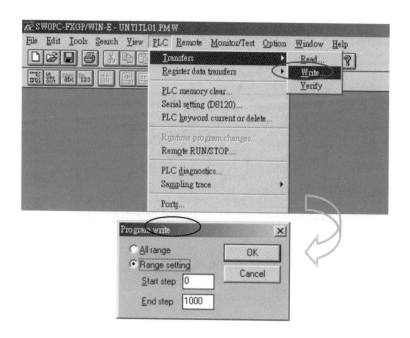

(3) 按下 OK 則會開始將測試程式下載至 F12N/AX2N 可程式控制器內。

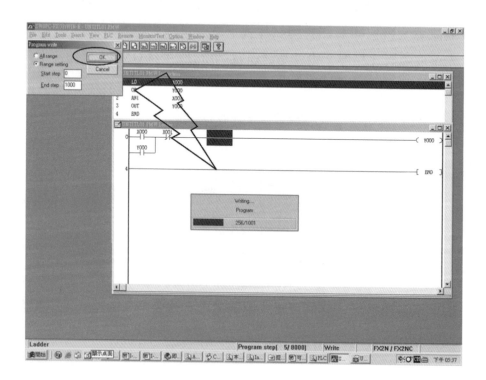

13-4 VB 監控程式設計與 FX2/FX2N/AX2N 之應用

　　在本節我們將應用上述的虛擬通訊埠的轉換技術，在 PC 上直接應用 VB 程式設計技術直接與遠方的可程式控制器進行控制及監控。首先先了解三菱可程式控制器之通訊格式。FX2 可程式控制器之通訊協定的封包格式如下：

起始碼(1)	命令代碼(2)	位址及資料(3)	結束碼(4)	檢查碼(5)	
STX	CMD	DATA	ETX	H	L

1. 起始碼：命令之第一個字元為 STX＝Chr$(02)。
2. 命令代碼：以命令代碼 "0" 表示 PC 是要向 FX2 之元件群讀取資料；"1"表示 PC 要向 FX2 之元件群寫入資料；"7"表示 PC 要強制 FX2 之單一接點為 On；"8"表示 PC 要強制 FX2 之單一接點為 Off。
3. 位址及資料：指定命令所要讀寫的元件對象。若是讀取可程式控制器之元件資料，則只要給定起始元件位址及要讀取的元件數目。若是寫入可程式控制器元件資料，則只要給定起始元件位址及寫入資料。
4. 結束碼：命令格式的最後字元為 ETX＝Chr$(03)，表示命令之結束。
5. SUM 檢查碼：取⑵至⑷項各字元之 ASCII 碼做加運算，然後取最後兩個字元即可得到 SUM 檢查碼。

　　至於 FX2 的回應字串類似命令格式，可以從閱讀就能瞭解 PLC 之目前狀態，以下說明可程式控制器之常用命令及回應格。

【元件讀取範例】：以 Y0-Y7 元件群位址 00A0 為起始位址，讀取位元組數 1bytes，也就是讀取 Y0-Y7 之資料。

電腦命令：

		位元群位址				位元組數			檢查碼	
STX	CMD	16^3	16^2	16^1	16^0	16^1	16^0	ETX	16^1	16^0
	'0'	'0'	'0'	'A'	'0'	'0'	'1'		'6'	'5'
02H	30H	30H	30H	41H	30H	30H	32H	03H	36H	36H

PLC之回應字串：

STX	第1筆資料		ETX	16^1	16^0
	'3'	'5'		'6'	'B'
02H	33H	35H	03H	44H	37H

【元件寫入範例】：以Y0-Y7元件群位址00A0為起始位址，寫入位元組數1bytes
且其值為35。

電腦命令：

STX	CMD	16^3	16^2	16^1	16^0	16^1	16^0	第1筆資料		ETX	16^1	16^0
	'1'	'0'	'0'	'A'	'0'	'0'	'1'	'3'	'5'		'C'	'E'
02H	31H	30H	30H	41H	30H	30H	32H	33H	35H	03H	33H	42H

PLC之回應字串：

若正常回應為ACK(06H)；若無法認知時回應為NAK(15H)。

【單一接點的強制On/Off範例】：強制位元Y1為ON，Y1元件位址為0501，但
實際命令字串給定順序為0105。

電腦命令：

STX	CMD	16^3	16^2	16^1	16^0	ETX	16^1	16^0
	'7'	'0'	'1'	'0'	'5'		'0'	'0'
02H	37H	30H	33H	30H	35H	03H	30H	33H

PLC之回應字串：

若正常回應為ACK(06H)；若無法認知時回應為NAK(15H)。

■ 13-4.1 VB控制程式設計

本節範例將應用上列介紹的FX2/FX2N可程式控制器主機串列埠通訊命令格
式，採用VB程式語言設計一個可程式控制器的簡單監控程式。其人機畫面規劃如
下：

　　畫面設計：設計一個簡單的可程式控制器的命令傳送及接收畫面，只要使用者按下【傳送命令】按鈕，會出現一命令輸入盒要求使用者輸入命令字串，詳如上列可程式控制器命令說明，接著程式將會把命令送出及延遲一後時間後，讀取回應訊號及顯示在回應命令字串文字盒內。如下圖所示。

VB 程式碼 (Form)	
1	Private Sub cmdSend_Click()
2	Dim buff As String, keyin As String
3	Dim T As String, STX As String, ETX As String
4	Dim Txd As String, Sum As String
5	Dim resp_len As Integer
6	keyin = InputBox("輸入通訊命令(不必輸入 SUM)", "輸入命令對話盒", "")
7	If keyin = "" Then GoTo null_keyin
8	STX = Chr(2)
9	ETX = Chr(3)
10	T = keyin + ETX
11	Sum = checksum(T)
12	Txd = STX + T + Sum

13	Text1.Text = STX + T + " (" + Sum + ")"
14	MSComm1.CommPort = ComPort.ListIndex + 1
15	MSComm1.Settings = "9600,e,7,1"
16	MSComm1.PortOpen = True
17	MSComm1.Output = Txd
18	TimeDelay (100)
19	Text2.Text = ""
20	resp_len = resp_length(Txd)
21	Text2 = MSComm1.InBufferCount
22	MSComm1.InputLen = resp_len + 1
23	buff = MSComm1.Input
24	If Len(buff) = 0 Then
25	Text2.Text = "空白"
26	ElseIf MSComm1.InputLen > 4 Then
27	Text2.Text = Left(buff, MSComm1.InputLen - 3)+" (" + Right(buff, 3) + ")"
28	Else
29	Text2.Text = buff
30	End If
31	MSComm1.PortOpen = False
32	null_keyin:
33	End Sub
34	
35	Private Sub CmdExit_Click()
36	End
37	End Sub

```
38
39   Private Sub Form_Load()
40     ComPort.ListIndex = 0
41   End Sub
42
43   Private Function resp_length(Txd As String) As Integer
44     Dim comx As String
45     Dim bytelength As Integer, L As Integer
46
47     comx = Mid(Txd, 2, 1)
48     bytelength = CInt(Mid(Txd, 8, 1))
49     If CInt(comx) = 0 Then L = bytelength * 2 + 4
50     If CInt(comx) = 1 Then L = 1
51     If CInt(comx) = 7 Then L = 1
52     If CInt(comx) = 8 Then L = 1
53     resp_length = L
54   End Function
55
56   Private Function checksum(T As String) As String
57     Dim L As Integer, j As Integer, a As Integer
58     Dim TJ As String, Sum As String
59
60     L = Len(T)
61     a = 0
62     For j = 1 To L
```

63	TJ = Mid(T, j, 1)
64	a = Asc(TJ) + a
65	Next j
66	Sum = Hex(a)
67	If Len(Sum) = 1 Then Sum = "0" + Sum
68	checksum = Right(Sum, 2)
69	End Function
70	End Function

VB 程式碼 (Module)	
1	Public Sub TimeDelay(TempTime As Long)
2	Dim lngStartTime As Long
3	Dim lngFinishTime As Long
4	lngStartTime = timeGetTime
5	lngFinishTime = lngStartTime
6	While (lngFinishTime - lngStartTime) < TempTime
7	lngFinishTime = timeGetTime
8	DoEvents
9	Wend
10	End Sub

實驗結果與程式說明：

1. Form程式說明

　　第6～10行為命令字串輸入，第11行為計算命令字串之檢查碼，第12行是完整之輸出命令字串格式。再來，第14行是為了讓使用者設定通訊埠號碼，第15行是設定通訊埠之傳輸速率及規格，第16行是請求要送出資料，第17行表示由com port輸出命令。18～19行目的在延遲一段時間後讀取回應，時間單位為毫秒；20～22行，計算計算回應字串長度；第23行，讀取回應字串並顯示在文字盒內；第 26 行，設定回應字串格式為 STX＋Data＋ETX＋檢查碼；第31行，關閉通訊埠。

2. Module程式說明

　　這個程式是一個共用程式，可以供給Windos作業系統使用，其用意是用來計算時間，因為它是以千分之一秒為基準，所以可以提供比Timer更精準的時間。此外，由於它的值是從電腦開啟到現在所經時間，所以不能將它看成一般的時鐘，它的主要用途是用來計算微小的時間。第8行"DoEvents"的目的是暫停執行，以便讓作業系統可以處理其它的事件。

3. 程式執行過程與結果

　　先送出命令字串 100A00135 要求 PLC 輸出 Y0～Y7為[01010011]，接著輸出 000A001 要求讀取 Y0～Y7 的輸出狀態。其顯示為35如同先前輸出的命令。

13-5　三菱 GX Developer 8.0 編輯軟體及泓格 VxComm 軟體應用介紹

　　由於產業技術不斷精進，工廠自動化設備及技術也必須伴隨著更新，三菱PLC的硬體和軟體亦是不斷的推陳出新，以因應日新月異的產業技術來提升工廠的產能和客戶需求。目前三菱最新的編輯軟體是 GX Developer 8.0 版(往後稱GX8)，其不同於以往的編輯軟體GP/WIN_T的特色是：

1. GX8 提供了在 PC 上模擬階梯程式的功能，以方便使用者在缺乏 PLC 硬體的情形下，仍能對所撰寫的程式做初步偵錯和修改。這對學習三菱 PLC 的初學者而言，是個方便又經濟的軟體。

2. GX8 除了可以支援 FX CPU 外，尚可支援更多的 CPU，例如 QCPU、QnACPU、ACPU 和 SCPU 等。我們可以從開新專案裡的"PLC 系列"選項可得知，如下圖所示：

　　既然GX8是較新穎的編輯軟體,那麼在GX8環境下,泓格公司的Virtual Com Port軟體(VxComm)是否依然可以利用硬體I-7188EN系列模組,透過Ethernet與三菱FX2/FX2N或是士林電機AX2N可程式控制器以進行程式上傳和下載的工作呢?答案當然是可行的,在本章節後面將會介紹一個實際的範例,供大家參考。

🔲 13-5-1　三菱 GX Developer 8.0 模擬功能介紹

　　爲了能夠更容易了解GX8的模擬功能,在此實際下載一個已經編輯好的程式,並透過模擬功能得知程式的正確性。步驟如下:

1.　開啓一個已經編輯好的專案(Project):

2. 選擇欲開啓的專案：

3. 開啓舊專案後，初始環境是唯讀狀態(Read mode)：

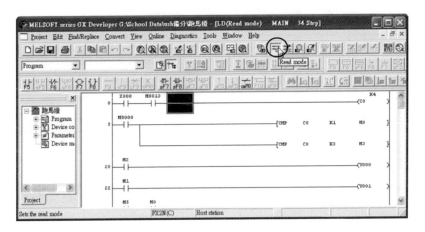

4. 此時，點選"Tools"選項裡的"Start ladder logic test"：

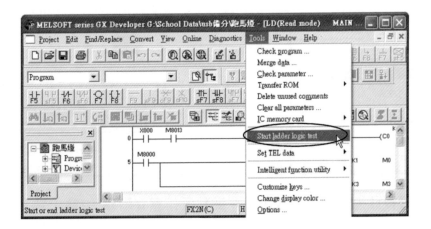

5. 點選"Start ladder logic test"之後會出現程式下載(Write to PLC)之小視窗，表示程式正在載入模擬狀態，這跟將程式載入實際的 PLC 出現視窗是一樣的。另外還會多出一個" ladder logic test tool"的視窗，這表示作業環境正處在模擬狀態：

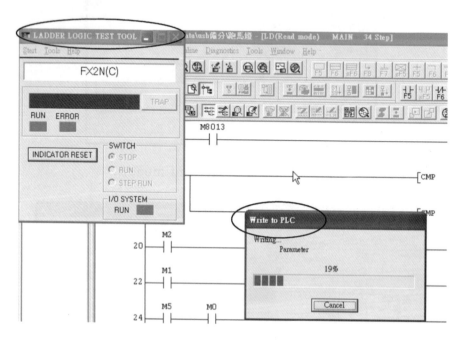

6. 當"Write to PLC"之視窗執行完後，會出現以下的畫面。注意，此時" ladder logic test tool"視窗的"RUN"是亮著的，表示在模擬 PLC"RUN"的狀態：

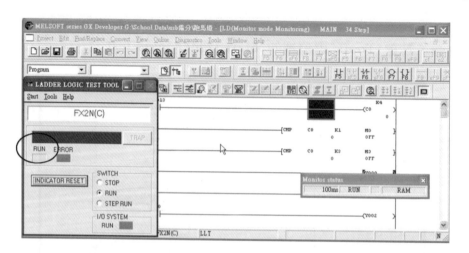

7. 當在模擬狀態下時，可以滑鼠左鍵點選任意實際輸入/輸出點，例如左鍵點

選 X001 後，再點滑鼠右鍵選擇"Device test"：

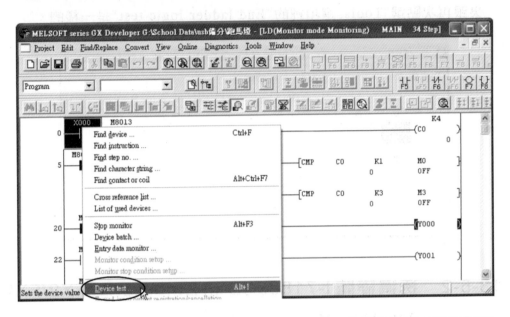

8. 當出現以下視窗時，便可以利用"FORCE ON"、"FORCE OFF"和"Toggle force"等三個功能鍵，來對元件作測試：

9. 當程式測試完後，欲結束模擬功能，僅需點選如下圖示之快捷鍵即可，其效果跟再次點選"Tools"選項裡的"End ladder logic test"是一樣的：

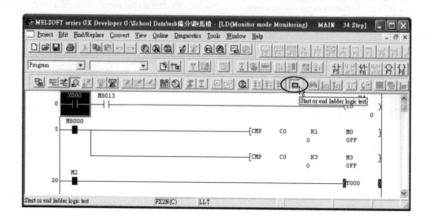

13-5-2　透過硬體I-7188E3D和Ethernet與FX2/FX2N/AX2N溝通

1. 設定用來傳輸程式之PC的IP位址，必須和I-7188E2D的IP位址是同一個群組，例如I-7188E2D的IP位址是192.168.255.123，PC的IP就必須是192.168.255.XXX，XXX可以是0～255之間的整數，但不可以跟I-7188E3D的IP位址相同。

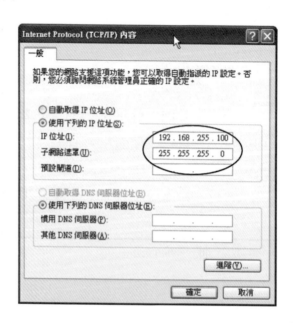

2. 開啓Virtual Com Port軟體(VxComm)，並參考13-3之說明，設定好VxComm
   之各項參數。第一步是先知道欲連結的I-7188E2D的IP位址，並在IP的欄
   位鍵入I-7188E2D的IP位址。

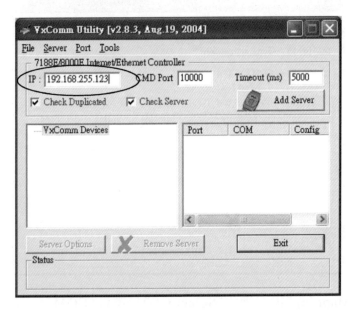

3. 然後滑鼠左鍵點選"Add Server"會看到幾個Port的編號，這是因爲I-7188E2D
   本身具有DI/DO功能(Port I/O)和通訊埠Com1~3(Port 1~3)，而與PLC
   連結的通訊埠是Com3，所以必須對Port 3加以設定。

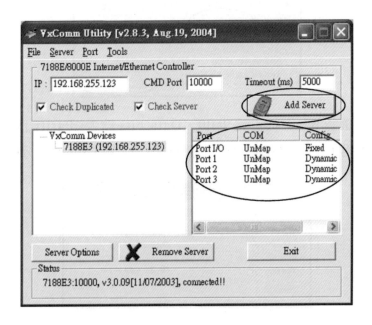

4. 先以滑鼠左鍵點" Port 3"，使其欄位反藍，接下來再點選"Port"裡的"Port Mapping"：

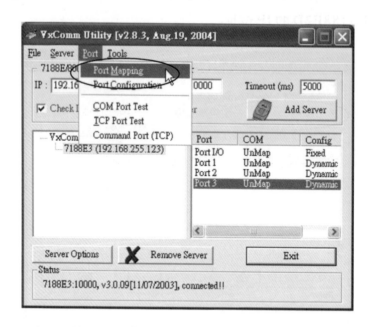

5. 在"Port Mapping"視窗裡的"Select COM"選取"COM3"，並點選"Port Configuration"：

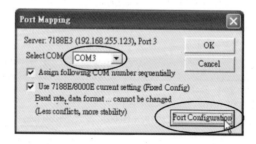

6. 接下來要確認 Baud rate 為 9600、Data bits 為 7、Parity 為 Even 以及 Stop Bits 是否為 1，然後點選"OK"，就算是完成 VxComm 部分的設定了。

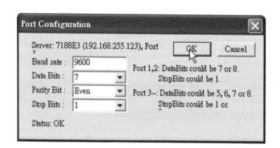

7. 接下來，我們們要開啓GX8編輯環境，並開啓一個已經編輯好的專案(Project)：

8. 開啓舊專案後，點"Online"選項裡的"Transfer setup"，對PC和PLC之間的傳輸做設定：

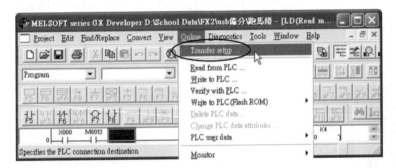

9. 進入傳輸設定視窗後(如下圖)，視窗左上角有一"Serial"圖塊，用滑鼠左鍵連擊兩下，將會開啓一個COM port的設定視窗：

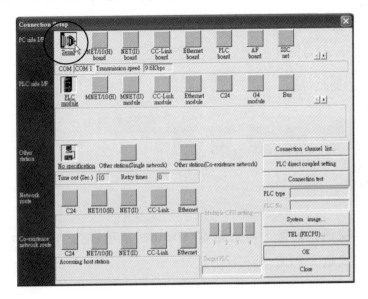

10. 請將COM port設定為COM 3，Transmission speed設定為9.6Kbps，然後點擊"OK"：

11. 接下來我們必須確認PLC的CPU類型，如果連線正確無誤的話，可指點擊"Connection test"，讓GX8自動確認PLC的CPU類型，確認後的CPU類型會自動顯示在"PLC type"欄框裡，確認之後請點擊"OK"：

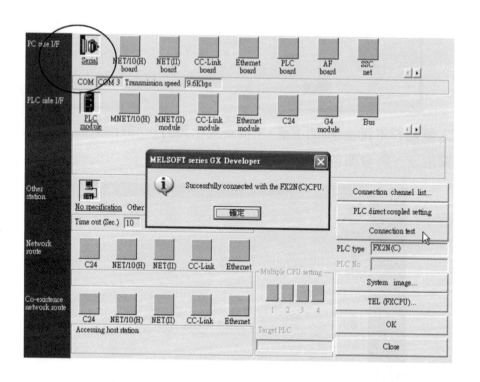

12. 設定好傳輸通訊埠後，可以點選"Online"選項裡的"Write to PLC"，將已開啟的程式載入PLC：

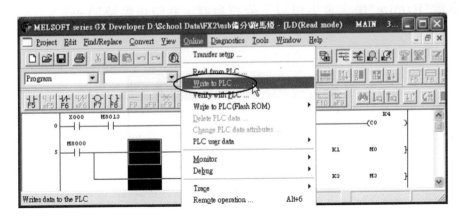

13. 執行完上一個步驟後,將出現下一個視窗圖示,請注意視窗上方的標示結果,此時 PLC 確實是透過 PC 的 COM 3 來下載程式。視窗圖示下方有三個欄框供使用者勾選,"MAIN"是表示傳送程式的部分,"COMMENT"是表示傳送程式註解,"PLC parameter"是表示要傳送 PLC 的參數設定,這三個部分是視使用者需求勾選,在此我們僅須勾選"MAIN"即可,然後點擊"Excute"來執行傳輸:

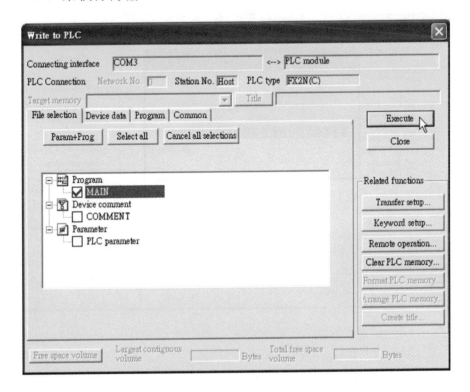

14. 點擊"Excute"後，會出現以下確認視窗，此時再點擊"Yes"：

15. 以下兩張圖為傳輸過程的視窗，傳輸完成後，會出現Completed的小視窗，表示傳輸已經完成，此時再點擊"確認"，便是完成程式的下載了：

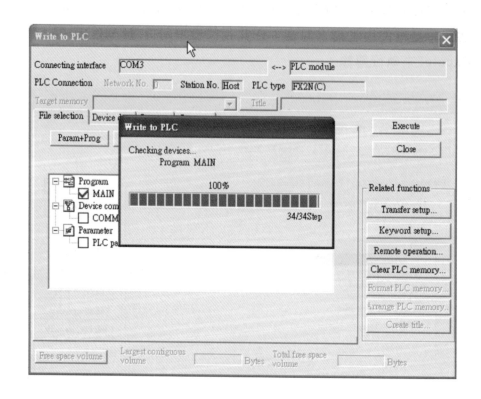

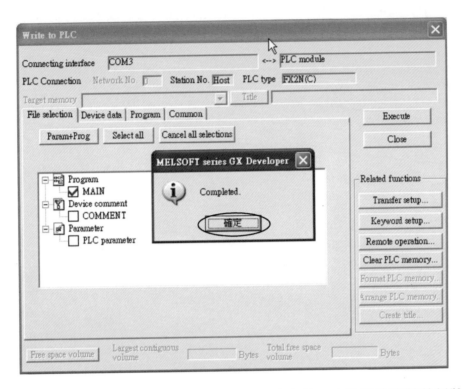

16. 當按下"Monitor mode"快捷鍵時，便可以看到PLC目前的實際執行狀況了。

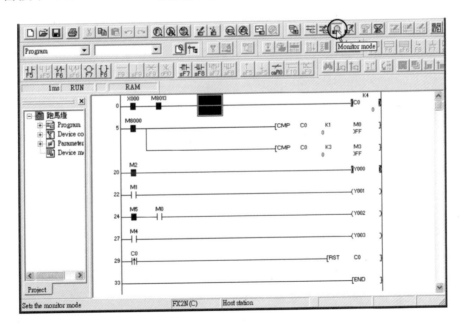

附錄　FX2N 多功能可程式控制器 YC-N-PLC

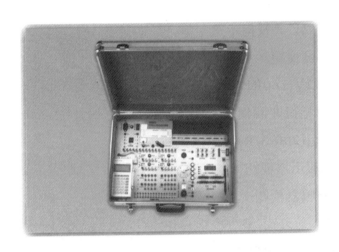

一、外箱規格

- 540mm(L)×400mm(W)×135mm(H)手提鋁箱
- 控制面板厚度 1.0mm

二、控制模組單位

1. 強制輸入開關模組
   - 16 組復歸式搖頭開關
   - 16 組銅殼 LED 指示燈

2. 光耦合輸入開關模組
   - 16 組博士端子輸入

3. 繼電器輸入模組
   - 16 組博士端子輸出
   - 四組共用接點保護及附切換開關切換電晶體或繼電器輸出
   - 各輸出接點 120VAC/10A、240VAC/5A

4. 電晶體輸入/輸出模組
   - 八位元二組輸入 16PIN 牛角座模組

- 八位元二組輸出16PIN牛角座模組
- 各輸出接點DC30V、0.5A/1點、0.8A/4點

5. 電源模組
- 提供24V/12V/＋5V直流電源
- AC110V輸出電源

6. 十六組直流12V負載指示燈

7. 5mm近接開關模組

8. DC Motor 12V/160RPM模組

9. 二位數BCD指撥開關模組

10. 步進馬達模組(200 S/R)附四組按鈕開關

11. 四位數七段顯示器模組

12. 直流12伏蜂鳴器模組

13. 預留擴充區

14. 可擴充各種週邊(OPTION)

  (1) A/D轉換器模組
- 一組十格LED BAR能量顯示
- 一組八位元(DAC0804)轉換器
- 一組感測器輸入接點
- 三組電源輸出/入
- 一組8 bit輸出控制

  (2) D/A轉換器
- 一組十格LED BAR能量顯示
- 一組八位元(DAC0800)轉換器
- 一組類比信號接出
- 三組電源輸出/入
- 一組8 bit輸出控制

  (3) 鍵盤模組
- 4×4矩陣式烙印鍵盤
- 三組電源輸出/入

- 一組 8 bit 輸出控制

(4)　紅綠燈模組

- 二組電源輸 5V 出/入
- 一組 10P 端子台輸出
- LED×16
- 一組 16P 牛角輸出
- 一組電源指示燈
- 可作三及四時序組綠燈控制

(5)　通訊模組 485BD

(6)　RS-422 轉 RS-232

(7)　TCIP

三、主機

1.　I/O 點數各 16 點。

2.　I/O 點引接至博士端子利於接線並標示印刷

3.　可程式控制器可作繼電器與電晶體式二種功能輸出

4.　演算速度基本指令 0.08US 以上

5.　程式語言繼電器符號＋步階圖(亦可以 SFC 方式)

6.　具有 8000 點以上之暫存器 16 位元之資料暫存器

7.　具有多層分歧回路 8 點以上

8.　具有 32 位元之加減運算計數及常數計數

9.　可接連成網路系統

四、書寫器

1.　附操作延長線

2.　液晶顯示幕 4 行× 1616 字背光

3.　自動步進及音量調整功能

4.　HELP 功能可查詢運用命令

5.　使用電容器作記憶停電保持

6.　可作 ON-LINE 及 OFF-LINE 程式規劃

五、附手冊、香蕉插頭及線

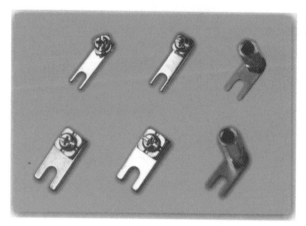

工業配線輔助端子

4m/m輔助端子接點

8m/m輔助端子接點

L形銅柱博士座

※依客戶需求設計

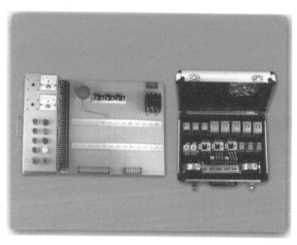

工業配線實驗器

一、操作板

1. 指示燈　　白、黃、綠、紅22φ
　　.......................................各1
2. 按鈕開關　紅、綠22φ.......各2
3. 電壓表 AC 0-300V 1
4. 電流表 AC0-100/5A 1
5. 切換開關　二段式 2
6. 電壓切換開關3φ3W 1
7. 電流切換開關3φ3W 1

二、器具板

1. NFB 無熔絲開關 3P 30AF 30AT 1
2. MC 電磁接觸器 2a2b(220VAC 20A)....................................3
3. 積熱過載保護器 th-18a..2
4. 輔助電驛 2C 220VAC 3
5. 輔助電驛 3C 220VAC 3
6. ON-DELAY 通電延遲式 IC(220VAC)....................................4
7. DF 栓型保險絲 3A 2

8. LS 限制開關　輪動式 IC...3

9. BZ 蜂鳴器 76mm220V..1

10. CT 比流器...2

11. TB 端子台 3P..4

12. TB 端子台 6P..1

13. TB 端子台 12P..1

14. FR 閃爍電驛 220VAC IC...1

15. 器具板上可置放 3 個鋁軌...1

16. 鋁箱(內有 3 個鋁軌供存放元件)...1

參考文獻

1. 曾賢壎，"順序控制(I)"，全威圖書有限公司，88/8/10。
2. 陳正義、何坤鑫、程啓正 " Visual Basic 程式設計與圖形監控應用"，滄海書局，2001。
3. 陳正義，"開放式可程式控制器程式設計與實務"，全華圖書有限公司，2004/9。
4. 陳正義、蘇永仁、陳榮良，"圖形監控系統設計實務"，全華圖書有限公司，2004/8。
5. 洪志育，潘亞東 "可程式控制器應用實習"，新文京開發出版有限公司，2004/9。
6. 吳炳煌，黃仁清，"FX2可程式控制器原理與實習"，高立圖書有限公司，91/1/10。
7. 陳福春，"PLC可程式控制器原理與實習"，高立圖書有限公司，88/8/10。
8. 楊錫凱、陳世宏，"可程式控制器實習與電腦連線應用"，全威圖書有限公司，91/2/20。
9. 姚文隆、馮榮豐、周至宏，"順序控制-可程式控制器(三菱PLC)與機構控制機電整合應用"，高立圖書有限公司，90/9/10。
10. 李新濤，"可程式控制器設計與應用"，滄海書局，1999/3。
11. "三菱可程式控制器 FX2N 操作說明書"。

國家圖書館出版品預行編目資料

可程式控制器程式設計與實務：FX2N/FX3U / 陳正
義編著. -- 五版. -- 新北市：全華圖書股份有
限公司, 2022.06
　　面　；　公分
　　ISBN 978-626-328-220-9(平裝)

1.CST: 自動控制

448.9　　　　　　　　　　　　　111008272

可程式控制器程式設計與實務-FX2N/FX3U

作者 / 陳正義

發行人 / 陳本源

執行編輯 / 李孟霞

出版者 / 全華圖書股份有限公司

郵政帳號 / 0100836-1 號

印刷者 / 宏懋打字印刷股份有限公司

圖書編號 / 05803047

五版一刷 / 2022 年 06 月

定價 / 新台幣 580 元

ISBN / 978-626-328-220-9

全華圖書 / www.chwa.com.tw

全華網路書店 Open Tech / www.opentech.com.tw

若您對本書有任何問題，歡迎來信指導 book@chwa.com.tw

臺北總公司(北區營業處)
地址：23671 新北市土城區忠義路 21 號
電話：(02) 2262-5666
傳真：(02) 6637-3695、6637-3696

南區營業處
地址：80769 高雄市三民區應安街 12 號
電話：(07) 381-1377
傳真：(07) 862-5562

中區營業處
地址：40256 臺中市南區樹義一巷 26 號
電話：(04) 2261-8485
傳真：(04) 3600-9806(高中職)
　　　(04) 3601-8600(大專)

可程式控制器之設計與實務-FX2N/FX3U

23671 新北市土城區忠義路 21 號

全華圖書股份有限公司

行銷企劃部　收

廣 告 回 信
板橋郵局登記證
板橋廣字第540號

歡迎加入 全華會員

● 會員獨享

會員享購書折扣、紅利積點、生日禮金、不定期優惠活動……等。

● 如何加入會員

掃 QRcode 或填妥讀者回函卡直接傳真 (02) 2262-0900 或寄回，將由專人協助登入會員資料，待收到 E-MAIL 通知後即可成為會員。

如何購買 全華書籍

1. 網路購書

全華網路書店「http://www.opentech.com.tw」，加入會員購書更便利，並享有紅利積點回饋等各式優惠。

2. 實體門市

歡迎至全華門市（新北市土城區忠義路 21 號）或各大書局選購。

3. 來電訂購

(1) 訂購專線：(02) 2262-5666 轉 321-324
(2) 傳真專線：(02) 6637-3696
(3) 郵局劃撥（帳號：0100836-1　戶名：全華圖書股份有限公司）
※ 購書未滿 990 元者，酌收運費 80 元。

全華網路書店 www.opentech.com.tw
E-mail: service@chwa.com.tw

※ 本會員制如有變更則以最新修訂制度為準，造成不便請見諒。